U0156000

光明社科文库
GUANGMING DAILY PRESS:
A SOCIAL SCIENCE SERIES

·文学与艺术书系·

公共环境设施研究

——基于城市Mall商业空间的公共环境设施系统的研究

邹涛涛 | 著

光明日报出版社

图书在版编目（CIP）数据

公共环境设施研究：基于城市 Mall 商业空间的公共
环境设施系统的研究 / 邹涛涛著. --北京：光明日报
出版社，2021.5
ISBN 978-7-5194-5941-3

Ⅰ.①公… Ⅱ.①邹… Ⅲ.①城市公用设施—环境设
计—研究 Ⅳ.①TU984.14

中国版本图书馆 CIP 数据核字（2021）第 066815 号

公共环境设施研究：基于城市 **Mall** 商业空间的公共环境设施系统
的研究

GONGGONG HUANJING SHESHI YANJIU：JIYU CHENGSHI Mall SHANGYE
KONGJIAN DE GONGGONG HUANJING SHESHI XITONG DE YANJIU

著　者：邹涛涛	
责任编辑：黄　莺	责任校对：姚　红
封面设计：中联华文	责任印制：曹　净

出版发行：光明日报出版社

地　　址：北京市西城区永安路 106 号，100050

电　　话：010 - 63169890（咨询），010 - 63131930（邮购）

传　　真：010 - 63131930

网　　址：http：//book. gmw. cn

E - mail：huangying@ gmw. cn

法律顾问：北京德恒律师事务所龚柳方律师

印　　刷：三河市华东印刷有限公司

装　　订：三河市华东印刷有限公司

本书如有破损、缺页、装订错误，请与本社联系调换，电话：010 - 63131930

开　本：170mm × 240mm	
字　数：386 千字	印　张：21.5
版　次：2021 年 5 月第 1 版	印　次：2021 年 5 月第 1 次印刷
书　号：ISBN 978 - 7 - 5194 - 5941 - 3	
定　价：99.00 元	

前　言

　　公共环境设施对于现代人的生活非常重要，它们的出现和存在就像人们身边随手可得的助手，为人们在公共空间的活动提供各种服务和便利。而对于当今火热发展的城市 MALL 这一商业模式，公共环境设施既要有效地完成公共功能，又要满足使用者日益增长的各种需求，其在现代城市 MALL 商业环境中所扮演的角色也越来越重要，而消费人群对其的期望和要求也日益提高，这就使对相应体系的评估和研究工作成为必然。

　　本书将站在 MALL 的经营者、设计执行者以及使用者三者的综合角度来看待整个系统，从宏观系统的角度来分析这个复杂的系统，结合社会学理论（马克思主义社会公平理论）和心理学理论（马斯洛需求层级理论），力求兼顾在 MALL 以及公共环境设施系统设计开发过程中出现的这三者的综合关系和需求。对于具体的公共设施的设计问题以及消费者需求的问题，本书将站在经营者的角度进行微观分析，研究经营者在规划 MALL 商业空间、进行经营活动时，定位什么样的消费人群，从而决定什么样的设计规划能满足这个人群的需求。本项研究的重点放在对空间的功能、环境空间本身、目标人群及公共设施四者之间的关系，笔者将结合相关国家/地区与上海对应公共空间的现状来分析存在的问题和解决方式，从而推导出公共环境设施的一般设计方法和规划原则，并借此来为不同空间领域的公共设施的研究工作归纳出行之有效的研究方法。

　　文章主要从以下七个部分展开：

　　第一部分为绪论。阐述本项研究的背景、研究动态与不足、研究范围与界定、研究方法与视角和研究思路与核心框架。

　　第二部分，城市 MALL 的商业模式及城市 MALL 商业空间。阐述 MALL 商业空间的定义和发展沿革，分析 MALL 商业模式的一般特征以及本书的论述重点。

第三部分,对公共环境设施的定义、历史溯源和现状进行概述,详细分析研究城市 MALL 商业空间环境设施的分类与管理。

第四部分,运用马克思主义社会公平理论和马斯洛需求层级理论,结合 MALL 商业独特的消费模式,提出 MALL 空间的线性需求链/需求群链的观点,推导"人—商业—环境—设施"系统研究模型,并以此建立公共环境设施系统的需求关系模型。

第五部分,对建立的研究模型进行理论验证分析,从公共设施与人的行为、设施与环境空间、设施与 MALL 商业、设施的组合,以及设施与城市 MALL 商业空间中相对独立功能模块这样多个关系组合来进行分析,从而获得整体系统内部关系的一般性规律。

第六部分为实证研究——当前国内外 MALL 商业空间公共环境设施系统的比较研究。

第七部分,结合以上理论和实证研究的结论,分析和总结城市 MALL 商业公共环境设施系统建设和发展框架。

目 录
CONTENTS

第1章

绪　论

天有时,地有气,材有美,工有巧,合此四者,然后可以为良。材美工巧,然而不良,则不时,不得地气①也。——《考工记》②

　　2500多年前古代巧匠朴素的造物哲理依然令今天的设计规划人惊叹。贯穿人类进步前行的营造活动中,所有的造物活动都是由人类的需求(天有时)、使用环境空间的匹配(地有气)、材料的工艺结构(材有美)、设计的理念与技术的原理组合(工有巧)等重要因素构成的一个完整的系统。

　　而古人的卓绝思维还不止于此:"材美工巧,然而不良,则不时,不得地气也。"可以想象,古人认为材料工艺结构、设计理念和技术这两项往往是匠人们容易发现和做好的,而天时和地气出现问题的可能性更高。《考工记》的全文中详细论述的是各种器物的制造方法和工艺(材有美,工有巧),却在篇首强调"天有时,地有气",可见人类需求和环境空间匹配对器物最终品质的重要意义。

　　而笔者,正希望在公共设施这个常见的研究课题中,通过将需求贯穿于空间(包含商业和环境)、设施和使用者三者的关系中,研究整个系统和各个组成元素之间的关系,从而在较深的层面探讨公共环境设施的设计本质。

1.1　研究背景及缘起

1.1.1　研究背景

　　在现代人的公共生活中,常看到这样一类对象:它们位于公共空间中,随时为有需要的人或者人群提供各种各样的必要服务,同时也成为装点公共空间的重要

---

① 地气:"气"是中国古代的一种原始综合科学概念。"地气"包括地理、地质、生态环境等多种客观因素。
② 闻人军,译注. 考工记[M]. 上海:上海古籍出版社,2008:4.

元素,比如公共座椅、广告牌、路灯、指示牌甚至雕塑、装饰画等等。

这类产品在现代人的生活中作用明显而重要,种类和范围也正随着人们生活水平的提高而不停地发展扩大。我们通常把这类对象称为公共环境设施,它的一般定义是:置于特定的公共环境中,为处于这个环境的公众人群的各层次需求服务的各种公共设施。

公共环境设施对于现代人的生活非常重要,它们的存在就像人们身边随手可以获得的补给站,为人们在公共空间的活动提供各种服务和便利;深层次上,人们对于视觉感官的体验也是接受的一种服务。随着分工的细化,这些服务中很多成为唯一和必需,公共设施的意义也由重要地位逐步成为必要地位。但人们所获得的实质服务,往往离实际的需求还是有很大距离;而人们的需求也在不停地增长,要求随之也在不停地提高,这就使相应的评估和研究成为必然。

随着城市经济发展和人们文化程度的不断提高,人们的生活价值观念随之发生了巨大的变化。政府和民众对所生存的城市环境质量和城市的文化品位也开始重视起来。公共环境设施是城市建设非常重要的组成部分。对环境,特别是商业环境而言,环境设施既要有效地完成公共功能,又要满足使用者日益增长的审美需求,在现代城市商业环境中所扮演的角色越来越重要。环境设施的研究涉及多个专业领域,如环境设计、建筑设计、工业设计等,具有一定的难度,国内现在的研究水平尚处于起步阶段,而现实的需求恰恰需要对这一领域进行进一步的研究,并指导现实的规划设计工作。

本人师从博士生导师殷正声先生,他对整个设计领域行业有着非常深入和独到的研究,尤其在与公共环境设施相关的产品设计和环境设计领域更有颇多建树,曾多次主导和参与了上海及国内多个主要城市及商业环境的规划设计工作,积累了大量的第一手资料和研究基础,能为针对公共环境设施设计的深入研究提供权威的指导。

1.1.2　存在问题

目前,不论是世界上其他国家还是中国,对公共环境设施都已经相当重视,公共环境设施体系在世界各地正蓬勃发展,大大地改善了人们在公共空间活动中的体验。但是,由于经济水平及相关理念的发展不平衡,当代世界各地的公共环境设施体系发展也存在很大差异,距离真正满足人们的需求还有不少距离。

总的来说,当代公共环境设施体系普遍存在以下问题:

(1)设置随意,缺乏系统考量

在一个公共空间,应该设置什么类型的公共设施,在什么位置按照什么密度分布,应该配合什么样的尺度和使用方式,都应有科学的测算和设置。不同种类的公共设施同环境及环境功能一起成为一个有机的系统,才能最大限度地为消费者提供服务。不同的功能空间、不同的目标人群都会产生不同的需求结果,需要对这个系统进行细致的分析研究。

但当代的公共环境设施系统往往大量存在简单套用的方式,也就是简单地将一种类型空间的研究结果移植到其他空间,单纯地靠先前的研究结果直接应用到新的需求上,这样的结果看似有据可考,但这种生搬硬套的做法,往往适得其反。

公共设施设置的随意性还体现在同一公共空间的公共设施系统内部。比如经常出现交通顺畅,但消费者在行动疲劳时却发现没有足够的休息座椅。这是各种公共设施搭配不合理造成的,也是缺乏系统性设置的表现。

(2)过度商业化

简单地说,就是任何能与人们的感官接触到的设施都成了"广告牌"。

为了追求商业利益的最大化,大量的公共环境设施都成了广告载体,不论是有规划的组合广告位置,还是硬加的临时广告,不但破坏了原有公共设施的视觉效果设定,甚至会影响使用者的正常使用习惯,形成视觉污染。

利用公共空间进行广告传播本来无可厚非,但是公共环境设施及公共环境本身,并不唯一拥有商业属性,其公益属性也非常重要!即使商场之类以商业目的为第一存在意义的公共空间,依然是消费者日常生活消费休闲的重要场所,是丰富消费者生活的重要存在,这也就是它存在的公益性质。如果一味地充斥各种广告,只会增加消费者的心理逆反情绪,形成视觉污染和疲劳感,得不偿失。

广告传播设施是公共环境设施系统的重要组成部分,但是除了广告传播设施本身,广告本身的功能也确实会以组合功能的方式在其他类别的公共设施上出现,但前提是经过合理的规划和适度传播。

不同的公共空间有不同的既定职能,但对于公共环境设施而言,不论其处于哪一种空间,以什么形式出现,其第一职能都是服务于该空间内的公共人群,满足他们的需求,而不是单纯地服务于空间商业的需要。

(3)形式至上,缺乏对使用者的需求关怀

不论是国内还是国外,不论对公共空间还是对公共环境设施,设计规划人员都越来越多地关注形式,这本是一种好的趋势。但是,正如建筑环境发展历史上经历过的多次"形式主义"或者说形而上学的趋势一样,当代公共设施也多少出现了"形式至上"的趋势,甚至只考虑形式的美观或者含义,忽视其使用功能。

公共环境设施的存在意义是满足处于公共空间的人群的需求,尽管对审美的需求也是一种需求层面,但从马斯洛需求理论来看,必须在先满足人群基本层级需求的基础上,人们才可能产生更高层面的需求。简单地说,一个指示牌,不管形式和人机界面再怎么漂亮,如果不方便人群观察,信息内容不便人群获得,也是没有意义的;处于这种类型公共设施包围的人群,并不会因为设施和环境的美观而获得更好的使用体验。这样的公共设施明显缺乏对空间中使用者需求的关怀,是不可取的。

当然,就像历史对建筑史上几个典型"装饰主义"的论断一样,并不会因为其厚重的装饰形式就进行单纯的否定,相反,在顾及系统功能与平衡的基础上,公共设施的形式会是体现其空间或者空间职能主题最为重要的方式,会对空间的整体效果产生极为重要的影响。在后续的论述中,我们也常常可以见到这类形式主题感觉浓郁的研究对象。

（4）各地、各区域公共环境设施的设计与设置不平衡

最明确的不平衡性体现在不同的国家、经济文化差异巨大的地域。相对而言,经济发达、建筑环境设计水平较高的区域,对应的公共设施发展水平也较高,反之则更差。而人群都有追求更高水平服务的需求,在地域交流日渐便利的今天,这种因地域发展水平不均而造成的公共设施设计水平的差异,正越来越明显地体现出来。

但即使在同一个国家甚至地区,公共环境设施的服务水平依然存在差异。举例来说,人们在商场中,在系统化的指示系统指引下,消费娱乐行为非常自如,可以方便地在陌生空间中按照指示系统的指示,寻找到自己的目标;但是,当消费者走出商场这个商业公共空间,进入步行道路空间,指示系统的设置规则和方式有了巨大的变化,甚至两个公共空间的公共指示系统设置水平有较大差异,导致消费者在新的空间中产生不适的感觉。

又比如,现在很多公共空间已经设置了便于公众使用的 Wi-Fi 网络及相关的设施,但也有一些公共空间并不提供 Wi-Fi,这也对使用者造成了很大的不便。

这就是不同的空间中公共环境设施的设计和设置不连续、不平衡的问题。类似的问题也会在较大的同一公共空间中产生,上面提到过的不同设施搭配不合理的情况,也是这种不平衡的一种表现。而更多的情况是,现在很多大型、超大型公共空间正在出现,比如超大型的 MALL,本身就像一个独立的小城镇一样,存在不

同的功能区域划分,甚至还有不同的几个大型 MALL 连接起来的情况(如 Dubai MALL①,图 1-1),不同的大型功能区域会在不同的时期和状态下建设和发展,归属不同的策划管理者运作。

图 1-1　(左)迪拜购物中心(Dubai MALL)室内购物场景

图 1-2　(中)拉斯维加斯恺撒皇宫 Caesars Palace Forum Shop 的 Facebook 自助设施

图 1-3　(右)日本东京六本木新城的自主紧急医疗设施

(图片来源:作者自摄)

上述的问题在国内公共环境设施设计的体系发展中普遍存在,但是国内还有更多客观存在的问题:

(1)过度主观化,长官意志化,形象化

这可以说是比较严重的"形象至上"问题,甚至夹杂了很多政治因素和长官意志。

在国内城市建设大行其道的今天,对公共环境设施的重视也提到了相当的高度,只是国内很多地域的公共设施偏执与对"传统文化""地域传承"的追求,却无法对相应的形式进行合理规划和控制,导致很多张冠李戴的形象化工程不断出现。这类问题的出现甚至无法简单地用"首先满足需求"这种观点来解释和解决,更需要破除相关工程项目中的长官意志和主观化倾向,须知中国也是现代世界的一部分,个性化并不排斥认知的大同。

---

① 迪拜购物中心(Dubai MALL):是投资 200 亿美元的 Downtown Burj Dubai(迪拜塔繁华区项目)的一部分,购物中心室内总面积为 54.8 万平方米,35 万平方米是可出租的区域,总建筑面积达 83.6 万平方米,相当于 100 个标准足球场,堪称全世界最大的零售商场。在这里有世界上最大的水族馆和世界上最大的室内黄金市场,还有迪拜溜冰场、Kid Zania(R)、SEGA Republic(R)和一个拥有 22 个放映厅的多元影院、探险公园、沙漠喷泉等特色场所。

（2）跟不上最新的需求

在近期的调研中，我们发现很多国外的公共空间出现了很多新型的公共设施，来满足新出现的需求。比如美国大量公共空间出现了 Facebook 现场信息终端，以满足日益增加的 Facebook 用户可以随走随拍并即时发布需求信息的诉求（见图 1 - 2）。

又比如在日本的公共空间可以看到多种类型的自助式紧急医疗设施，用于满足老龄化社会带来的即时医疗需要（见图 1 - 3）。

还有，如香港部分高档商业 MALL 的公共信息设施，不仅已经全部实现了数字化和触摸化，还将触控体验移植到指示平台上，操作方式同流行的 ios/Android 系统一致，使消费者可以将喜爱的智能终端使用习惯同 MALL 空间的自助操控系统实现无缝连接。（见图 1 - 4）

图 1 - 4　香港太古广场 PACIFIC PLACE 自助智能信息查询终端平台及其操作界面

（图片来源：作者自摄）

但在中国，哪怕是北京、上海这样的国内一线城市，也很难找到这类定位于最新需求的公共设施，也可以理解为，国内的公共空间的规划设计者，对公共环境设施的设计和规划，还停留在相对陈旧的使用方式和需求层面上，在大趋势上也大多是跟随和效仿国外模式，缺乏灵活高效的更新与发展。这个问题可以看作世界先进公共环境设施系统和中国相应体系的不平衡。

1.1.3　相关研究综述

1.1.3.1 学术领域的动态

（1）公共环境设施相关的理论研究

公共环境设施设计作为一个系统来研究，是近年来才开始重视的。环境设施作为一套技术和艺术的综合系统工程，所涉及的专业知识面非常广泛。在国内，对于公共环境设施理论方面的研究也越来越多了，尤其对于环境设施的基本概念、案例收集、说明性的分类的著作较多,但是研究内容和成果还比较片面、零散和模糊。总体而言,公共环境设施设计的研究还没有形成比较深入、理论和实践兼备的研究体系,该领域的研究目前仍然处在初期起步的摸索阶段。

国内,对于公共环境设施设计的研究比较早,且相对成熟、完善的学术著作有:于正伦①先生的《城市环境艺术——景观与设施》,1990 年由天津大学出版社出版。于教授对环境设施的研究是以建筑和景观建筑理论为主,并试图借助实用美术、社会科学的多重视角进行解析,以便我们的认识更接近于城市整体环境的实质。② 在这部著作中,作者理论联系实际,在较为系统的城市整体环境理论框架下,深入探讨了城市景观与环境设施的设计方法,并结合各国大量优秀的现代设计实例,对总体布局、单体功能以及造型、设置等内容进行了详尽的论述和研究。

近年来,国内出版了不少有关环境设施设计的教材和著作,其中比较有代表性的有:《环境系统与设施·上(室内部分)》和《环境系统与设施·下(景观部分)》(2007);安秀编著的《公共设施与环境艺术设计》(2007);张海林、董雅编著的《城市空间元素——公共环境设施设计》(2007);钟蕾和罗京艳所著的《城市公共环境设施设计》(2011);杨晓军等编著的《空间·设施·要素——环境设施设计与运用(第二版)》(2009);2004 年由新疆科学技术出版社出版的城市公共环境设计丛书《公共交通、照明及管理设施——城市公共环境设计》《公共卫生与休息服务设施——城市公共环境设计》《公共信息系统设施——城市公共环境设计丛书》;2008 年 7 月陈立民编著的《城市公共信息导向系统设计——与空间的交流》;鲍诗度等著的《城市家具系统设计》(2006);冯信群编著的《公共环境设施设计》(2006);毕留举老师主编的《城市公共环境设施设计》(2010);等等。以上这些著作从不同的角度对各类城市公共环境设施的基本概念、基础知识、设计程序与方法做了详细的介绍,为本项目的文献阅读和前期研究奠定了很好的基础。

其次,在国内高校的学术研究机构中,有关公共环境设施设计方面的研究也是硕果累累。万方数据服务平台的数据显示,近十年以来(1992—2012 年),有关"环境设施设计"方面的学位论文(硕士、博士)就有上万篇,期刊方面的论文也有

---

① 于正伦:教授级高级建筑师,中国建筑设计研究院城建院总建筑师、所长,国家一级注册建筑师、注册城市规划师,政府特殊津贴享受者。是我国较早进行城市环境设计研究的学者之一,是我国建筑界较早倡导城市设计与环境景观设计理念的学者之一,自 1987 年起,将"建筑与城市整体设计"作为倡导的方向,逐步建立了较为成熟并有特色的理论与设计体系,努力把现代城市设计理论引入建筑创作中。

② 于正伦. 城市环境艺术——景观与设施[M]. 天津:天津科学技术出版社,1990:26 - 27.

六千多篇。其中在博士学位论文方面的代表有:同济大学杨建华的博士论文《城市步行空间街具设施的评价与规划建设研究——以上海为例》(2011)①,在文中提出了"街具空间"的概念,并对适用城市步行空间街具设施评价的因素体系进行了探索;同济大学建筑城规学院何建龙的博士论文《城市向导——城市公共空间静态视觉导向系统研究》(2008),论文从"如何完善城市导向设施"入手进行研究,以期改善我国城市"寻路难"状况,通过研究初步建立了城市公共空间静态视觉导向信息系统理论体系。东南大学陈宇的博士论文《城市街道景观设计文化研究》(2006)中提出了不同类型的具有文化特色的城市街道景观的塑造方法。具有代表性的硕士论文有:哈尔滨工业大学张伟明的硕士论文《城市公共环境设施的设计管理策略研究》(2012);浙江大学范婕的硕士论文《杭州市主城区环境设施系统研究》(2006);天津工业大学段金娟的硕士论文《公共环境设施体验设计研究》(2007)等。

国外对于环境设施的研究比国内要早很多,体系也比较完善,而且论著颇丰。比如:近年来西班牙著名建筑师卡尔斯·布鲁托(Carles Broto)的著作 *STREET FURNITURE*(2012 年中译本),书中以图文并茂的形式介绍了大量环境设施作品的功能、构造细部、尺寸、重量、安装过程和维护要求。由日本画报编辑部出版的《日本景观设计系列 3——标识》《日本景观设计系列 4——景观设施》和《日本景观设计系列 5——街道家具》(2003),对城市景观设施的要素和功能进行了介绍,并讲解了很多设计案例。另外,日本的当代建筑大师和学者芦原义信著有《街道美学》(1979),书中归纳出了东方和西方在文化体系、空间观念、哲学思想以及美学观念等方面的差异,并对如何接受外来文化和继承民族传统问题提出了许多独到见解。英国的 M. 盖齐和 M. 凡登堡在《城市硬质景观设计》(1985 年中译本)中对景观小品设施进行了说明和探讨。美国著名景观设计师诺曼·K. 布思教授在所著的《风景园林设计要素》(1989)中全面、系统地阐述了景观设计的各设施要素的功能、形式和设计管理。以上这些文献著作都是公共环境设施设计研究中必不可少的参阅文献。

---

① 杨建华. 城市步行空间街具设施的评价与规划建设研究——以上海为例[D]. 上海:同济大学,2011.

（2）购物中心理论研究

购物中心与其他零售商业开发形式不同，它是一种特殊的商业用地和建设类型。1947 年，美国城市土地利用协会（The Urban Land Institute，简称 ULI）将购物中心定义为：一组建于某一场所的，建筑统一的商业机构，这一场所是作为一个经营单元来规划、开发、拥有和管理的，其位置、规模和商店类型与所服务的商业区域密切相关。①

目前，国内外参与、从事购物中心开发研究的主体主要来自三个领域：行业协会、商业咨询公司和研究学者。② 现代购物中心的发源地美国于 1957 年成立了国际购物中心协会（ICSC③），是世界上最早出现，也是至今最大、最具权威性的购物中心行业协会。ICSC 作为一个中立组织，投身购物中心产业，不仅增进了购物中心开发商、业主、管理者和租户之间的知识传递和实践交流，并且构筑起了购物中心开发产业的世界性沟通平台。许多国家和地区都随着当地购物中心的发展，纷纷建立了各自的行会协会，如日本购物中心协会（Japan Council of Shopping Centers，简称 JCSC）成立于 1973 年 4 月，旨在推动购物中心在日本的发展和普及，同时为国民生活水平的提高做出应有的贡献。英国购物中心协会（British Council of Shopping Centers，简称 BCSC）成立于 1983 年 9 月，旨在为从事零售和购物中心开发与管理的人士提供一个平台。

中国商业地产联盟（China Commercial Real Estate Union）④是由中国城市商业网点建设管理联合会联合相关机构，于 2003 年共同发起组建的，是目前国内唯一的商业地产行业组织机构，会员涵盖商业地产开发商、商业服务企业和中介服务商三大类，旨在倡导科学、合理的商业规划，推动商业地产健康有序发展 。中国商业联合会购物中心专业委员会⑤以"产业化成长、国际化服务、本土化发展、专业化推广"为宗旨，全面致力于中国购物中心行业的发展与成长；坚

---

① 美国城市土地利用学会. 购物中心开发设计手册（原第三版）[M]. 肖辉，译. 北京：知识产权出版社，2004：4 - 5.

② 李盈霖. MALL 实务[M]. 北京：清华大学出版社，2008：7 - 8.

③ ICSC：国际购物中心协会（International Council of Shopping Centers）简称，是购物中心产业的全球性贸易及专业组织。

④ 参见：中国商业地产联盟官网（http://www.ccrea.com.cn）。中国商业地产联盟作为一个全国性、专业性的商业地产产业合作组织，将坚持"互动、协同、共享"的理念，致力于推动中国商业地产的科学、健康、可持续发展。

⑤ 中国商业联合会购物中心专业委员会：是经民政部正式批复成立，在国务院国有资产监督管理委员会和商务部的指导下，具有独立社会团体法人资格的直属中国商业联合会的面向全国购物中心的行业性服务管理的非营利性社团法人组织。（官网：http://www.shoppingMALL.org.cn/）

持民主协商办事的原则,积极沟通会员企业和政府之间的关系,积极协助会员
企业参与经济全球化进程,进一步推动会员企业改革开放,以提高效益和效率
为前提,使会员企业真正成为市场竞争的主力。特别值得一提的是上海购物中
心协会(Shanghai Council of Shopping Centers,简称 SCSC①),该协会成立于 2004
年 12 月 15 日,是目前中国购物中心领域唯一经过政府主管部门批准并正式注
册登记的社会团体。协会目前拥有的会员主要由上海长三角地区与购物中心
产业相关的投资商、开发商、运营商、零售商及建筑设计、咨询顾问、营销策划等
领域的企业和专家学者组成。按照协会"服务企业,规范行业,发展产业"的要
求,坚持自我管理、自我约束、自我发展。坚持服务市场化、专业化的方向,努力
架构企业与政府沟通的桥梁,搭建国际、地区间交流合作的平台,促进购物中心
商业新业态持续发展。

　　国内对购物中心的学术研究相比国外要晚得多,相关的学术研究还不够全
面。李盈霖在《MALL 实务》著作中,对我国购物中心研究文献的综述框架做了以
下总结:①零售业态研究;②各国/地区案例研究;③问题/对策研究;④规划管理
研究;⑤消费者行为研究;⑥建筑设计研究。② 国外对购物中心的研究起步比较
早,研究成果颇丰。Mark J. Eppli 和 John D. Benjamin(1994)对收集到的购物中心
研究论文进行了回顾和评论,并归纳出一个文献综述框架(作者重新整理,参见表
1-1　国外购物中心研究文献综述框架③)。

表 1-1　国外购物中心研究文献综述框架

购物中心理论	1. 中心地理论	① 单一目的购物
		② 多目的购物
	2. 零售集聚的经济性	① 比较购物行为
		② 购物中心规划
	3. 零售需求的外部性	主力店外部性
	4. 零售租金测算	① 租金测算
		② 无形资产评估

① SCSC:上海购物中心协会简称。(官网:http://www.chinascsc.org)
② 李盈霖. MALL 实务[M]. 北京:清华大学出版社,2008:9-12.
③ 参见:EPPLI M J,BENJAMIN J D. The Evolution of Shopping Center Research:A Review and Analysis[J]. The Journal of Real Estat Reasearch,1994(Winter):5-32.

购物中心评价(Shopping Center Evaluation)是国外学术研究的又一个新领域方向。关于商业价值或称为购物中心无形资产价值的研究也引起了不少研究者的兴趣。商业价值主要源自一个购物中心通过合理的商户组合、良好的管理和其他非地点因素所产生的增值。其研究的结果使人们对购物中心开发的关键要素有了更深入的认识和理解。

(3)城市商业空间研究

城市(City)是一定区域范围内政治、经济、文化、宗教、人口等的集中之地和中心所在。商业(Commerce),是一种有组织地提供顾客所需的商品与服务的一种行为。而商业空间(Commercial space)是人类活动空间中最复杂最多元的空间类别之一。从广义上可以把商业空间定义为:所有与商业活动有关的空间形态。从狭义上则可以把商业空间理解为:当前社会商业活动中所需的空间,即实现商品交换、满足消费者需求、实现商品流通的空间环境。有了城市,就会有商业,城市商业空间也必定成为主要商业活动的载体出现在城市之中。多年以来,对于商业空间的研究,一直是围绕在西方的中心地理论与商业区位论研究的框架传统上。①

国内,学者宁越敏教授对上海市商业中心区位做了详尽的研究,并首次建立了一套界定商业中心的指标。1982年,宁越敏曾对上海60余个商业中心进行了考察,通过定量和定性分析,将其分为3级、6个类别。界定指标主要为:①商业中心内的商店数;②商业中心的职能数;③商业中心内的职能单位数;④耐用消费品、珠宝古玩工艺品、纺织品、服装鞋帽及书店等高级职能单位数所占商业中心职能单位总数的百分比;⑤低级职能的商店数占商业中心内商店总数的百分比等五个变量。采用多因子聚类分析方法,用定量的方法界定出上海市区的商业中心,建立了相应的等级结构。2005年,宁越敏和黄胜利在发表的论文《上海市区商业中心的等级体系及其变迁特征》②中,提到商业中心范围和内容界定,需满足以下条件:第一,商业中心的商业设施必须达到一定的规模,或至少拥有一个大型综合性商场,或拥有100家以上的商店;第二,商业中心的范围不受行政区划的限制;第三,商业中心内的商店一般连续布局,或由距离相隔很近、职能互补的商店群组成;第四,商业中心须是兼营餐饮、娱乐、服饰等商品和服务的综合性零售商业中心。

---

① 柴彦威. 城市空间与消费者行为[M]. 南京:东南大学出版社,2010:52-57.

② 宁越敏,黄胜利. 上海市区商业中心的等级体系及其变迁特征[J]. 郑州:地域研究与开发,2005,24(2).

　　杨瑛在发表的《20年代以来西方国家商业空间学理论研究进展》中做了如下概述:"自20年代以来,欧美学者开始进行商业空间学的研究至今,商业空间学在充分积累前人经验的基础上不断发展起来。综观城市商业空间学理论成果,根据商业空间学理论的研究对象,可以将它归纳为以下两方面:一是商业空间结构理论,以划分商业中心的性质、功能和商业空间层次结构为目标;另一是商业空间选择理论,以区位选择和市场区划分析为主。根据各理论发展时期、研究方法等,可分成三大理论流派:一为20世纪50年代以前,以中心地理论研究为取向的新古典主义学派,以克里斯泰勒为代表;二为20世纪50、60年代,数量革命引导下空间分析学派,以贝里为代表;三为20世纪60、70年代,以消费者行为、认知研究及社会经济阶层研究为导向的行为学派,以赖斯顿为代表。"[①]

　　中心地理论完全从理性经济观点出发,不考虑消费者行为的差异,只从规模及设施功能数量出发划分层次体系,导致了理论的局限性;中心地理论认为中心地的产生与存在来自周边地区对商品和服务的要求,其发展也来源于服务地的发展,这种自下而上的发展方式造成了中心地理论架构的封闭性。其实中心地的发展不但受到自下而上的发展动力,而且也应受到更高层次中心地发展的需求动力,两种动力共同促使中心地空间体系发展起来。

　　从消费者行为观点去研究城市商业空间结构问题的学者,首推美国学者赖斯顿(Rushton[②])。1971年,赖斯顿提出了"行为—空间"模型。该模型有以下观点:

　　第一,行为与空间结构是相互依赖的,任何一个空间结构的转变都会导致空间行为的转变,空间行为的变化也会引起空间结构的变化;第二,行为有两种类型:消费者行为和经营者行为,两种行为形态相互影响;第三,行为是行为者利用各种知觉的可能性做出偏好性选择的方式。与中心地理论所提出的消费者行为假设不同,赖斯顿认为消费者实际生活中的行为在任何一层次的中心地都会出现成批、多目的的形式,这一观点对后来学者的研究产生很大影响。

　　近期,出现在高校比较有代表性的研究著作,有东南大学由吴明伟教授指导的刘博敏博士的论文《多维度构建:和谐发展的城市商业空间网络》

①　杨瑛.20年代以来西方国家商业空间学理论研究进展[J].广州:热带地理杂志,2000,20(1):62-66.

②　Golledge R G,Stimson R J. Spatial behavior:A Gedemographic Perspective [M]. New York:The Guilford Press,1997:327-343.

(2010)①,论文以城市商业功能物质空间等级系统发展为主线,选择城市商业空间聚集区、城市路网与地区交通可达性、城市空间结构与商业地区环境的发展演进为研究对象,将城市空间环境中的功能构成、交通可达性、商业设施规模、重要公共设施区位、环境中的活动产生与地区环境特色的变化作为主要影响因素,来探讨城市商业功能与城市整体发展在空间系统中的互动发展规律。基于城市商业空间系统的复杂性,论文尝试用新的研究范式与方法,结合国内外相关规划理论与成功案例实践经验的借鉴,对南京1984年至2008年的中心城区商业中心系统进行了历时比较研究,揭示了城市商业空间系统发展的多维性、系统建构的网络化、城市不同结构系统间的增长互动的潜在规律。刘博敏博士的研究方法建构:传统商业空间规划理论的"一维"模式制约了城市商业空间系统的多元化发展,作者将传统物质性静态的"功能空间"转化为功能、人、环境三位一体的动态空间,建构了功能、活动、环境三个维度基础上的多向度因子分析模式,城市商业空间多维潜在系统变化规律得以显现;在空间形态描述上,作者尝试用商业空间节点取代城市商业中心,借鉴信息技术的网络理念,建构了城市商业空间网络节点解析法,城市商业空间的系统开放与扁平化等网络系统的特点被证实。

另外,南京大学管驰明的博士论文《中国城市新商业空间研究》(2004)②,从商业业态的概念出发,提出并界定了中国城市新商业空间的概念,并从区位、类型、形成发展动力机制等方面对其进行比较全面、系统的探讨,丰富商业地理研究内容。初步提出了新商业空间的功能—业态—区位规律,并将其运用于新商业空间与传统商业空间重组和新商业空间与其他城市功能空间的互动研究中,对城市空间结构重组和正在中国大中城市广泛开展的城市商业网点规划也有一定的理论和实践意义。

(4)需求理论研究

需求,是指消费者(家庭)在某一特定时期内,在每一价格水平时,愿意而且能够购买的某种商品量。需求是购买欲望与购买能力的统一。需求定理是说明商品本身价格与其需求量之间关系的理论。需求(Demand),在《韦氏字典》(*Merriam - Websters Dictionary*)中的解释为:an act of demanding or asking esp. with authority;willingness and ability to purchase a commodity or service;the quantity of a com-

---

① 参见:刘博敏. 多维度构建:和谐发展的城市商业空间网络[D]. 南京:东南大学,2010.
② 参见:管驰明. 中国城市新商业空间研究[D]. 南京:南京大学,2004.

modity or service wanted at a specified price and time 等含义。① 在心理学中,需求是指人体内部一种不平衡的状态,对维持发展生命所必需的客观条件的反映。营销学中,需求可以用一个公式来表示:需求＝购买欲望＋购买力,欲望是人类某种需要的具体体现,如你饿了你的需求是填饱肚子,那你的具体体现就是你要吃饭,而需求是一种天生的属性,因为天生的属性不能创造,所以需求也不能被创造。亚德里安·斯莱沃斯基②(Adrian J. Slywotzky)说过,需求是缔造伟大商业传奇的根本力量。

马斯洛需求层次理论(Maslow's hierarchy of needs)③,亦称"基本需求层次理论",是行为科学的理论之一,由美国心理学家亚伯拉罕·马斯洛④于1943年在《人类激励理论》论文中所提出。该理论将需求分为五种,像阶梯一样从低到高,按层次逐级递升,分别为:生理上的需求、安全上的需求、情感和归属的需求、尊重的需求、自我实现的需求。1954年,马斯洛在《激励与个性》一书中探讨了他早期著作中提及的另外两种需求:求知需求和审美需求。这两种需要未被列入他的需求层次排列中,他认为这二者应居于尊重需求与自我实现需求之间。

---

① 〔美〕亚德里安·斯莱沃斯基,等. 需求〔M〕. 龙志勇,魏薇,译. 杭州:浙江人民出版社, 2013.
② 亚德里安·斯莱沃斯基(Adrian J. Slywotzky):毕业于哈佛大学,同时拥有哈佛商学院和哈佛法学院颁发的两个硕士学位。全球50位最具影响力的商业思想家之一,被《产业周刊》(Industry Week)誉为"最有影响力的六大管理思想家"之一。与管理大师彼得·德鲁克、微软创始人比尔·盖茨、英特尔董事长安迪·葛罗夫、通用电气董事长杰克·韦尔奇以及竞争论奠基人迈克尔·波特齐名。拥有30余年管理咨询经验,现任全球著名咨询公司奥纬国际(Oliver Wyman)合伙人,曾任美世管理顾问公司全球副总裁。
③ 〔美〕马斯洛. 动机与人格〔M〕. 许金声,译. 北京:中国人民大学出版社,2012.
④ 马斯洛(A. H. Maslow,1908—1970),美国社会心理学家,人格理论家,人本主义心理学的主要发起者。马斯洛动机理论被称为"需求层次论"。1934年马斯洛获得威斯康星大学博士学位并留校任教。1951年被聘为布兰代斯大学心理学教授兼系主任。二战后,马斯洛开始对健康人格或自我实现者的心理特征进行研究,并担任美国人格与社会心理学会主席和美国心理学会主席。《纽约时报》评论说:"马斯洛心理学是人类了解自己过程中的一座里程碑。"

英国"剑桥学派"创始人阿尔弗雷德·马歇尔①（Alfred Marshall）在需求理论上的研究也是非常有造诣的。他第一个表述了通常的需求规律:需求量随价格下降而增加,随价格上升而减小。② 他注意到罗伯特·吉芬收集的信息,这些信息显示穷人的面包需求曲线可能向上倾斜;也就是说,对这些人,面包价格的上升将导致肉或更昂贵商品的需求的减少、面包消费的增加。

（5）消费行为理论研究

消费者行为（Consumer Behavior）的概念是什么? 在《辞海》中的定义:人们消耗物质和文化需要的过程,是社会在生产过程的一个环节,是人们生存和恢复劳动力的必不可少的条件。美国营销协会（American Marketing Association）③将消费者行为定义为:"人类用以进行生活上的交换行为的感知、认知、行为以及环境的动态互动结果。"消费者的行为是互动的,消费者行为是指消费者的想法、感觉、行为与环境互动（interaction）的结果。因此,营销人员必须了解产品与品牌对消费者的意义,消费者必须做些什么以购买及使用它们,以及什么因素会影响逛街、购买及消费。④ 还有研究者认为消费者行为就是研究人们如何购物的学问,反映了消费者个人或群体获得、消费、放弃产品、服务、活动和观念的所有决策及其历史发展。

国外对消费行为的研究比较早,研究的广度和深度都非常丰富。消费行为是一种复杂的行为过程,涉及心理学、社会学、文化、空间等多层次的领域,西方学者在消费行为方面的研究硕果累累,层出不穷。表1-2为"消费行为"相关领域的重要理论成果表⑤。

---

① 马歇尔（Alfred Marshall,1842—1924）,近代英国著名的经济学家,新古典经济学派的创始人,现代经济学之父。曾在剑桥大学、牛津大学任教,马歇尔致力于经济学的教学与研究,其经济学说的核心是均衡价格论。代表著作主要有《经济学原理》《公民权与社会阶级》。
② 〔英〕马歇尔. 马歇尔经济学原理[M]. 宇琦,译. 长沙:湖南文艺出版社,2012.
③ 〔美〕J. 保罗·彼得,杰里·C. 奥尔森. 消费者行为与营销战略(第八版)[M]. 徐瑾,等译. 大连:东北财经大学出版社,2010:8-9.
④ 〔美〕霍依尔,等. 消费者行为(第四版)[M]. 刘伟,译. 北京:中国市场出版社,2010.
⑤ 李盈霖. MALL 实物[M]. 北京:清华大学出版社,2008:51-57.

表 1－2　消费者行为研究的重要理论概况

领域	作者	年代	著作
心理学领域	Ernest Dichter	1947 1962 1964	*Psychology in Market Research* *The World Consumer* *Handbook of Consumer Motivation：The Psychology of the World Objects*
	Rook，Dennis W. and Sidney J. Levy	1983	*Psychology Themes in Consumer Grooming Rituals*
	Foxall，G. R	1990	*Consumer Psychology in Behavioural Perspective*
	P. M. Doney and J. P. Cannon	1997	*An examination of the nature of trust in buyer – seller relationships*
社会学领域	Sheth Jagdish N.	1974	*A Theory of Family Buying Decision*
	Leigh，James H. and Claude R. Martin	1981	*A Review of Situational Influence Paradigms and Research*
	J. G. Klein，R. Eteenson，& M. D. Morris	1998	*The Animosity Model of Foreign Product Purchase：An Empirical Test in the People's Republic of China*
	Jan – Benedict E. M. Steenkamp，Frankel Ter Hofstede，and Michel Wedel	1999	*A cross – national investigation into the individual and national cultural antecedents of consumer innovativeness*
行为学领域	Ross Cunningham	1956	*Brand Loyalty – What，Where，How Much?*
	Robert Holloway	1967	*An Experiment on Consumer Dissonance*
	Howard，John A. and Jagdish N. Sheth	1969	*The Theory of Buyer Behavior*
	Jmes F. Engel，David T. Kollat，and Roger D. Blackwell	1968	*Consumer Behavior*
其他领域	Jacob Jacoby，Donald E. Speller，and Carol A. Kohn	1974	*Brand Choice Behavior as a Funcation of Information Load*
	M. K. Hui，et al	2004	*When does the service process matter? A test of two competing theories*

　　消费者的动机是消费者行为的研究目的，满足消费者适当的需求，合理布置 MALL 的室内空间和商业功能都是直接影响消费者动机的因素。有关研究学者把

消费者购物动机分为11种(见表1-3 消费者消费动机分析表①)。

表1-3 消费者消费动机分析表

动机		原因
个人动机	角色扮演动机	一个人日常言论中的许多行为烙有明显的身份印记,也代表着社会传统对某一阶层或角色所期待并接受的行为。这些行为可能内化成"需求"并激发出一系列商业活动。如购买日常用品是家庭主妇的传统活动
	娱乐动机	购物能让人从一成不变的日常生活中获得乐趣
	自我满足动机	一个人会因为其情感状况去购物。他会因为无聊而到商店找寻乐趣
	学习新趋势动机	许多人对及时知道最新流行风格趋势或新产品信息非常有兴趣
	身体活动动机	对都市人来说,在购物中心购物就好像在空调受到控制的环境中运动
	感官刺激动机	顾客在浏览店内商品时会有感官上的享受,声音也是重要因素
社会动机	社会经验动机	市场及乡镇中心传统上就是社交活动中心
	与有相同兴趣者沟通的动机	相同的兴趣是人们沟通与交往的主要连接桥梁。这对提供嗜好品的商店来说尤为正确
	为同伴团体吸引的动机	光顾商店有时反映出想与同伴团体一起或渴望归属团体的需求,例如唱片行就是青少年最常逗留的地方
	身份与权威象征的动机	许多购物过程可以让人拥有命令及受到尊重的感觉。购物者可以在这种有限的主仆关系中享受身份与权力的感觉
	杀价乐趣动机	这种动机在一些高消费场所并不普遍,但在大多中低端购物场所,有很多人仍然非常享受这样的过程

---

① 决策资源集团房地产研究中心. 商业地产实战手册[M]. 北京:中国建筑工业出版社,2007:64.

(6)环境心理学研究

环境心理学的概念是什么？首先,环境心理学是基于心理学、社会学、人类学、地理学、建筑学、城市规划等学科的研究汇聚于一体的交叉领域,其基本任务①是研究人和环境的相互作用,研究人的行为与人所处的物质环境(physical environment)之间的相互关系。环境心理学也属于应用社会心理学领域,故又称人类生态学或生态心理学。

早在希腊时期人们就已经会使用视觉校正法来迎合人的视觉审美和心理需求了②,雅典卫城的帕提农神庙(Parthenon)柱脚使用了较差,圆柱做了卷发鼓起处理,避免中部显细的错觉。经过调整的帕提农神庙建筑,已经达到了黄金比例,给人以完美的视觉享受。有关的理论研究可以追溯到19世纪,美术史家海因里希·沃尔夫林(H. Wolffin)③著有《建筑心理学绪论》(1886年出版),书中曾用"移情论"的美学观点讨论建筑物和工艺品的设计问题,其后,汉斯·迈耶(H. Mayer)还打算在包豪斯学校中开设心理学课程。

20世纪五六十年代开始,环境心理学的研究开始兴起,主要代表人物有:人类学家霍尔(E. T. Hall)、心理学家巴克(R. Barker)、伊特尔森(W. H. Ittelson)、普洛尚斯基(H. Proshansky)、萨墨(R. Sommer)等。1960年,凯文·林奇(Kevin Lynch)和他的学生在麻省理工学院分析了城市空间的知觉,侧重于对城市环境认知的经验研究,把城市空间的"意象"看作由路径、边沿、区域、节点和标志五种元素构成,试图以此揭示城市空间的本质,并出版了研究著作《城市意象》(*Image of the City*)。此后,研究学者Hall出版的著作《隐匿的维度》(*The Hidden Dinmension*, 1966年)和Sommer的《个人空间》(*Personal Space*, 1969年)都强调了环境心理在

---

① 林玉莲,胡正凡. 环境心理学[M]. 北京:中国建筑工业出版社,2002:1-4.

② 罗小未,蔡琬英. 外国建筑历史图说[M]. 上海:同济大学出版社,1986:35-42.

③ 海因里希·沃尔夫林(Heinrich Wolfflin,1864—1945),瑞士著名美学家和用德语写作的最重要的美术史学家。曾就读于巴塞尔大学、柏林大学和慕尼黑大学,是著名史学家布克哈特的高足,先后在巴塞尔大学(1893—1901)、柏林大学(1901—1912)、慕尼黑大学(1912—1924)、苏黎世大学(1924—1934)担任教授。他曾被认为是继温克尔曼、布克哈特之后第三位伟大的美术史学家。他的特色是把文化史、心理学和形式分析统一于一个编史体系中,因此不去过多地研究艺术家,而是紧紧地盯着艺术品本身,力图创建一部"无名美术史",把风格变化的解释和说明作为美术史的首要任务。沃尔夫林的博士论文是《建筑心理学绪论》(1886),在这篇论文中已透露出他后来要发展完善的研究方法的端倪:以创作过程的心理解释为基础的形式分析。他在后来的一系列著作中都汲及于这种方法。他的代表作是《美术史的基本概念》(1915),这部研究文艺复兴后艺术风格问题的专著,把他的思想综合于完整的美学体系中,这个体系对后来的艺术批评有很重要的影响。

城市规划中的作用和意义。1966 年美国《社会问题学报》(*Journal of Social Issue*)为环境行为与实质空间的研究工作出了一本专辑,以"人们对实质环境的反应"为主题,反映出学术界对环境心理学的重视。

1968 年 6 月,美国成立了世界上第一个研究环境与行为的综合性学术团体"环境设计研究协会"(Environmental Design Research Association,简称 EDRA),该协会于 1969 年举办了首次年会,并在同年出版了《环境与行为》(*Environment – Behavior*)刊物,1970 年出版了第一届环境设计研究学会年会会议录。

英国在环境心理学方面的研究起步也比较早,1969 年召开了第一次建筑心理学的国际研讨会(International Conference on Psychology of Architecture,简称 IAPC),主要代表人物有特伦斯·李(Terence Lee)、戴维·坎特(David Canter),1981 年英国的《环境心理学学报》(*Journal of Environmental Psychology*)的问世也为未来学术研究的发展提供了又一良好的平台。此外,澳大利亚在 1980 年成立了人与自然环境协会(People and Physical Environmental Research Association,简称 PAPER)。

日本的环境心理学的研究在亚洲地区处于领先地位,在 20 世纪六七十年代逐步发展,1980 年,日本和美国在东京联合成立了"人间·环境研究学会"(Man – Environmental Research Association,简称 MERA)。

我国在这一领域的发展远远晚于其他国家,研究工作比较零散,没有整合起来。在 20 世纪 80 年代开始引入环境心理学的相关理论和方法,直到 1993 年,同济大学杨公侠教授邀请了英国环境心理专家大卫·康特(David Canter)来中国讲学,为学生们授课。同年 7 月,在吉林由中国建筑工业出版社倡议,哈尔滨建筑工程学院主持,吉林市土木建筑学会筹办了第一届环境心理学领域的会议"建筑与心理学"学术研讨会,此次会议有着非常重要的历史意义,为该领域的未来发展起到了推动作用。此后,于 1995 年,在大连召开了第二届"建筑与心理学"学术研讨会,并正式成立了"中国建筑环境心理学学会",2000 年改为"中国环境行为学会",并规定每两年召开一次学术研讨会,定期交流。

1.1.3.2 相关研究的问题和不足

对于现代公共设施的研究与开发已经广泛地开展了,相关的研究课题也正成为各大相关院校与科研机构的重要目标项目,但研究中出现的问题同现实中的公共设施体系状态一样,缺乏系统性,具体表现在:

(1)单纯地关注对形式的研究,而忽视对其功能与内涵的研究

当代大量对公共环境设施的研究都以造型设计为基础,着重关注其各种不同的形式、人机界面以及相应的制造工艺和材料,缺乏对公共设施本质与内涵的研

究,缺乏对消费人群特性与习惯的研究,因此在此理论指导下,尽管公共环境设施的制造和设置不停地发展,但非常容易出现形式化的倾向。

(2)独立研究公共设施,而不关注对应的商业和建筑环境

当代的研究多直接研究公共设施本身,而忽视对其应用的公共环境的研究,缺乏将公共设施的研究按照对应的环境空间和需求进行分类比较,因此在实际的应用中张冠李戴的问题频出。举例说,机场候机厅的座椅同公共绿地中的座椅有着完全不同的使用需求,需要不同的形式载体和规划设计规则。

(3)缺乏对最新需求的关注

这一点从上面对公共设施的研究缺乏对最新需求的关注中可以看出来。存在这个问题的并不只是中国,类似的问题即使在发达国家也很常见。人们的需求很多很复杂,甚至有很多需求是潜在的,可以被发掘出来。但是对设计师或者研究者而言,他们的研究和设计本身就应关注并发掘这些潜在的和最新的需求,让对应的公共设施的设计和设置规则更好地为人群服务。

(4)缺乏对公共环境设施系统有效而公允的评价方法

诚然,对于具体的公共环境设施,不论是对消费者调研还是笔者评价,都难免受到主观因素的影响;而基于这些单体的公共环境设施系统,更加难以有效评价。规划与设计工作本身确实是主观性很强的过程,但研究过程如果长期缺乏量化的方法,则对于这个体系的研究和发展都是不利的。

1.1.4 环境类别与公共设施

正如上面讨论的,脱离相应的公共空间和适用人群的公共设施研究将会是流于形式的。按照公共空间特定的类型和空间功能来分析相应的人群和需求,从而界定公共环境设施的功能和设计原则,研究将会更有针对性和方向性。

公共环境设施广泛应用的公共空间类型也很多,但总的来说,可以分为三种类型:

第一,商业类公共空间。如商场、MALL、商业步行街等各种形式。商业类公共空间其商业目的是首位的,相应的公共设施必然是要使消费人群在公共空间中能够更加顺畅地进行消费活动,激发消费者的消费欲望,甚至直接参与销售行为。商业类公共空间的公共环境设施种类繁多,形式丰富,代表类型如指示系统和广告传播设施。

第二,服务类公共空间。如图书馆、机场、车站等,也包括公共绿地、广场等。这类公共空间本身就是为人群进行服务的,但不同于商业空间,这类空间的功能往往是去商业化的,或者不可以像商业空间一样以商业推广为主要目的。服务类

公共空间的公共设施种类一般较商业空间简单,信息查询系统和休息设施很重要。

第三,交通类公共空间。如道路、交通枢纽等。这类空间的空间功能占有最为重要的地位,公共设施在这类空间中为有需要的消费者提供必要的服务,但一般不能影响基本的交通功能。指示系统和相应的交通类公共设施(如候车厅等)比较发达。

从公共环境设施的多样性和复杂性考虑,本书研究的公共空间是商业类公共空间,选取的是当代最有代表性的商业空间形式——商业 MALL。

1.2 研究的范畴和方法

1.2.1 研究范畴

设计领域涵盖广泛,对于公共环境设施而言,可以涉及的包括对象的内涵与原理、规划与设定原则、形式与功能的设定、形态设计、人机工程、材料及工艺等。

关于公共环境设施的具体形态、材料及制造工艺等细节深入的设计原理的研究,已经在当代设计领域中大量进行,成果斐然,但缺乏从大系统的角度来分析公共环境设施存在的基础内涵,以及其设计与设定的原理和规则,这也是当代很多公共环境设施的核心出现问题的关键原因。

本书对设计领域的涉及,将不会对具体的材料、工艺及造型手法有过多的深入,而是将研究重点放在对空间的功能、环境空间本身、目标人群及公共设施四者之间的关系,结合上海对应空间的现状来分析存在的问题和解决方式,从而来推导公共环境设施的一般设计和规划原则,并借此来为不同空间领域的公共设施的研究工作归纳出行之有效的研究方法。本项研究的范畴归纳如下:

1.2.1.1 对于功能空间(商业与环境空间)

功能空间包含功能与空间两个元素。

基于分析空间的功能,从而分析相应的目标人群的需求,再推导出公共环境设施的设计和规划原则的思路,本研究不可避免地将对空间的功能进行分析。但考虑到研究的篇幅和深度,所以本项研究希望针对一种有代表性的、特定的商业模式及商业空间进行讨论,再进行对应的分析。

本书选定的是商业类公共空间。但即使是商业类公共空间,具体类型也很多,常见的如商场、饭店、宾馆等,但差异也非常大。本书的目标空间是现在大陆蓬勃发展的商业 MALL 这种商业模式。

MALL 在当今世界普遍存在,而且其模式的本质发展相对成熟。MALL 包含的内部功能繁多,是消费需求多样化的体现;而这种集中在同一空间的多样化需求也为公共环境设施的存在提供了多重的可能性,对于研究工作来说是非常好的基础。而当代的 MALL 也正在根据不同的具体需求不停地发展出各种不同的类型,这证明了 MALL 商业模式的顽强生命力。MALL 在类似上海这样的大城市中必将蓬勃发展,体现了大众消费理念的发展趋势,具体原因有如下几个方面:

第一,MALL 的存在符合马克思主义社会公平理论的描述,在社会学的意义上,其存在和发展有必然性。

第二,一站式的满足多种类消费需求,在现实意义上有其必然性。

第三,满足现代日益发展的实地体验需求,在未来趋势上有必然性。

城市商业 MALL 存在和发展的必然性在后文中还有详细论述,而其内部的公共设施的发展也需要跟上 MALL 发展的需求,因为在公共空间内,人群大众在每一个行为环节,都有可能借助公共环境设施,而公共环境设施应尽可能地满足不同特征、不同需求的人群,这也是马克思主义社会公平性在 MALL 商业系统内的体现。

国内的 MALL 建设如火如荼,商业 MALL 的经营有的很成功,但失败的开发和经营案例也屡见不鲜。当然,公共环境设施本身并不能完全决定这种结果,但相应的研究和改善对于提高商业 MALL 的服务质量有重要的意义。因此,目标空间中公共设施的研究,对当代国内的建设发展有积极的作用。

1.2.1.2 对于公共环境设施

因为本书研究的对象,本质上是公共环境设施系统,因此属于本书定义的商业功能空间范围内的公共环境设施都是本书的研究范围。

本书是结合消费者消费行为需求进行的系统研究,因此将更多地关注消费者在 MALL 空间的消费休闲行为本身,而不研究消费者其他时段的行为及相应的设施。

例如消费者往来 MALL 的交通以及相应的公共设施,我们可以这样来分析:

(1)本书把停车看作消费者自驾行为的一个环节,而消费群体往来 MALL 的交通方式有很多选择:自驾、地面公交车、有轨电车、地铁、出租车、步行等,自驾只属于其中的一部分人群。而随着现代城市的发展和社会公平理念的进步,将会越来越提倡使用公共交通,而 MALL 作为重要的公众消费休闲设施,也将遵循这一理念。

(2)对于使用自驾为交通方式往来 MALL 的人群,停车和取车这两个环节更接近于交通过程的首尾两端,应该归纳为交通环节,而不属于直接的 MALL 休闲消费行为。消费者在这个过程中涉及的公共设施,如刷卡器、路牌指示、栏杆等,更接近于社会交通领域,而同 MALL 空间的消费行为差异很大。

因此在停车场的相应设施以及停车场本身,都不是本书的主要研究范围(图1-5)。

图 1-5　本书研究范围示意图

(图片来源:作者自绘)

事实上,还有一些公共设施的界定比较模糊,在后文中也会讨论到,比如电梯、楼梯、公共厕所等。按照后续的定义,这些设施也可以作为本书的研究范围,但不作为重点讨论。

不论是景观升降机还是扶手电梯,都是 MALL 空间重要的功能组件,也是重要的地标和广告传播阵地,不少因为空间需要而出现的台步也有类似的功能,公共厕所在很多的研究中都作为独立的公共设施来研究。但是,因为本书需要对商业、环境空间和公共设施这三个对象进行比较分析,必须有明确的归属。这些设施基本同环境空间完全组合在一起,无法拆分,是空间存在的基本元素;而如果这些元素不归属环境空间,则这些环境空间无法完成基本的运行功能。因此,在本书的研究中,还是将这些设施归属到环境空间中。但我们也会对这些设施进行分析研究,并对归属于这些元素的公共设施进行分析,比如电梯中的指示系统和广告系统、楼梯的扶手和指示系统、公共厕所内部的设施。

类似的还有售货亭,因为也有一些售货亭的搭建属于半固定或者固定式的形式,但从商业的角度看,它们并没有同其他商业单元一样的定义标准,相反具备很大的灵活性,有助于调整空间形态。因此尽管它们进行着同商业一样的销售功能,但在此,本研究内容还是把它们归结在公共设施中。

具体的划分范围,在后文的公共环境设施分类和定义章节中有详细的讨论。

1.2.1.3 对于使用人群

广义地说,目标功能空间中的所有人群都是我们的研究对象。

但鉴于上面界定的 MALL 商业空间人员类型复杂,因此在具体的研究中,我们主要还是把进入 MALL 商业空间进行休闲消费活动的消费者作为主要研究对象。在 MALL 空间出现的大量工作人员,直接的服务人员在研究中是作为"服务"的一部分出现的,与公共环境设施在同一归类。当然,当工作人员使用这些公共环境设施时,他们也是作为消费者的角度出现,属于被研究的适用人群,不再做详细划分。

1.2.2 研究原则

在本项的研究内容中,公共环境设施系统以及所在的 MALL 商业空间,应该遵循以下五点原则:

第一,在 MALL 商业空间,商业、环境空间、设施和人群是四项基本元素。

第二,MALL 空间中的元素互相作用、互相影响,作用的结果构成了 MALL 商业模式。

第三,MALL 商业模式对消费者而言,是一种不同于常规零售业的模式,是一种有计划的和无计划的消费休闲行为的线性组合。

第四,公共环境设施是 MALL 商业空间服务的硬件部分,工作服务人员及其行为是服务的软件部分。

第五,对公共环境设施研究的过程,是建筑学、工业设计、行为心理学、经济学等多种学科共同作用的跨学科过程。

1.2.3 研究方法

(1)归纳推理的逻辑方法

本书的重要目的之一,就是通过对各种细分公共设施及系统的讨论分析,进行归纳整理,从而推导出公共环境设施系统的一般性结论。这样的推导方式是整篇论文的一般性逻辑方式,也就是归纳推理法,是从个别性知识推出一般性结论的推理。

(2)比较研究法

比较研究法(Comparative Approach)是对有一定相似性或者类似定义的对象进行对比分析,获得可以解释其差异的原因的方法。本书在对不同的商业 MALL 空间中,公共环境设施系统的多样性差异进行研究中,将大量地使用这种比较研究法,从而得出产生这些差异的原因,进而印证公共设施系统设置的一般性规则。

(3)文献研究

在对公共环境设施以及相关的 MALL 商业系统的发展历史及现状的研究过程中,将大量进行文献参阅。

在对公共环境设施的分类进行讨论、对消费者行为和心理进行分析的过程中,涉及大量既有的研究结果和数据,在这些章节中,我们也将采用大量文献研究的方法。

(4)问卷调查法

在印证最终的消费者体验同研究的逻辑分析结果是否吻合时,将会用问卷调研的方式。鉴于境外 MALL 调研体验者数据较难收集,我们将问卷调研的对象集中在下文中讨论的几个国内有代表性的 MALL 的消费者,尝试按照本书的分析思路编制调研打分表,将他们的消费活动进行量化比较。

(5)数学方法

在分析现有研究问题的过程中,我们发现现有研究中,缺乏对系统结果的量化验证,因此,在本书的研究中,特别是对整体公共环境设施体系的最终用户体验评价中,我们将引入数学模型的方法,用锥形体系的体积和平衡性的方式来讨论不同功能空间中公共设施体系的评价差异。

在对调研结果进行具体量化的过程中,我们会更直观地引入"雷达图"的方式,按照各个关键因素的综合加权值的大小,比较直观地对消费者的体验进行比较。这也是数学研究方法在本研究中的运用。

1.2.4　研究视角

美国学者斯蒂文·贝斯特与道格拉斯·凯尔纳,在对后现代理论著作(*Postmodern Theory*)进行研究的过程中,建构了全新的视角理论,逐渐被学术界认同。这一理论认为,"一个视角就是一种观察方法,一种分析特定现象的有利位置或观点;一个视角就是解释特定现象的一个特定的立足点、一个聚焦点、一个位置甚或是一组位置;一个视角就是一个解释社会现象、过程及关系的特定的切入点"①。视角这一概念同时也意味着没有哪个人的视点能够充分涵盖任何一个单一现象的丰富性和复杂性,在研究公共设施或者是在一定空间内的公共设施系统时也是一样。因为任何视角往往不可避免地受到观察者本人现有的假设、理论、价值观、兴趣、目标、背景与政治取向等的影响,这意味着为了超越自我和走向交往与对话,研究者需要增强对视角的反思、批判和整合能力。一切视角都是有限的、不完全的。

为了能充分说明公共环境设施系统的复杂性,以及这个系统和多方面(如商业、环境空间、目标人群)的联系,研究者需要不断更新自己的研究视角,不能简单

① 〔美〕斯蒂文·贝斯特,等. 后现代理论:批判性的质疑[M]. 张志宾,译. 北京:中央编译出版社,2011.

地从现存的大量研究的视角去看待这个系统,从而带来更大的研究和创新动力,获得更有价值的研究结果。

当代对公共环境设施系统的研究多以工业设计的视角,研究其形态、材料、工艺及具体的界面设计;或者以环境景观规划的角度,研究其分类以及设计、设置的规则。在前面的分析中,已经谈到,这类视角大多是以设计人,也就是公共设施系统的设计执行人的视角来进行分析,这样的视角往往对公共设施本身的分析研究比较深入,却局限在执行者的角色,缺乏对整个商业空间大系统的研究。即使有对商业和空间的研究,也缺乏对商业模式的深入理解。

比如本书关注的MALL商业模式,在宏观的研究领域,更多地被认为是一种地产模式,而不是常规的零售业,其对应的经营模式和消费模式也同传统零售业有本质差别,在后文的论述中,我们会引入"线性需求链"或者"线性消费链"的概念来进行深入,而不是在传统零售业中的"点状消费行为"。

因此,本书将从不同的视角,对MALL商业空间的公共环境设施系统进行全面的分析研究(如图1-6)。

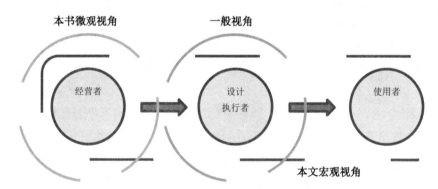

图1-6　本书的研究视角示意图

(图片来源:作者绘制)

(1)本书宏观视角

宏观上,本书将站在MALL的经营者、设计执行者以及使用者三者的综合角度来看待整个系统,以宏观系统的角度来分析这个复杂的系统,力求兼顾在MALL以及公共环境设施系统设计开发过程中出现的这三者的综合关系和利益。

(2)本书微观视角

对于具体的公共设施的设计问题以及消费者需求的问题,本书将站在经营者的角度进行微观分析。

简单地来说,就是经营者在规划 MALL 商业空间、进行经营活动时,定位什么样的消费人群,从而决定什么样的设计规划能满足这个人群的需求。这种需求并不是在 MALL 建成时由消费者反馈出来的,而是在建设前就经过严密的分析规划设定的。当最初的设定同实际的需求真正吻合的时候,也就是实际消费者有较高消费体验的时候。这是商业的经营者希望看到的结果,是商业模式成功的重要因素之一。

1.3　研究的意义和目的

本书的研究有明确的意义和目的:第一,从理论研究的意义上看,本研究有助于完善现有公共环境设施体系理论,同时为后续更为深入和广泛的研究建立理论模型和基础;第二,从实际和实践的意义上看,该领域的研究对现有的实际 MALL 商业空间及公共环境设施设计的改进有直接的推动作用。

1.3.1　建立更加系统科学的公共环境设施设计和规划的研究模型

本书将从现有的公共环境设施出发,通过系统理论,把零散的各种公共设施组织成系统体系,并把这个系统置于 MALL 商业空间这个大系统中进行研究。用商业分析的方法解析 MALL 商业模式的核心思想,结合建筑空间理论,并将行为心理学用于对消费人群的行为研究中,从而获得更加科学的体系基础,尝试建立基于 MALL 商业模式的,更加系统科学的公共环境设施设计和规划理论基础。

1.3.2　研究对于实际商业空间设计和设施设计的改善及发展的促进作用

本书的研究将基于对有代表性的 MALL 商业空间中公共环境设施体系的研究和总结,获得的结果将可以直接用于对这些商业空间及设施系统的改善和发展。

同时,研究将着重对上海重要而有代表性的 MALL 进行比较研究,并对相关问题进行总结,得出对应的改进建议和规则,这对于本土 MALL 商业模式和公共环境设施体系的推动发展有直接的意义。

1.3.3　本研究对于相关领域研究方法、视角的探索

因为研究精力和篇幅的限制,本书只选取一种功能空间——MALL 商业空间,因此获得的对应的公共环境设施系统理论只适用于这种特殊的形式。

但是也希望借此研究,首先得出不同的功能空间产生不同的需求,也决定了不同的公共环境设施体系的论断;同时通过这个功能空间的研究过程,论证这种研究方法、视角的正确性和准确性,为后续针对其他功能空间系统和公共环境设施系统的研究建立理论基础,为建立更加系统、完整、科学的公共环境设施系统做出努力。

1.4　研究的核心思路及其基础理论

贯穿全文研究过程的,有以下几项核心研究思路:

(1)商业、环境空间、公共环境设施、目标人群四者构架起来的系统分析;

(2)基于马斯洛需求理论的"线性需求链"理论分析;

(3)基于对消费者行为心理学研究的需求和体验评价体系。

这些核心思路都有其现有较成熟的理论研究基础,本书研究将基于这些研究思路,做进一步的理论的深入理解和发展。

1.4.1　将公共环境设施系统置于整体 MALL 商业消费系统分析

系统理论将在本书的研究中大量应用,不论是公共环境设施系统还是 MALL 商业消费系统。本书的研究原则之一就是认为,MALL 商业、环境空间、公共环境设施、目标消费人群四者构成了完整统一的 MALL 商业消费系统。这也是本书理论体系的核心基础。

所谓系统,是指有组织的或被组织化的整体,构成系统的各个元素互相影响、互相作用,形成有规律的稳定的关系。MALL 商业空间正是这样的一个稳定系统。

系统论(System Theory)是研究系统的一般模式、结构和规律的学问,它研究各种系统的共同特征,用数学方法定量地描述其功能,寻求并确立适用于一切系统的原理、原则和数学模型,是具有逻辑和数学性质的一门科学。

系统论的核心思想是系统的整体观念,本书将从系统论的角度,整体地看待在 MALL 空间中的各个元素,去解析元素的特点和互相作用关系,从而寻找让这种相互关系趋于稳定,并使整个系统发挥出最大功用的设计和规划规则。

在进行系统整体效率的界定时,本书以消费者的最终行为体验结果作为评价 MALL 商业体系以及相应的公共环境设施系统的决定性依据,并引入数学方法来使这些评估和判定更加符合逻辑:以锥形结构体量估算来做不同功能空间体系的平衡比较,使用雷达图分析法将消费者最终的行为体验量化比较。

1.4.2 马克思主义社会公平理论

马克思主义最早提出了真正的社会公平理论,对现代社会的发展起了极为重要的作用。尽管当今世界各国和地区意识形态存在差别,但都在尽可能地追求和实现真正公平的社会。对于城市商业这个人群数量庞大、功能齐全的综合体来说,追求公众体验的公平是最高层次的目标。因此,马克思主义关于社会公平的理论有很高的研究价值。

从 MALL 的起源可以看出,现代城市 MALL 是伴随着新的人群聚集而产生的公众消费休闲设施。MALL 的存在本身,就是为了满足对应的公众人群共同享用这些商业服务或者是公共服务的需求。按照马克思主义社会公平理论,当社会产生公共价值之后,公众就有共同享用和分配这些公共价值的权利;而完善的共享和分配的原则则是公平;公平本身也是分配和共享的目标。

1.4.3 马斯洛需求层次理论及"需求决定存在"的逻辑分析模式

按照马斯洛需求层次理论(Maslow's hierarchy of needs,亦称"基本需求层次理论",由美国心理学家亚伯拉罕·马斯洛于 1943 年在《人类激励理论》论文中所提出),需求分为五种,像阶梯一样从低到高,按层次逐级递升,分别为:生理上的需求、安全上的需求、情感和归属的需求、尊重的需求、自我实现的需求。

马斯洛需求层次理论是经典而基础的需求关系理论①。本书将从马斯洛需求理论出发,结合 MALL 商业模式的特有属性,提炼出在这一体系下的高层次需求模型——线性需求链,来解释消费者在 MALL 空间的独特行为模式和相应的需求,并依靠"需求决定存在"的逻辑方式对公共环境设施设计和设置的合理性进行推理分析。

有需求就有服务,线性需求链的存在导致了公共设施线性服务链的存在。线性需求链的理论有助于将分散在 MALL 空间各地、形态功能各异的各种公共环境设施群体串联组合成为另一个有机的系统,这样的系统概念要比从类型学中直接得来的公共设施系统更具说服力和稳定性。

1.4.4 基于消费行为学和心理学的研究

在进行消费者需求分析时,本书将借助行为学②和消费心理学的理论,来分

---

① 〔美〕亚伯拉罕·马斯洛. 动机与人格(第三版)[M]. 许金声,译. 北京:中国人民大学出版社,2007.
② 关培兰. 组织行为学(第三版)[M]. 北京:中国人民大学出版社,2011.

析消费者在消费行为活动链中的各种需求,从而将通过线性需求理论推论出的需求同消费者实际的消费休闲行为联系起来,形成严密联系的体系。同时,对行为学和消费心理学的研究可以深入地考量消费者同公共环境设施互动的行为规则,评估公共环境设施本身以及人机交互界面设计的合理性和效率。

行为学①(Ethology)是研究人类行为规律的科学。通过运用行为学的理论,可以研究 MALL 商业系统中人的行为与心理表现;针对 MALL 商业模式和空间的特征,找出 MALL 商业环境下的目标人群的行为共性,对优化 MALL 商业系统内部元素的关系、优化公共设施本身的操作流程,有很好的借鉴作用。

消费心理学②(Consumer Psychology)是心理学的一个重要分支,它研究消费者在消费活动中的心理现象和行为规律。消费心理直接体现着消费者心理需求,甚至是高层次的需求,这对于在较高层次提升 MALL 的服务深度有很好的帮助。同时,消费心理学对公共环境设施本身的设计优化也有帮助。

1.4.5　研究框架

本次研究课题的内容主要从以下七个部分展开:

第一部分为绪论。阐述本项研究的背景、研究动态与不足、研究范围与界定、研究方法与视角、研究思路与核心框架。

第二部分,城市 MALL 的商业模式及城市 MALL 商业空间。阐述 MALL 商业空间的定义和发展沿革,分析 MALL 商业模式的一般特征,以及本书的论述重点。

第三部分,对公共环境设施的定义、历史溯源和现状进行概述,详细分析研究城市 MALL 商业空间环境设施的分类与管理。

第四部分,运用马克思主义社会公平理论和马斯洛需求层级理论,结合 MALL 商业独特的消费模式,提出 MALL 空间的线性需求链/需求群链观点,推导"人—商业—环境—设施"系统研究模型,并以之建立公共设施系统的需求关系模型。

第五部分,对建立的研究模型进行理论验证分析,从公共设施与人的行为、设施与环境空间、设施与 MALL 商业、设施的组合,以及设施与城市 MALL 商业空间中相对独立功能模块这样多个关系组合来进行分析,从而获得整体系统内部关系的一般性规律。

第六部分,实证研究。着重于当前国内外 MALL 商业空间公共环境设施系统

---

① 〔加〕麦克沙恩等. 组织行为学(第5版)[M]. 吴培冠,等译. 北京:机械工业出版社,2012.

② 李晓霞. 消费心理学[M]. 北京:清华大学出版社,2010.

的比较研究。

第七部分,结合以上理论和实证研究的结论,分析和总结城市 MALL 商业环境设施系统建设和发展框架。

本书框架示意图(见图1-7)。

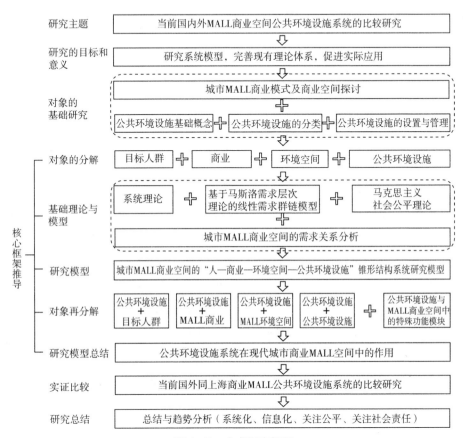

图1-7 本书研究框架

(图片来源:作者绘制)

第 2 章

城市 MALL 商业模式及 MALL 商业空间

2.1　MALL 的定义

　　"MALL"可以说是一个舶来品,业内外对 MALL 的概念都有争议,在对 MALL 的诠释上,也是众说纷纭。韦氏学院词典(*Merriam - Webster's Collegiate Dictionary*)①英文注解如下,1:an alley use for pall - MALL. 2:a use. public area often walk; a use. paved or grassy strip between two roadways. 3:an open - air concourse reserved for pedestrian traffic;a usu. Large suburban building or group of buildings containing various shops with associated passageways. 字面解释是指"林荫大道",也是现代最为主流和重要的一种商业模式;在新版的美国字典中,指"在毗邻的建筑群中或一个大建筑物中,许多商店和餐馆组成的大型零售综合体"。

　　当然,不论是在美国还是国内,现代的 MALL 所涵盖的服务功能,早已不再局限于零售商店和餐馆;各种娱乐设施(包括针对儿童的和成年人的)、服务设施(理疗按摩、教育机构等)、电影院、超市,甚至宾馆等不同的商业形态都开始以不同的方式聚集于 MALL 这种商业形态,而这种聚集发展的模式,也是 MALL 在商业角度最为突出的特征之一。

　　而另一方面,从现代资本运作的角度看,MALL 更加是一种集地产、零售、金融三大模块于一体的商业模式;很多研究机构和专著,都能对地产的产权关系、管理制度、商业资本的来源和运作做出大量的分析,从而将 MALL 作为一种现代"商业地产"来分析研究。但是,作为设计领域的研究,笔者更倾向于从字面的角度、从最本源的角度去理解和定义 MALL:那是一个"林荫大道",是一个向公众开放的

---

① Webster. Merriam - Webster's Collegiate Dictionary[M]. USA:Merriam - Webster Incorporated,2001.

32

空间,消费者可以根据自己的意愿,自由地在这个空间内休闲散步、交流和消费,是一种完全放松的现代化生活方式和情调。本书也正是要基于这个目的,来研究和分析人在这个空间内的行为对辅助设施所产生的需求和相互关系。

很多研究中把 MALL 等同于 shopping MALL,甚至等同于购物中心。的确,这些商业形态之间有很多相似和重叠,但现代 MALL 的发展,早就跳出了这些范围,很多全新的商业形态正在被引入 MALL,比如上海的新天地,这种以物业为核心的 MALL 形式;还有从原先的单一功能娱乐设施逐步发展而来的,比如拉斯维加斯恺撒皇宫的 MALL、上海正大广场等很多全新的元素和形式,正在使现代 MALL 经历着巨大的变化和发展。

2.2 MALL 商业模式的发展沿革、现状和未来趋势

2.2.1 MALL 的历史溯源

MALL 商业模式在现代商业社会中,已经经历了相当长的发展和演进。

一般认为,最早的百货商店是 1862 年法国创办的"好市场";这一度是近代零售业的最主要的形式。但随着 20 世纪初经济危机的爆发,这种需要庞大物流和资金运行的商业模式显得越来越步履维艰。

20 世纪 30 年代至 20 世纪 50 年代,在美国郊区诞生了最早的 MALL 的雏形。之所以选择在郊区,主要是为了节约租地成本,而也正因为在郊区,相应交通而修建的道路和规模庞大的停车场,也都成了前期 MALL 的基本特征。

最早的 MALL 一般是在同一个建筑或者空间区域内,开设属于不同业主的店铺。集中租地摊低租地成本,同时也正因为能满足不同需求的店铺的集中存在,使更多的消费者愿意来这个集中区域进行"一站式"消费,提高了客流量。这种"聚集"效应和相应所需要的"规模"效应,也是 MALL 的基本特征。具备了这两种特征的商业业态,是最早期的 MALL。

2.2.2 MALL 的发展沿革

20 世纪 30 年代至 20 世纪 50 年代,最早的 MALL 诞生于美国郊区,随后迅速发展。

"二战"后,即 20 世纪 50 年代至 20 世纪 70 年代,随着全世界经济的恢复和发展,MALL 获得了快速发展的机会。在全世界范围内,MALL 这种商业形态都受

到了广泛的接纳,数量和质量都有明显提升。① 数据显示,从1950年到1960年的10年间,光美国就有近4000家购物中心成立,其中绝大多数都具备现代MALL商业形式的基本特征;随后,美国的MALL以大约每年1000家新店的速度发展,这是现代MALL发展的繁荣期。

但也正因为这样飞速的发展,随之而来的就是激烈的竞争和现代兼并,而更新的地产管理和金融运作理念开始迅速进入这种商业模式,商业集团或者地产集团逐步开始控制主要的大型MALL。

20世纪70年代至今,MALL逐渐进入相对成熟的阶段,不再是单纯的数量发展,一些可以被度量的数据逐渐成为衡量现代MALL的标准:10万平方米以上的面积、有效行动半径超过200千米等。而除了基础的零售业和餐饮业,各种娱乐、休闲、教育、宾馆等消费形态纷纷进入MALL的商业形态;同时在美国,MALL的商业形态也开始和其他消费形态进行结合,大量全新的概念蓬勃涌现。这是一个成熟的发展期。

全世界的MALL,也在这个黄金发展的阶段,出现了不同的特点。最明显的例子就是亚洲区域,MALL的商业形态发展极为迅速,并且完全抛离了美国式"郊区"MALL的模式,集中向人口和流动密集的黄金地段发展,而且极为成功。

2.2.3 MALL 存在和发展的必然性

MALL的存在和长期发展有其必然性,体现在以下三个方面:

(1)马克思主义社会公平性的社会学理论基础

根据马克思主义社会公平理论,社会的公平性既强调了劳动者应该各尽其能、各得其所,又强调了在社会公共产品和社会福利的分配上,社会成员应该共同建设、共同享有。

从这个意义上看,商业设施最终还是要服务于大众人群,实现社会成员的共同享有。而随着现代城市的不断发展和扩大,越来越多的人需要综合性的商业服务,这种需求包含各种不同的层面、各种不同的类型。

而传统的商业形式,包括商店或者其他独立类别的商业形式,综合来说无法满足庞大的公众人群,或者是只能满足某一种类型和需求的人群,这样极易造成社会商业设施对需求处理的不公平。而商业MALL,其庞大的规模、综合性的服务类别,正是适合服务于普遍成员社会需求的,因此从社会学的意义上说,其存在和

---

① 张庭伟,汪云,宋洁,等. 现代购物中心——选址·规划·设计[M]. 北京:中国建筑工业出版社,2007:9-16.

发展有必然性。

现代很多商业MALL,除了各种商业设施,还会具备医院、幼儿园/儿童娱乐设施、休息区域等公共服务设施,会有完善的应对残疾人、老年人、儿童的各种配套服务设施,则是对社会公平性的更好支撑。

(2)满足一站式消费的当前需求

现代城市发展日益迅猛,城市规模不断扩大,新的人口聚集社区不断出现。原有的郊区逐步变成新的社区,原先的市区人口结构发生了很大的变化。但是伴随着不断扩充的城市,原有的各种公共设施,特别是满足人们需要的商业设施则逐渐跟不上发展的速度。再加上城市新功能的出现,如旅游、会展等,带来大量临时性的人口和需求,则更加加剧了这种供需的不平衡性。

尽管在新的社区,商店、医院、学校等配套公共设施也在不断建设,但是因为缺乏统一的规划,往往会使人们为了各项需求而在社区空间之间不断奔波。因此,"一站式"的消费需求在不断扩大,这种需求也包括诸如休闲娱乐、办公住宿等各个方面,而由多种商业设施和公共设施构成的现代商业MALL,正是这种需求的最好解决方案。只是在现代MALL的发展过程中,必须尽可能地兼顾到各种需求的可能性,这既是对马克思主义社会公平性理论的真正实践,也是对一站式消费需求的真正实践。

(3)满足现代消费的体验需求

随着互联网技术的不断发展,现代消费模式正在发生质的变化。越来越多的消费人群热衷于网上消费;而不停更新的网络消费模式,如B2C、C2C、B2B等等,则不断出现,继续深化着这种更加便捷的消费模式。

新的消费模式对传统的商业产生了剧烈的冲击,特别是零售业,大量的传统商店、商铺倒闭或者转型。但是,也有很多类型的消费以现在的互联网消费模式还不能取代,比如与服务相关的行业——餐饮、电影、娱乐等。尽管现在也出现了部分网上订餐配送等服务,但是对于附加社交属性的这些消费行为来说,本质上还是必须进行现场消费的。

还有一些商业需求,必须切身体验,才能让消费更加精准有效,比如服装、鞋帽等零售业。人们现在还必须借助实地的试衣、搭配等行为,才能确认这是不是最适合自己的消费。虚拟现实技术为未来网络搭配试穿衣物提供了技术上的可能性,但这离技术成熟还很遥远。而一些高端的服饰消费,则更加需要借助传统的实地体验。

因此传统模式的行业依然有庞大而坚实的存在空间,即使在未来,"体验店"的模式,也非常有必要。但体验的同时意味着比较和选择,消费者不可能只为一次体验而出门;越来越热衷在家消费的人群,会精细地规划自己的每一次实地消费行为,更希望能一次完成多种、多次必要的消费体验,这也是一站式消费需求的一种体现。而 MALL 的商业性则完美地满足了这种多次实地体验的需求。

图 2-1(左) 上海长风景畔广场建筑入口 图 2-2(右) 长风景畔的儿童游乐场
(Parkside Playland)——上海最大型的主题卡通游乐场

(图片来源:作者自摄)

而 MALL 本身的发展特性,也便于随时根据实际的消费需求和模式的变化,不断调整适应。比如很多的 MALL 会根据所在地本身的属性来设定主题,例如上海长风海洋世界旁边的长风景畔广场①(图 2-1)是对现代和未来不断发展的体验式消费需求的最好解答。

2.2.4 MALL 的发展现状及趋势

现代 MALL 的发展迅速,其中也呈现出了多个特点:

(1)多元化

如前文所述,MALL 在形成的初期,是以商品零售为基本聚合元素的。但随着

---

① 长风景畔广场 Parkside Plaza 是上海普陀区西部长风生态商业区的首家大型国际化区域型购物中心,该项目由开发商和英国著名商业地产基金高芙乐公司合作建设,在国内外产生很大影响,有望成为长风旅游娱乐服务板块引领性项目。作为长风地区首个大型商业设施,长风景畔广场定位于"服务家庭消费",打造"长风景畔影视主题娱乐中心"一园十馆"等文化平台。商城内有上海最大型的主题卡通游乐场,将一站式购物、美食、休闲、娱乐、生活理念引入购物中心。
资料来源:上海市普陀区人民政府官方文件《长风生态商务区"十二五"规划》。
参见:上海市普陀区官方网站。

MALL 的日益发展和 MALL 最核心的"聚集效应",各种不同的商业元素和社会元素开始融入现代 MALL。现代 MALL 中最常见的商业形式如下:

①商品零售,包括最常见的服装以及其他各种商品的零售商店,也包括独立的便利店甚至超级市场。商品零售是 MALL 商业形态中最重要的组成部分。

②餐饮,包括与 MALL 定位匹配的正规餐饮、快速餐饮以及简单的食品零售。为满足现代人消费生活的需要,MALL 中出现的餐饮本身也有多元化的趋势,各种品类、各种地域的美食往往都能在 MALL 中找到。

③娱乐,有针对成年人的游泳池、音乐厅、剧场、电影院、溜冰场、滑雪场(Dubai MALL)、水族馆(Dubai MALL)、动物园(恺撒皇宫 MALL)、博彩设施、游艺场等,也有专门针对少年儿童的游乐中心等。

④服务,包括日常所需的金融服务(银行营业所)、休闲服务(如按摩、美容)、健身、摄影,还有各种教育机构等。

⑤宾馆和办公,往往是大型宾馆或者是写字楼或者二者兼有的。建筑物中低楼层商业同 MALL 融为一体,MALL 为宾馆带来充足的人流;写字楼或者宾馆的入驻人群也保证了 MALL 的高质量客源。但是,宾馆和办公,在其所属区域往往是相对比较严格独立的,以保证其功能的安全与完整,因此,相关的空间和设施的设计与分布有其独立的要求,并不一定同 MALL 商业空间有必然的连续性。在后续对 MALL 空间、设施以及区域功能的讨论中,这两种商业形式不做重点讨论。

各种商业形式汇聚于现代 MALL,使现代 MALL 的商业功能日益多元化,聚集效应明显。这一方面推动了现代 MALL 的发展,另一方面,聚集效应带来的有不同目的的大量人流,有效地激发了潜在消费能力,为商业带来了更多的商机。

(2)休闲娱乐化

各种多元化的商业娱乐业态,在现代 MALL 中,并不是简单的罗列,而是根据高效的地产和商业规划,有目的性地整合在一起,使消费者在其中的活动更加有利于商业消费。这样逐步发展至今,消费者在 MALL 中的行为,已经不能被简单地看作"消费"或者是"购物",而是将消费购物逐步变成了"MALL 行为"的一个组成部分,但不是必要部分。

我们可以笼统地把人们在 MALL 中的活动称之为休闲娱乐,购物消费也是休闲娱乐的一部分。有消费者进入 MALL 确实是为消费购物,但也有的人可以直奔电影院看电影或者去餐馆用餐,完全不理会购物……但这类独立的行为并不会使 MALL 功能分化,相反,不管抱着什么目的去 MALL 消费的人,都有一个共同的原因,就是在现代 MALL 里面,他能够找到他需要的几乎所有服务。

这种趋势在一些现代 MALL 中发生了戏剧性的转折,最明显的例子就是在全世界的各大赌城。每一个赌场都几乎是购物天堂,其购物空间都能满足现代任何对 MALL 的划分标准,但事实上,"购物"在这些空间里,只是"博彩娱乐"的一个辅助性功能。同样地,在 Dubai MALL 中,最出名的莫过于其在沙漠中的滑雪场和全世界最大的海洋公园,在一定的区域,这种商业形态已经远远超过了传统零售的形态。

而在上海,比如新天地,也可以看作现代 MALL 的一种转折性变化,这种以商业地产管理、以文化主题经营的消费聚合体,是将地产和文化强化后出现的 MALL 形式,购物消费在其中也是一个辅助性的功能。

随着 MALL 的发展,越来越多满足人们需要的休闲娱乐功能会得到强化,零售消费会密布于其中,一种全新的消费形式正在形成,这是 MALL 的消费形式。

(3)商业定位细化

因为各种规模和档次的 MALL 不断涌现,而现代大型 MALL 的功能涵盖极为广泛,几乎可以满足一定区域内人群的所有需求,因此,大型的 MALL 对于消费者资源具有一定的排他性,而在不同的 MALL 之间的竞争也日益激烈。

为应对这种竞争和对客户资源的争夺,MALL 的策划经营者开始对 MALL 进行定位细分,因为对一个区域而言,人群的消费能力确有不同,而要满足同一区域内所有人群的需求,也不是所有 MALL 都有能力做到的。这种细分,往往是针对自身同消费者社会阶级、消费能力的判定和归类。

图 2-3(左)　拉斯维加斯奇迹英里购物中心(Miracle Mile Shops)
图 2-4(右)　美国恺撒皇宫古罗马集市购物中心(Caesars Palace Forum Shops)

(图片来源:作者自摄)

但随着现代地产业的发展,人们的居住生活区域本身就有一定的档次划分,因此在同一区域出现的不同 MALL,往往不会出现巨大的定位差异,这也是很多专业人士提及的"主题化"趋势出现的原因之一,也可以看作 MALL 功能变迁的一个表现。MALL 的策划和经营者,希望通过主题化的经营,来划分出不同喜好的消费者,以适应自己商业聚集形态的方式。现代 MALL 常常被冠以各种不同的商业主题概念:"动力型 MALL""生活型 MALL""购物 MALL""泛商业 MALL""商业广场""购物广场""购物公园""主题购物公园""体验商场"等,都是 MALL 商业定位细分的表现。如前文中上海"新天地",可以看作以文化地产为主题的 MALL 形式,入驻这一空间的商家,并不一定依靠零售或者服务盈利,而是诉求其文化和品牌效应,营造知名度;很多公益及文化艺术机构也在此设点,进行相应的推广。而类似的例子在拉斯维加斯各大赌场消费中心中更加明显,比如 Miracle Mile Shops (图 2-3)就是以好莱坞电影为主题的现代时尚化 MALL;而离之不远的 The Forum Shops at Caesars"恺撒皇宫"① MALL(图 2-4),则是以古罗马传统奢华文化为主题的 MALL 形式。而这些主题化的特征,也成了 MALL 空间中空间和公共设施设计的最基本创意来源。

2.3　MALL 商业模式的一般特征

现代 MALL 商业模式有其特有的一般特征,这些特征是形成全新商业形态的核心要素,全新界定了消费者的消费活动。也正是这些新的特征,为现代 MALL 商业空间带来了全新的消费服务需求,也是后文所说的,现代 MALL 商业空间中,有别于传统商业空间的公共设施存在的基础。

2.3.1　"聚集"效应——零售、娱乐、餐饮、服务等多样功能呈现

这里指的"聚集"效应②,指的是在一定空间范围内,各种商业形式、各种娱乐服务功能的集合,这种集合所体现的不仅是竞争,更多的是选择的多样性。

就商业功能而言,前文所述的各种零售、娱乐、餐饮、服务等功能,都集中到一定的空间内,既包括种类,也包括数量。在同一种商业功能中,出现的不同店铺往往代表的是不同的商业定位或者风格定位,用以满足不同的消费需要,这样带来的是选择多样性,而不是单纯的竞争。

---

① 恺撒皇宫古罗马购物中心 (The Forum Shops at Caesars)是以在古罗马购物为主题的大型购物中心,室内重现了古罗马街道的繁盛景象,旅客在雍容华贵的氛围当中尽情享受购物的乐趣。

② 李盈霖. MALL 实物[M]. 北京:清华大学出版社,2008:63-74.

比如餐饮,除了餐馆档次的区分外,还有地域、菜系的区别,这样不同档次、不同菜系的大量餐馆集中,给消费者带来了大量的选择空间,也为可能存在的"猎奇消费"创造了条件。同样的,MALL中存在档次和风格定位不同的服装店,还有功能不同的服装店,比如很多MALL中独立的游泳服装店、童装店等。

商业功能的"聚集效应"[①],为消费者的休闲娱乐需求带来了非常大的便利,不同消费目的的消费者因为MALL的存在而聚集到MALL空间,进行各自不同的消费,这样带来的消费者人流的"聚集效应",我们不妨称之为"集客性"。这种集客性,为店铺带来了有益的人流,提高了店铺被光顾的概率,这也是MALL商业形式受到商家青睐的原因。

消费者聚集的效应同时也对交通系统及其相应的服务设施提出了很高的要求:庞大的停车场、便捷的公共交通体系以及内部流通体系,都是现代MALL商业不可缺少的部分。在现代城市中心MALL中,甚至集成了很多地铁、公交枢纽等高效率的公共交通体系,这样的交通体系也进一步加强了MALL的"集客性"。

2.3.2 "规模"效应——规模庞大

MALL的"规模效应"来源于其"聚集效应",但区别于拥有"聚集效应"的百货商店和现代超级市场,MALL的各方面指标都有明显庞大的"规模",包含营业面积、营业额、入驻商铺数量、停车场面积、交通系统、配套服务体系等。规模庞大是现代MALL的基本特征。

现代MALL,一般营业面积都要超过10万平方米,20万甚至30万平方米以上的MALL也很常见。著名的"美国摩尔"就拥有四个百货店,加拿大"西爱民顿"建筑面积超过50万平方米,商场的出入门达50个之多,停车位达2万辆,有800多个商家,其中有100多家餐馆,经营项目包括生活日用品专卖店、各种餐馆、娱乐设施,每年营业额达28.8亿美元。

也正因为规模庞大,整个MALL空间就像一个功能齐全的小城市,消费者和工作经营人员在其中的行动也不仅限于快速的购物消费,而是类似休闲生活的方式,因此会有大量必要的或者辅助性的服务需求,比如临时休息、交通指示、临时金融服务等。也会因为大规模的人员聚集产生危险的可能,所以相应的安全保护措施也必不可少。这些需求,有固定的,也有临时性的,只有处理好这些需求,才

---

① 叶强.集聚与扩散——大型综合购物中心与城市空间结构演变[M].长沙:湖南大学出版社,2007.

可能形成舒适有效的消费气氛。而这些仅靠商业建筑和空间本身来实现是不现实的,系统设计的公共设施在其中就发挥着最为关键的作用,并逐渐形成了完整的系统。而公共设施系统,在整个商业 MALL 空间中,也是一个"规模庞大"的系统。

2.3.3　具备巨大的可塑性和可发展性,紧跟消费需求

不论在地产空间上还是商铺的管理制度上,MALL 相比传统商业形态,都具有更高的可塑性和可发展性。

传统的百货商店形式,百货商店管理者同入驻的品牌之间,往往是经销或者是代销之类的销售关系,而一旦形成这样的关系,相应的物流、资金、人员配给、管理等各方面的模式,都会使百货商店不易改变同品牌之间的关系,从而束缚了商家根据商机和形势应变的可能。但现代 MALL 尽管也是统一的管理,但其与入驻品牌或者商家之间的关系不是传统的销售关系,而是地产租赁关系,这也是更多人愿意把 MALL 认为是一种地产形态的原因。MALL 的经营者,根据自己的定位,选择合适的品牌和商家,以店铺或者地产租赁的方式同商家合作;商家接受 MALL 经营者统一的活动和经营管理,但品牌营造和具体经营的工作还是由商家自己完成;相应的物流、资金、人员等问题都由入驻品牌自行完成。当 MALL 经营者需要时,可以根据需要,系统地调整入驻品牌,也可以根据地产的扩充可能,增扩所需要的商业模块。很多新的 MALL 都是分期完成,MALL 的经营者有更大的调整空间。

而对于具体的经营活动本身而言,MALL 开敞式的公共空间和人群流线,可以随时完成各种不同的临时功能需求,从而促进经营活动。很多临时的时装或者产品 Show、艺术展示、新品或者新闻发布等公众性的宣传推广活动,都可以在 MALL 的开敞空间完成,也可以使用 MALL 的剧院等公共娱乐设施。

以上的可能性,都为 MALL 的经营管理创造了巨大的可塑性,MALL 的经营推广,乃至文化潮流活动,都能进一步加强 MALL 的聚集效应。

而 MALL 的主题化或者市场细分工作,则更加是 MALL 作为一种商业形态,进化发展的明显标志。

临时性的活动和改造工作,也催生了关于公众安全、交通便捷等方面的需求,这也对应着公共设施的进一步完善。

2.4 MALL 的分类以及本书的论述重点

现代 MALL 的进化发展速度非常快,而部分传统商业形态,如大型百货商店、大型超级市场,也在逐步改善机制,借鉴 MALL 的优势,逐步优化自身经营和管理系统。很多大型百货商店和超市都逐步开发了餐饮、娱乐、影院、服务等功能,具备了一定的现代 MALL 或者 MALL 模式的特征。

因此,现代 MALL 之间,现代 MALL 同进化中的传统商业形态之间,往往界限很模糊,业界也缺乏统一严格的界定标准(在市场化的经济体系中,这种标准存在没有意义),这使后面的研究工作缺乏范围限制,因此有必要在这里对 MALL 的分类和本书的论述范围进行讨论。

2.4.1 影响 MALL 设立与发展的因素

我们不妨先看一下 MALL 设立与开发阶段所要考虑的几个基本因素,这些基本因素决定着 MALL 的分类标准:

(1)选址(区位及交通)

是指对 MALL 建设地理位置和周边交通情况的考量。在此项上,世界不同区域有着不同的理解,比如在美国郊区,大型 MALL 就很常见和流行;而在亚洲国家,则更倾向于把超大型 MALL 建设在交通发达的城市黄金区域。

(2)商业规模

现代 MALL 商业规模一般包括以下几个关键数据:可营业面积、占地面积、核心商圈影响半径、停车场容量等。

(3)商业定位与主题

根据前期的商业细分而设定的 MALL 商业定位或者主题,会直接影响到 MALL 的区域分割和建筑空间形态设计。

(4)功能组织与空间组合

一般来说,现代 MALL 空间,具备以下九个基本功能:营业区、服务区、停车区、休息区、公共交通区域、办公区、仓储区域、进出货区、辅助功能区。这些区域,有着复杂的人流和物流,需要通过有效的功能和空间组织,形成高效的循环和配合体系,来应对消费需求。这种组织,除了人为的管理,最基本的就是依靠建筑和空间的设计组合,这也是 MALL 初期营建的基本因素。

2.4.2　MALL 的分类标准和一般分类①

(1)按经营规模及商业辐射范围分类

表 2 - 1　按经营规模及商业辐射范围分类表

类型	出租面积（平方米）	入驻商户（家）	停车位（个）	商圈辐射人口(万)	商圈辐射半径	业务定位
近邻型（小型）	0.7 万	10 ~ 20	100	5 ~ 10	在 10 分钟车程以内	日用品和一般食品
社区型（中型）	1.3 万	20 ~ 100	约 500		在 30 分钟车程以内	大型超市或从事批发的商店
区域型（大型）	1.5 万 ~ 7 万	100 多	1000 ~ 5000			
超区域型（超大型）	7 万以上	150 ~ 200	5000 ~ 10000	20		大型百货公司或批发店
超级型 Shopping MALL	10 万以上	250 ~ 700	10000 多	几百万人，甚至千万人不等		百货公司或批发店、家居店等,3 ~ 6 家

(2)按 MALL 的外观分类

表 2 - 2　按 MALL 的外观分类表

类型	特征及对标项目
仓储式 MALL	美国式简洁的外立面,粗看如同特大型仓库或工厂。如菲律宾 SM MEGA 购物中心、厦门 SM 城市广场、美国购物中心 The Mall of America
童话般的欧洲古城堡式外立面	如中国台湾的台贸购物中心、菲律宾 Robinsons
豪华高贵现代派,如同特大型百货公司	如上海正大广场、台北京华城、菲律宾 ROBINSONS PLACE、菲律宾 SM ASIA 购物中心、菲律宾香格里拉购物中心
分散的多个商业建筑组成的建筑	如香港黄浦新天地、菲律宾 Tutuban Center、菲律宾 Filvest super 购物中心、宁波天一广场

---

①　决策资源集团房地产研究中心．商业地产实战手册［M］．北京:中国建筑工业出版社,2007:111 - 116.

续表

类型	特征及对标项目
购物乐园式 MALL	如韩国首尔乐天乐园世界内的 Lotte 摩尔(乐天百货集团投资)
交通综合枢纽	换乘式综合摩尔购物中心,具有内地特色的购物中心
美国式的小型 MALL	如青岛家佳世客(吉之岛)JUSCO
附带写字楼的 MALL	如北京百盛、北京新世界中心、上海恒隆港汇广场、五角场万达广场

(3)按商场面积规模分类

表 2 - 3　按商场面积规模分类表

类型	特征	备注
巨型/超级 MALL SUPER - MALL/ CITY MALL	面积在 24 万平方米以上。如曼谷西康广场 Seacon Square、马尼拉 SM MEGA 购物中心和香格里拉广场 SHANGRILA PLA-ZA、吉隆坡 Midvally Mega 购物中心、台北京华城、新加坡义安城和新达城广场 Sun-tec City、上海正大广场、香港海港城	
大型 MALL	面积在 12 万~24 万平方米。如广州天河城和中华广场、大连和平广场和新玛特	超大型购物中心的发展,大多不是一步到位的,而是分步分期进行投资,因此可随时进行调整
中型 MALL	面积在 6 万~24 万平方米。如上海友谊南方商城、成都摩尔百盛、广州中泰百盛、北京东方广场、北京中友百货	购物广场一般也是中型购物中心
小型 MALL	面积在 2 万~6 万平方米之间。如乐购上海七宝店、JUSCO 吉之岛青岛东部店	生活购物中心、社区购物中心也是小型购物中心

（4）按商场定位档次分类

表2-4 按商场定位档次分类表

类型	特征	备注
以高档次商品为主	如香港时代广场、上海恒隆广场、马尼拉GLORIETTA PLAZA、香格里拉广场SHANGRILA PLAZA	如果以70%以上的比例经营
以中档次商品为主	即高、中、低档比例协调（在3：5：2左右）。如广州天河城、马尼拉SMMEGA购物中心、台北大远百、马尼拉ROBINSONS PLACE、上海正大广场	
以低档次商品为主	如马尼拉EVER摩尔	低档商品不能超过60%，否则就成为大型跳蚤市场、小商品市场或批发市场，称不上MALL

（5）按MALL的选址地点分类

表2-5 按MALL的选址地点分类表

类型	特征
都会型MALL	东亚东京、香港、台北一带多为都会型购物中心,位于市中心黄金商圈且连通地铁站。一般楼层较高（营业楼层达到地下2至3层，地面8至12层）。地下3至5层为停车场。如马尼拉SM MEGA购物中心和香格里拉广场SHANGRILA PLAZA、台北京华城、新加坡义安城和新达城广场Suntec City、上海正大广场、香港时代广场
地区型MALL	位于市区非传统商圈,但交通便捷
城郊型MALL	欧美多为城郊型MALL,位于城郊高速公路旁。一般楼层较少（营业楼层为地下1层，地面2至4层）。室外停车场巨大,达到1000个车位以上,还有1000个车位以上的大型停车场附楼。菲律宾SM购物中心较为美式,且同时经营都会型和城郊型两种MALL。城郊型MALL如马尼拉24万平方米的SM NEDSA购物中心、SM SOUTH购物中心,上海的17万平方米的莘庄购物中心
社区MALL	位于大型居民社区内,社区MALL一般面积较小

（6）按开发商背景及经营管理模式分类

表 2 - 6　按开发商背景及经营管理模式分类表

类型	特征
物业型 MALL	黄金地段,租赁制,面积小,业态复合度低,目标客户清晰
普通 MALL	黄金地段或聚居区,租赁制,面积在 15 万 ~ 30 万平方米之间,全业态经营,复合度高,所有者、管理者、经营者角色分离
百货公司型 MALL	面积在 10 万 ~ 15 万平方米,业态复合度较高,通常定位于高端市场,招商操作方便,业绩好
连锁 MALL	自营比例较高(50% ~ 70%),业态复合度较高,定位于家庭,一站式消费理念

2.4.3　本书的论述重点

按照本书最初的设定,研究对象将锁定于世界核心城市的都会型 MALL,对国内以上海为代表的大型城市的 MALL 商业模式的建设和发展将有较好的参考和推动作用。

表 2 - 7　本书研究对象 MALL 关键特征表

本书研究的城市 MALL	本书研究对象 MALL 关键特征					
	商业规模	外观主题	面积规模	档次定位	选址地点	开发管理模式
	超级型/超区域型	不限	巨型/大型	高档/中高档	都会型(世界核心大城市市区)	普通型/百货公司型

第3章

公共环境设施概述

3.1 公共环境设施的定义

在各种研究中,"公共设施""环境设施""公共环境设施""城市设施""街道设施"之类名词都频繁出现,概念混淆严重,但往往又是描述同一类或者相似的对象。

不同的学者和研究人员对公共环境设施所界定的含义差别很大。众所周知,"环境设施"的概念和来源最早出现在欧洲,英文为 Street Furniture ("街道家具"),还有研究者称为:Urban Element ("城市配件"),Urban Furniture ("城市家具"),Environmental Facilities ("环境装置"),Sight Furniture ("园林装置"),Landscape Furniture ("景观设施")等, 不管取什么名称,我们对"设施"概念的共识,就是指为了满足人们在公共环境空间中所需的某种服务或某种功能,从而设置的公共设备或人性化的装置。例如,罗布·克里尔(Rob Krier)认为:"城市公共设计就是指城市内开放的用于室外活动的、人们可以感知的设施,它具有几何特征和美学质量,包括公共的、半公共的供内部使用的设施。"①

为明确研究对象和范围,我们先对这几个词做一下比较和分析。

3.1.1 公共设施

公共设施(Communal Facilities, Public Facilities),是指由政府或其他社会组织提供的、属于社会公众使用或享用的公共建筑或设备。按照具体的项目特点可分为教育(如学校、教育培训机构)、医疗卫生(如各级医院、环卫所)、文化娱乐(如博物馆、艺术中心等)、交通(如道路、铁路、车站等)、体育(体育馆等)、社会福

---

① 钟蕾,罗京艳. 城市公共环境设施设计[M]. 北京:中国建筑工业出版社,2011:2.

利与保障(儿童福利院、养老院)、行政管理(政府行政办公中心等)与社区服务、邮政电信和商业金融服务等。

尽管公共设施的范围广泛,但并不表示,在一定区域内,公共设施会涵盖以上所有内容或者有相同的分类。比如,城市和农村的区别就很大,同样的公共医疗卫生设施,对于一个城市而言,可能意味着由卫生局、各级医院、专科医院、私人诊所、防疫机构等设施构成的一个复杂体系;而对于一个小山村,可能只是一个村卫生所。因此,公共设施所指的范围不同,会造成公共设施种类和定义的明显差异。

同样的问题在我们后续的研究中也是经常出现。比如我们会发现,同样的公共休息座椅,在城市商业空间中和在公共交通体系中,不论是外观、尺度、色彩,还是功能的定义,都存在很大的差异。

例如:公共绿地中的休息椅、机场候机厅的公共座椅、图书馆中的公共座椅、商场中的公共座椅、候车亭的公共座椅等都存在特定的功能意义(见图3-1~图3-5)。

关于坐具的讨论,后文还有详细分析,但从上面的比较中我们可以看到,不同的公共环境中同样的公共设施的设计和设置有很大的差异。从本质上讲,这是因为不同的公共空间所具备的不同职能,导致使用者有不同的需求。当然,具体的差异也并非如此简单,即使在同一类公共空间中,公共环境设施的差异也很大。

因此,笔者在此将文章的研究对象界定为现在最为流行、最常见的公共空间类型——MALL商业空间,以此为基础来研究不同的需求、不同的因素所产生的具有系统性的公共环境设施群体。

图3-1 日本新宿街道公交候车亭

图3-2 浦东机场候机厅

图 3-3 六本木
新城公共座椅

图 3-4 上海正大
广场公共座椅
（图片来源：作者自摄）

图 3-5 上海浦东
图书馆休息区

3.1.2 环境设施

很多专著把"环境设施"直接等同于"街道设施（Street Furniture）"，这显然是不合适的。街道设施是环境设施这一类别中的一个特定类别，是界定于"街道"或者"道路"这一特定环境区域的环境设施。

在中国，对环境设施没有很严格的文字定义，但我们可以从字面上将其理解为，服务于环境的各种设施。这个定义有两点明显区别于公共设施：

（1）明确的服务对象是环境，而不一定是人

尽管环境的定义很宽泛，很多设施可以看作服务于公众，也对公共环境有重要意义，比如座椅。但还是有并不同时属于两者的对象，比如草坪喷淋器。很明显草坪喷淋器的功能就是服务于草坪，为草坪喷水，这种设施很明确应该属于环境设施；这种设施间接地服务于公众人群或者个体，但一般不宜把它们归入公共设施。同样地，在公共设施中，也有些类别不适于归入环境设施，比如在商场中的公共收银台、ATM 机、自动售货机等设施，再比如给排水设施这类功能性极强的公共设施。

（2）服务于人的环境设施并不一定是公共设施

很明显的例子就是普遍出现于欧美独栋住宅院前的信箱。这种设施应该归属于环境设施，但是很明确应该服务于住宅的主人，或者说是为私人服务，而不是公众人群。同样的例子大量地存在于同公共空间有交界的私人空间或者特殊空间，比如说这些私人空间的围墙、绿化等，这些设施本质上确实是环境设施，却不应归属于公共设施，即使同一种设施既可适用于私人，也可用于公众，对于我们的研究而言，也有巨大的标准差异。

环境设施的种类有很多，我们不详细分析；但是环境设施在不同的环境对象中有不同的定义和范畴，这同公共设施有很大的类似。我们也可以根据不同的环境对象对环境设施进行分类讨论，比如街道环境设施、广场环境设施、别墅庭院环

境设施等。这种因环境对象而异的设施系统,也是构成我们研究主题的核心框架之一。

3.1.3　环境设施与公共设施的关系

我们可以用下面的图示(图3-6)来分析"公共设施"与"环境设施"的关系,并对此做了以下四个方面的总结:

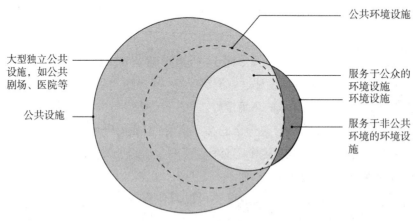

图3-6　"公共设施"与"环境设施"的关系

(图片来源:作者绘制)

(1) 总的来说,服务于公众的环境设施都属于公共设施。

(2) 公共设施所包含的内容要远大于环境设施,特别不同于环境设施的是,广义的公共设施包含很多大型的、功能独立复杂的设施,比如说医院、电影院、公共剧院等,甚至宾馆、娱乐中心在一定程度上也可以属于公共设施,这种设施一般不归入环境设施。这些类别其实也包含公共厕所、小卖部等设施,只是这些设施相对较小,对公共及环境的作用相当,因此,我们也可以把其归纳在环境设施中。

(3) 我们可以把公共设施中,除大型独立公共设施外的部分,定义为"公共环境设施",但公共环境设施并不是指服务于公众的环境设施。公共环境设施的范畴大于服务于公众的环境设施,其大于的部分包含如:商场中的收银台、服务台等,它们的服务功能更加明确,而服务于环境的属性相对较弱。

(4) 公共环境设施的范围边界并不清晰(因此用虚线表示),这涉及对于不同的环境范畴的不同定义。比如说公共厕所,如果在街道这个环境范畴中,则应该归纳在环境设施中,也就是完全包含在公共环境设施中;而在商场这个范畴中,公共厕所功能属性更强,往往是作为商场的必要功能组件出现,我们可以把它归入公共环境设施,也可以把它作为商场的一部分来研究。这也是后文中需要研究 MALL 空间中的几个特殊的独立功能组件的原因,这些功能组件,在一定意义上说,也可以归纳成为公共设施。

3.1.4　公共环境设施的定义

根据上面段落的分析,我们可以回避部分模糊的交集,而把特定的环境作为一个可变的约束来定义我们要研究的对象——公共环境设施,即置于特定的公共环境中,为处于这个环境的公众人群的各层次需求服务的各种公共设施。

我们可以从两个层面来理解这个定义:

(1)公共环境设施一定是一种公共设施,它们的存在目的是服务于公众需求。

(2)公共环境设施需要在一个特定的环境中,才能有相对严格的定义和类别。

而在特定的环境中出现的特殊对象,如公共厕所、售货亭、儿童娱乐设施等,是否也归属于公共环境设施范畴,我们可以给出这样的标准:对象的规模是否形成了独立的公共空间? 如果对象规模已经形成了独立的公共空间,我们可以不将它们归纳在公共环境设施中,甚至可以独立研究在这个独立公共空间中的公共设施;而当这个对象形成的内部空间仅为个体使用者、极少量使用者或者经营者本人服务,则必须将之作为公共环境设施来研究。按照上面的标准,街道的小型或者移动公共厕所应该属于公共环境设施,而 MALL 的公共厕所可以作为公共环境设施,也可以作为独立的功能区域进行研究。

3.2　公共环境设施的历史溯源

公共环境设施在本质上是一种服务于公众的工具。它可以是一种特殊的建筑形式,比如公共厕所;也可以是一种产品,比如公用电话、自动售货机、ATM 机等。公共环境设施必须是在一定公共环境中的特性,将很多史学研究者的视线锁定在人类城市和建筑文明的发展脉络上,但事实上,笔者认为,在人类文明发展的长河中,公共环境设施早已出现。公共环境设施在人对公共环境产生需求时就已出现,并伴随人类文明大发展一直进化到今天。

本书不是专门的史学研究论文,因此这里我们将分析从建筑和规划角度看待的公共环境设施起源,也将从最基础的人类工具(产品)角度来对公共环境设施的出现进行溯源。

3.2.1 公共环境设施的出现溯源

3.2.1.1 公共环境设施的"建筑起源"理论

在常规的史论研究中,公共环境设施是与公共建筑及城市环境不可分割的,是随着人类文明程度的不断提高,伴随城市的发展应运而生的。它是融建筑设计、城市设计、城市规划、园林景观、环境设计与工业设计等相关学科为一体的。其研究目光的着眼点也几乎锁定到了人类文明建筑历史的开端。

公共环境设施在西方远古建筑和聚落的产生初期已经存在。比如位于英格兰南部威尔特郡索尔兹伯里(Salisbury)平原巨大的环形秘密石阵(Stonehenge),距今已经有四千多年的历史。

阵中巨石的排列方式至今仍是个谜,有考古学家认为是远古人类为观测天象而设置的,如果从这个角度讲,巨石阵是一个史前天文台或者观测设备,但他毕竟属于专职的祭司或者天象观测人员,这是一个小众人群,并不具备普遍的服务对象。因此,把它看作公共环境设施是有些牵强的。对于服务于公众这个概念而言,相反,很多祭祀用的雕像,乃至逐步形成公共环境中装饰物或者人类膜拜对象的雕塑,因为普遍服务于大众群体,且出现在公共空间或者专门的公众祭祀空间,已经具备了公共环境设施的基本条件,它们更加接近我们讨论的公共环境设施。

在对"街具"概念的研究中,很多研究者都会引用古罗马建筑师维特鲁维(Marcus Vitruvias Poliio)在其著作《建筑十书》中的经典理论:"在设置城市防御工事、公共建筑及私人建筑物的同时,街道的建立是城市设计的关键。这不仅涉及视觉美感,还关系到实用性的问题。"也就是把街道看作"街具"出现的关键。这样的理论看似没错,但事实上,是不是一定先有了街道,才有了街具?从概念上讲是这样的,但事实上,举个例子说,并不是有了街道才有放在街道上的公共电话亭,公共电话这个概念早就有了。

同样拿街道这个公共环境为参照,常见的"路标"概念,作为一种指示方位的公共设施,是否出现了街道或者类似的道路才会出现? 其雏形是否也能够追溯到原始人类刻于树木或者标注于岩石上为后续人指示方位的标记? 这些标注了记号的树木或者岩石是否可以看作最早的设施? 概念的差异在于什么? 是因为有指示方位的需求才导致了指示设施的出现,而不是道路。这个概念我们会在后面的"工具起源"论中再讨论。

但不论如何,在现在对公共环境设施的研究理论中,建筑环境起源论是最主流的理论。不论这种理论是否绝对准确,它至少体现出一种思维,就是公共环境设施的出现和发展,是同人类建筑、环境的发展紧密相关的。

3.2.1.2 公共环境设施的"工具起源"理论

同建筑起源论不同,工具起源论认为公共环境设施(包括街具等子属性类别),首先是一种供公众使用的工具,可以满足公众的某种需求,也就是需求产生了设施。但人类的公众工具并不都是公共环境设施,我们可以从图3-7来分析公共环境设施同共享工具的关系。

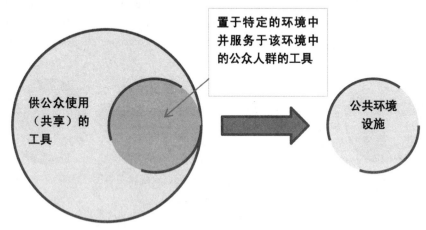

图3-7 公共环境设施与共享工具的关系示意图

(图片来源:作者绘制)

举例来说,上面建筑起源论中的路标,首先是作为一种私人或者群体使用的标记设施(工具)出现。这种工具出现之初,只是为狩猎人群或者某个人来指明道路,并不是要服务于这个环境空间。但这种可以指示方位的属性和功能被继承下来,使用于公共道路或者空间的时候,就形成了严格意义上的公共指示设施。

另外还有隔离设施。从最早的原始社会居住空间的遗址中,我们就可以看到,这种用于隔离野兽或者敌对部落攻击的隔离设施早就出现了,并不需要等到相对成熟的居住建筑出现。甚至,这种隔离设施是后续的"门窗"乃至建筑的雏形。

在工具起源论中,关注的不是人类的另一种特殊工具——建筑,而是本质上关注人类的需求。也就是说,不论工具还是建筑,都是人类需求的产物,而演变方向随着人类社会本身的进步发展分解出不同的分支,公共环境设施正是其中有代表性的一种。这种"工具"最早起源于人类的基本生活需求,当这种需求被运用于公共需求和公共空间时,就形成了严格的公共环境设施。

3.2.1.3 "建筑起源"论同"工具起源"论的差异

因为公共环境设施的环境属性,决定了其必然同公共环境和建筑有着密切的关系。不论是建筑起源论还是工具起源论,都无法回避的事实是,有相当一部分公共环境设施起源于公共建筑本身或者是其需求来自公共环境或者建筑。比如售货亭,从名词本身就可以看出,这是一种常见的建筑形式"亭"的变体,脱胎于基础的建筑。但是从研究上看,不能因为有大量实例同建筑相关就认为其起源于建筑。从上面段落的分析中,我们可以归纳出,公共环境设施的建筑起源论同工具起源论的不同逻辑关系(如图3-8)。

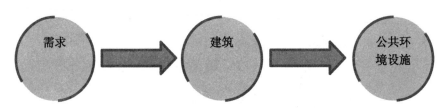

图3-8　公共环境设施的建筑起源论逻辑关系图

(图片来源:作者绘制)

从这个逻辑关系图我们可以看出,建筑起源论是一种先行传递的关系,需求产生建筑,再由建筑演化出公共环境设施。

在公共环境设施的工具起源理论中,不论是建筑还是其他各种工具,都是为了满足人们的需求而产生的,其中的一部分逐步演化成为公共环境设施,而建筑本身的使用和发展过程中也产生了新的需求,也演化成了一部分环境设施。如果把建筑本身也看作一种特殊的工具,则这些演化的过程就可以统一到:由需求产生了各种工具,这些工具的一部分逐步演化为公共环境设施。

研究公共环境设施起源的差异,本质上是对后期研究中"需求"的定位。也就是说在研究公共环境设施时,对于其需求的研究,到底是诉求在使用者——"人"上面,还是在公共环境上面。举例来说,一个公共雕塑,其服务对象到底是人还是公共环境空间,这将使研究的结果有着巨大的差异。

在本书的研究中,笔者倾向于工具起源论,也就是将公共环境设施同公共建筑空间一样,作为平行的服务于"人群"的工具,分担着不同的职能。这种"并列"的关系,同我们的锥形理论也是一致的,也就是公共环境设施作为公共商业空间提供的服务的一部分,同商业和建筑环境是并列的,应该在同一个层面进行研究(见图3-9)。

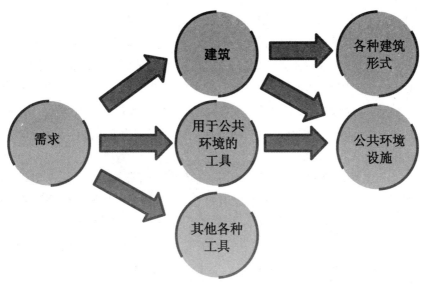

图3-9 公共环境设施的工具起源论逻辑关系

(图片来源:作者绘制)

3.2.2 西方公共环境设施的发展

如前文所述,早在远古的人类社会,就已经出现了巨石阵之类的早期人类建筑形式,我们也可以把它看作一种特殊的公共设施。随着人类社会的进步和发展,公共环境设施获得了快速的发展,种类得到了很大的扩充。这种扩充,从一个层面上看,也是人类需求种类的扩充。而扩充本身,也逐步从数量的扩充,发展成为不同层面的需求扩充,比如为满足人们审美需求而产生的公共景观设施。

欧洲古希腊和古罗马时期所建造的公共广场、敞廊、竞技场、露天剧场等场所,以及配套的雕塑、花池、广场灯具等都是属于当时的公共环境设施。举世瞩目的雅典卫城中的柱廊、卫城前门(Propylaea),以及台阶、雅典娜雕塑和建筑装饰物等组成部分,其尺寸、高度和构造的比例关系,都是建筑历史中的优秀范例,也是早期公共环境设施的代表典范。

古罗马时期的城市设施和建筑小品设施相当发达,已经有一套完整的系统。我们在已发掘的罗马古城庞贝(Pompeii)遗迹中发现,当时的供水渠道、露天剧场、祭祀堂,以及城市的街灯、花坛、凉亭、座椅、铺地、壁饰等已经设计得非常到位,既美观又实用,而且在古罗马时期已经有非常发达的标识系统。

随着征服步伐的加速,古罗马城市开始通过街道、凯旋门、喷泉、水池、方尖碑等环境设施强调纵横的城市轴线、征服世界的野心。而相关的公共环境设施以及出现的各种装饰(雕塑),无不反映着这一时期征战尚武的形式特征。

外张型城市空间到 18 世纪的巴黎城市设计达到顶峰。几何造型的皇家园林、向外放射的街道系统、宏伟壮观的星形广场、庄重严谨的古典主义建筑,以及配合有致的凯旋门、灯柱、纪念碑、喷水池等城市设施和建筑小品都表现出这一强烈的意识,道路、树木、水池、亭台、花圃、喷泉等公共设施也体现出整齐划一的特点。这种设计思路和手法,对欧洲以及世界的城市建设都产生着深远的影响,城市公共环境设施开始发挥它应有的功效和作用。这是西方第一次出现系统化的现代化城市公共环境设施。

19 世纪是西方城市环境设施相对发达的时代。工业与科技的迅速变革,设计师们围绕铁、玻璃、混凝土等新材料及其结构特点,展开了环境设施创作的视野。新的科技成果首先应用于城市环境,比如道路铺设、路灯、升降梯、城市高架桥、通信塔、广告塔、巨型雕塑等;而新的科技成果改变了人们的生活方式,为适应城市生活的需要,许多新的环境设施也应运而生,比如电梯、候车亭等。社会的进步、观念的更新引发了文艺与建筑思潮的迭起。新艺术运动、分离派建筑、未来派和立体派艺术创作、绝对主义和构成主义建筑观念,以及荷兰的风格派等美学思想拉开了现代建筑与艺术革命的序幕,也直接地影响着公共环境设计和发展的节奏。

从 20 世纪下半叶开始,建筑界逐步进入对科技至上思想的反思。一方面,在工业和科技高速发展的推动下,工业时代的城市正在向信息时代转化,而新的城市环境必须适应这一需要。另一方面,人们察觉到由于热衷于科技迅速发展和新城镇的破坏,开始迸发对于保护环境和回归自然的思潮。包括西方后现代主义建筑思潮等全新的思维不断涌现,它们在城市环境创作中对传统与更新的思考对建筑和相关设施的发展起到了巨大的推动作用,而本质上,这些正符合现今城市设计的初衷。不论形式上还是功能上,现代公共环境设施都逐步体现出这种思维,例如英国伦敦 Westfield 的公共环境设施系统,就是在形式上和思维上回归自然理念很典型的代表;而类似日本六本木新城的整体系统,则充分体现了对人的关爱。

3.2.3 我国公共环境设施的发展

诸多的研究表明,从近代开始,西方的城市建设与建筑技术和理论的高速发展,对全世界近现代建筑及环境的发展都起到了最重要的作用;对于几乎同步发展的公共环境设施而言,这样的重要影响也是一样的。但就像我们在前面讨论的一样,影响力最大并不代表唯一的可能性。公共环境设施产生于需求,这种需求对于东西方的世界来说,是平等的。在东方世界,在我国,在公共环境中服务于公共群体的设施也早已存在,且不论是形式上还是功能内涵上,都极具中国本身的色彩,并在自身的体系中有积极的发展。

考察中国古代城市规划及建筑形式,严密的等级体系是其重要的特征,这种特征是中国传统礼制体系的重要载体。被汉儒收入《周礼》的,国内最重要也是最古老的手工业制作规范典籍《考工记》中,就记载了部分关于我国古代都城空间配置的情况。

在城市建设中,这种礼制观念的体现则集中于墙垣、门阙和道路三方面,种类繁多,等级严明,而在中国古代建筑形式中,各种规格的顶、立柱开间、装饰神兽的级别和数量都因等级的不同而有繁复严明的规定。而以神兽、纹样等装饰物为主体的设施,如照壁、石狮、华表等,则是非常有中国古代特色的、依附着严格等级体系的古代公共环境设施。这样特征鲜明、精美绝伦而又包含着文化思维的装饰形式,在全世界来说也是极具代表性的。但这种官方礼制设施从严格意义上说,只是服务于特定群体;而在民间,因实际需求而产生的各种公共设施依然大行其道,而符合官礼的设施往往是用于宗族祭祀或者是官方的荣誉代表,比如牌楼、祠堂等。

相比世界同期的状态,两宋时期是当时世界经济文化发展的顶峰。宋代举世闻名的画家张择端的现实主义长卷作品《清明上河图》,真实描绘了北宋时期京都汴梁的集市繁荣景象,为我们留下了研究古代公共空间及设施的重要资料。从画作中,我们可以看到整个街市是以一条横贯左右的主(步行)道为核心的,商铺和各种民居、景观、公共建筑分列左右。这样的形式同我们下文中要着重讨论的线性 MALL 空间有很高的相似性,我们也可以把这个古代场景看作一座古代的开敞式 MALL 来进行研究对比。在这幅画面中,可以看到当时的店铺林立,街道中的各种牌楼、招牌、拴马桩、幌子、灯笼等都是典型的古代公共环境设施。

我们可以把部分古代公共环境设施同现代类似功能的设施做个对比(见表3-1)。

表3-1 古代公共环境设施同现代类似功能设施的比较

古代公共环境设施		现代公共环境设施	
牌楼		路标	

古代公共环境设施		现代公共环境设施	
招牌		广告设施	
灯笼		照明灯具	
幌子		指示牌	
拴马桩		停车咪表	

古代公共环境设施		现代公共环境设施	
围栏	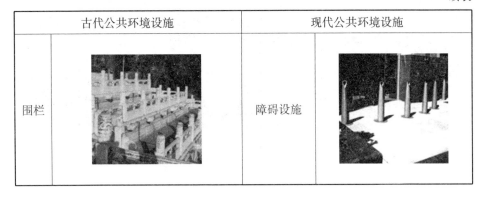	障碍设施	

　　鸦片战争以后,外国资本主义列强进入中国,中国社会发生剧烈的变化。中国近代的城市规划、建筑、公共环境设施深受西方建筑思潮的影响。

　　在中国沦为半殖民地半封建社会后,驻中国的各国政治、经济集团将国外的建筑资源和思潮带入中国。在城市建设中,建筑材料及结构、建筑类型和形式开始逐渐向延续千年的传统提出挑战。在中国的各个租界城市,如上海、天津、青岛、哈尔滨、大连、广州等,大量模仿西方的建筑涌现。部分公共建筑或者带有公共功能的建筑集中出现:银行、学校、邮政局、警署、商店等,而近现代的道路、有轨电车、铁路、公园等公共设施也随之诞生。依附着这些公共建筑、公共设施,辅助型的设施变化也很明显:路灯、公共电话亭、消防水龙、给排水设施、有轨电车及相应的指示设施等(图3-10~图3-15)。

图3-10
清末上海南京路

图3-11
近代上海电话标识

图3-12 上海20世纪
70年代传呼电话亭

图 3 – 13　上海公共电话亭　　图 3 – 14　上海延安西路消防栓　　图 3 – 15　上海复兴公园井盖

　　近现代国内的巨变,使沿海大城市的公共环境设施从形式上基本跟上了西方世界的发展,一直到现代。

　　而一味跟随西方思维的公共环境设施,在经济文化高速发展的今天,已经大量地受到了国内新锐建筑人、设计人甚至是使用者、消费者的质疑,一股全新的重新审视中国传统文化、中国传统思维的复兴思潮正在蓬勃展开。不论是建筑、城市规划还是公共环境设施,都在进行很多"中国化"的尝试,例如上海金茂大厦"中国塔"建筑(图 3 – 16),王澍的"本土化"实验建筑作品——中国美院象山校区(图3 – 17 – 1)。

图 3 – 16　　　　　图 3 – 17 – 1　中国美院象山校区　　图 3 – 17 – 2　中国
上海金茂大厦　　　　　　　　　　　　　　　　　　　　　　　苏州街道候车亭

　　同步地,很多城市的公共环境设施都已经展开了尝试使用有中华传统特色的形式语言和使用习惯,甚至是使用带有自身独立特色的形式,如图 3 – 17 – 2 中的苏州城市街道候车亭。我们现在很难直接来评述它们的优劣与影响,但很显然,这是中国当代对相应体系的中国式思考。

3.3 公共环境设施的特征与内涵

从对公共环境设施的定义中,我们可以逐步分解出公共环境设施的基本特征:第一,公共环境设施具备基本的功能,这种功能是为满足某些需求服务的——功能性;第二,公共环境设施必须在其适配的环境中才有相对严格的定义和标准——区域性;第三,随着现代环境空间的不断发展和进步,环境空间越来越多地承载着规划者对于文化和主题的诉求,不论是纯粹的社会文化需求还是商业需求,这都是公共环境设施文化性的体现。因此,我们可以看到公共环境设施所具备的三个基本特征:功能性、区域性、文化性。

3.3.1 公共环境设施的功能性

公共环境设施的功能性包含多层的含义。

首先,每一种公共环境设施都有基本的功能,不论是功能非常明确的坐具、自助设施等,还是以消费者的心理舒适为目的的环境景观设施。这些功能都是为了满足消费者在环境空间内的需求而设置的,对于这些需求和功能的关系,我们因为受到区域性因素的影响,无法在这里进行详细分析,但很明确,这些功能是根据消费者的需求切切实实设计的。这种功能就是公共环境设施功能性的最基本含义。

其次,不论这些需求是基于什么样的环境区域产生的,公共环境设施提供这些功能的过程都是向消费者提供服务的过程。也就是说,公共环境设施所提供的功能还有服务的属性,尽管有些过程并不像传统意义上的服务(图3-18)。

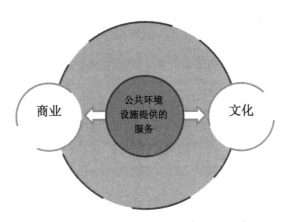

图3-18 "公共环境设施功能性"关系示意图

（1）会更接近商业的过程

提供这些服务的基础并不是纯粹的商业需要，而是让消费者进行一些简单消费的过程变得更加便捷。比如消费者有临时饮水的需要，但也不可能为了饮水每次都进餐馆消费，这时自动饮料机或者移动的饮料车就是很好的选择；消费者需要购买一些简单的纪念品或者临时用品，但按照所在环境的商铺来说可能不便售卖相关的产品，或者在环境内根本没有商业设施，这时售货亭或者自助售货机就是不错的选择。

还有一些设施，比如自动提款机、电话亭等，虽然在提供服务的过程中会向消费者收取一定的费用，满足商业的条件，但其存在本身最根本的是为消费者提供这些服务。

其实对于广告牌之类的设施，它们本身并不存在商业交易，但其作用主要是向消费者提供商品信息，推广品牌和商品，是在为商业行为服务，这种服务对于有消费需求或者潜在消费需求的消费者来说，是有需要的。

因此，对于这些接近商业倾向的服务，它们本质上还是一种服务；而宏观地说，商业行为本身也具备服务的属性。

（2）更接近消费者的文化需求

这一点我们会在下文进行消费者需求分析时详细讨论，但总的来说，消费者对于美、对于舒适生活的需求，也是一种切切实实的需求，这种需求往往通过现实的文化载体，比如美学、形式，都可能借鉴文化载体，这就体现出了这种需求的文化属性。比如消费者对环境空间中出现的有文化属性的雕塑或者环境装饰有很好的体会共鸣。这种公共设施满足了消费者对文化的需求，这种满足的过程也是一种服务。

从大服务的角度来说，商业和文化同服务都有交集，但是都不完全从属于服务；商业、服务和文化可以被看作互有交集，从公共环境设施的角度看，不论是纯粹的服务还是通过商业或者文化的形式，都是要向消费者提供相应功能的服务。

（3）公共环境设施提供的功能或者服务有其独立性

也就是说，尽管我们借助公共环境设施所处的环境来界定其准确的定义和标准，但是这些功能和服务并不依赖环境，具备独立使用的能力；相反，环境空间只有具备了这些功能，其相应的基础职能才能更加完善。也就是说，公共环境设施可以独立存在，且对所处环境的功能有积极的补充作用。

3.3.2 公共环境设施的区域性

公共环境设施的区域性是指其所在的环境对其所发挥的功能甚至外观、构造、分布等因素的决定性作用。

这种区域性首先体现在,公共环境设施的设计和设置要与所在的自然和人文环境吻合。公共环境设施是公共环境的一部分,并对公共环境的功能起到必要的补充作用;但从形式上讲,公共环境设施本身会创造独特的景观效果和空间视觉感受,这种效果和感受又必须同环境空间一致。

公共环境设施本身具备一定的功能,能服务于某种需求;但从深层次上讲,这些需求是目标人群在这个公共环境空间所产生的必然需求,这种需求同公共环境空间密切相关,不同的空间职能所产生的需求也是有差异的,因此相应的公共环境设施的职能也是有不同的。这是公共环境设施的区域性的最关键体现。

同一种类型的公共环境设施,即使本身可以满足的需求种类类似,但因为环境空间的不同,其设计、分布、设置也有会不同。举例来说,坐具是几乎所有公共环境空间都会考虑的公共环境设施,但事实上,不同的环境空间对坐具的要求差异很大。

(1)MALL 商业空间的公共座椅(图 3 – 19),要考虑到消费者休息的需要,但也要考虑公共环境的美观,不能过于集中,不能影响行人的流线,避免影响正常的商业行为。

(2)机场候机楼的公共座椅(图 3 – 20),需要考虑让目标群体有长时间休息的可能,同时兼顾人们行李的摆放。这些公共座椅必须完全满足计划中目标人群的数量,分布区域集中在候机闸门口附近。也有一些机场的公共座椅会考虑一同出行的人群的私密性和小范围沟通的方便(图 3 – 21)。

(3)公共绿地的座椅(图 3 – 22),更多的是考虑临时的休息,而不是满足大量人群的需求;一般成组摆放,是考虑集体出行的需求。

(4)公共餐饮空间的座椅(图 3 – 23),则都是成组出现,还需要搭配餐桌和遮阳挡雨的设备;只能分布在限定区域,不能影响其他公共空间的行人。

图 3 – 19 上海静安　　图 3 – 20 上海浦东　　图 3 – 21 洛杉矶候机厅座椅
889 悦达广场座椅　　机场候机厅座椅

图3－22　上海人民广场座椅　　图3－23　上海新天地餐饮区座椅
（图片来源：作者自摄）

正是因为公共环境空间的不同功能需求，导致相应的公共环境设施的设计的不同；公共环境设施必须在特定的公共空间，才能有相对严格的标准和定义。

3.3.3　公共环境设施的文化性

在上文对公共环境设施功能的讨论中，可以看到部分公共环境设施可以满足消费者精神文化层面需求，这是公共环境设施文化性的局部体现。

而另一方面，不论哪一种公共环境设施，其形态本身就承载着设计者、设置者对于目标消费群体精神文化层面需求的定义。这种需求并不一定是消费者实际表达出来的，而是设计者根据自身环境空间的定义而设定的，可以是设计者所设想的理想的需求状态而非一定现实的实际需求，因此比如"科技感""历史感"等特征都可以成为公共环境设施的承载元素。赋予科技感、未来感的文化元素表达的是设计者对于相应的环境空间及其中的人群对于科技和现代生活的追求；而历史感的文化元素则可以表达这一空间拥有厚重的历史情怀和置身其中的人群对于其悠久历史的自豪感（图3－24～图3－27）。

公共空间的文化元素可以表现为一定的商业主题或者形式主题，也可以是一定的视觉元素或者文化符号，总之，公共环境设施可以用这些形式来表达目标群体在精神文化层面上的同类属性。

而影响到公共环境设施文化性的因素，并不只是环境空间，或者说在更深的层面上，是目标人群本身，因为文化性正是目标人群精神文化层面需求一致性的特征。

图 3 - 24（左一）　拉斯维加斯 Caesars Palace Forum Shops 指示系统设计,契合商场古罗马主
　　　　　　　　题的风格

图 3 - 25（左二）　Westfield London 信息系统,现代的外观设计,体现了高科技、未来主义风格

图 3 - 26（左三）　苏黎世街道的种植容器的绘画作品,反映了城市的艺术气质和文化氛围

图 3 - 27（左四）　上海恒隆港汇广场的情景雕塑作品,增添了艺术趣味,怀旧感十足

（图片来源:作者自摄）

　　但既然影响文化性的因素最根本的是"人",那人群本身的种族、年龄、性别构成、历史人文背景等,都是影响公共环境设施文化性的重要因素,这些部分会在下文分析"人"的特征时详细深入分析。

3.4　公共环境设施的分类

　　公共环境设施从最初始就不是从单一的本源发展出来的,而是根据不同的需求进行设计的解决方案;但很多的功能逐渐被合并,或者分解,甚至交错,很多设施已经同最初的概念有了巨大的变化。

　　而随着规划与设计思想的发展,设计师们逐步将这些不同功能的类别归纳成公共环境设施这一大类别。当我们深入研究公共环境设施的时候,有必要重新从类型学的角度来审视现有的公共环境设施,来分析这些设施的归纳属性,这也正是不同的规划者进行空间环境和设施设计的核心思想。

3.4.1　分类与界定

　　我们一般把对事物分组归类方法的体系称为类型;而研究这种归类方法的学科就是类型学,是一门基础而严谨的学科。

　　类型的各个成分之间是用假设的或者发现的特别属性来识别的。在某一种事物发展的初期,这种属性并不是刻意去营造的,不论是对于自然动植物还是早期的建筑和产品;但为了进行深入的研究和探索,研究者去发现现有对象身上的固有属性,或者是自己归纳和定义一种特征作为属性,通过这些属性的从属与不从属关系来对对象进行分类。用这些属性划分的类别彼此之间相互排斥而集合起来却又包罗无疑,这种分组归类方法因在各种对象之间建立有限的关系而有助于论证和探索。

因此,我们可以看到类型学中对于界定分类的特别属性的两个基本特征:

第一,属性所划分的事物类别彼此之间互相排斥,互不包容;

第二,属性所划分的事物的集合即对象事物的全集,没有遗漏。

因为一个类型只需研究一种属性,所以类型学可以用于各种变量和转变中的各种情势的研究,类型学根据研究者的目的和所要研究的现象,可以引出一种特殊的次序,而这种次序能对解释各种数据的方法有所限制。

比如,对于一种悬挂于顶棚的指示牌的类型学定义,我们可以这样界定:公共环境设施(总类目)——信息指示设施(核心功能)——指示牌(基本信息传达方式)——悬挂式指示牌(设置方式),这种层级推进关系就是属性的次序;但这种次序并不是唯一的,而是根据不同的研究者有不同的结果。一般来说,越是接近对象核心的属性分歧越小,越是接近于对象外在形式的属性,越有不同的分类方式;从本质上说,对象的核心属性才是设置这一对象的根本出发点,而越是形式的属性则越是附加于对象核心的可以变更的部分。这种分析次序的结果体现的就是不同的研究思想和规划思路。

我们可以从不同的国家对于公共环境设施的不同分类标准,看出不同国家的公共设施设置甚至是环境规划指导思想和思路。

3.4.2　现有城市 MALL 商业空间公共环境设施的分类体系

3.4.2.1 日本公共环境设施分类

日本对城市环境设施分类非常细致和具体,而且非常重视。他们在城市和景观设计及其各个要素的研究中,把相关的环境设施及景观物作为主要内容予以介绍(见表 3 - 2 ~ 表 3 - 5)。①

---

① 于正伦. 城市环境艺术——景观与设施[M]. 台北:博远出版有限公司,1995.

表 3-2　日本公共环境设施分类(以道路为主体)

分类	名称
道路本体的要素	土木工程的基础 路面的铺装工程
道路构造物的要素	桥梁、高架立交桥;隧道、地下通道 道路隔离栅、防护墩
道路附属物的要素	交通宣传安全要素(立交桥、防护栅、道路照明、视线诱导标识、眩光防止装置、道路交通反射镜、防止进入栅等) 交通管理要素(道路标识、道路信号、紧急电话、可变性标识、交通管理驾驶系列等) 驻车场等要素(管理亭、停车场、公共汽车停车区、休息处等) 防雪、除雪要素 安全要素 防御要素 共同隔离障碍(如道路与道路以外环境的隔离沟或绿化隔离带等) 绿化要素
道路占有物的要素	空间要素(地下街) 设备要素(电力、电话线、给水道、排水道、煤气管道等) 休息要素(长椅、咖啡厅等) 卫生要素(垃圾箱、烟灰缸、饮水器、公共厕所) 照明要素(步行者专用照明、商店照明、投光照明) 交通要素(公共汽车站、停车场装置等) 信息要素(道路、住宅区引导标识、公用电话) 配景要素(雕刻、纪念碑、喷水等) 购物要素(贩卖亭、广告塔、商店陈列橱窗等) 其他要素(游乐具、展示陈列装置等)

表 3-3　日本公共环境设施分类(以城市街道为主体)

分类	名称
卫生街具	烟灰皿、卫生箱、饮水器
休憩街具	可动式座椅、固定座椅
情报街具	揭示板、广告、标识
修景街具	雕塑、街灯、照明、花坛、演出装置(喷泉、水池、树木、计时、彩灯、幡旗)
管理街具	电话亭、路栅、护柱、排水设施、消火栓、火灾报警器、变电(配电)箱、排气塔
无障碍街具	坡道、专用标识、专用街具

表3-4 日本公共环境设施分类（以城市功能为主体）

分类	名称
安全性设施	消火栓、火灾报警器、街灯、人行道、交通标识、信号机、路栅、除雪装置、横断人行道、自行车道、人行天桥(街桥)、地下道、无障碍设施
快适性设施	烟灰皿、街道树、花坛、地面铺装、树篱、游乐设施、水池、喷泉、雕塑、大门
便利性设施	饮水器、公厕、自动售货机、自行车停车场、汽车停车场、休息座椅、卫生箱、垃圾箱、公共汽车站、地铁入口、邮筒、立体停车场、派出所、加油站
情报性设施	电话亭、揭示板、留言板、广告板、广告塔、道路标识、路牌、问路机、计时、报栏、意见箱、标识、橱窗

表3-5 日本公共环境设施的分类（以城市用途为目的）

分类		名称
休息		休息座椅、饮水器、烟灰皿
美观装饰		装饰雕塑、装饰照明、花坛、水池喷泉、瀑布和花饰计时、花架、绿化、盆栽、地面铺装、室外装饰
娱乐健身		儿童游戏设施、道具、公园、健身设施、公共舞台、亭榭廊台
庆典		彩门、彩车、旗、节日装饰照明、灯笼、临时和流动舞台、舞狮和舞龙用具、龙舟
情报	非商业	揭示板、标识、街道和广场计时器装置、导游围栏、路标、电子问询台、超大型屏幕电视
	商业	广告、商业橱窗、幌子、招牌、广告塔、骑楼(廊)
贩卖		售货亭、流动贩车、自动贩卖(售货)机、检票亭(装置)
供给、管理		充电柱、公共电话亭、消火栓、排气筒、路灯、园林照明、饮水器、邮筒、公厕、加油站、候车廊、变电所、水塔、卫生箱、垃圾箱、污水处理站、休息座椅
残疾人专用		坡道、盲文指示器、路面专用铺装、信号机、电话间、公厕、座椅
交通、运动		信号机、交通标识、反射镜、步道桥、停车场、传动道路、立交桥、道路、运载交通工具、道路隔离带、消声壁、水桥、公共汽车站、地铁站、隧道、地下通道
围限		院门、墙栏、下沉式广场和庭院、绿篱、沟渠、路障、段壁
地标		领域大门、塔楼、旗杆、喷泉、瀑布、装饰雕塑、纪念雕塑、地铁站口、隧道和地下道入口

从日本对公共环境设施的分类中,我们可以看到,他们对公共环境设施的定位是"主体的附着物",而所有的分类也是基于对主体的分类,比如道路(交通概念)、街道(商业景观概念)和城市本身。而详细分析这些分类中的设施,我们可以看到有部分设施是重复的,比如坐具、指示设施等,这也正反映了在日本的公共环境设施研究体系中,针对不同的主体,同一种公共设施承载着不同的定义,这同本书的研究思路是吻合的。

本书正是针对单一的主体——城市 MALL 商业空间进行的研究,而相关的公共环境设施都是基于这个主体的。但同日本的研究不同,笔者认为公共环境设施虽然附着于一定的环境主体,却是同环境空间成并列关系;公共环境设施作为"服务"的主要组成部分,同环境空间、商业和消费人群,共同构成了一个有机系统。

3.4.2.2　英国公共环境设施分类(见表3-6)①

表3-6　英国公共环境设施分类表(作者重新整理成表格)

序号	分类名称(英文)	分类名称(中文)
1	High Mast Lighting	高柱照明
2	Lighting Columns DOE Approved	环境保护机关制定的照明
3	Lighting Columns Group A	照明灯 A
4	Lighting Columns Group B	照明灯 B
5	Amenity Lighting	舞台演出的照明
6	Street lighting Lanterns	街路灯
7	Bollards	矮柱灯及护栏
8	Litter Bins and Grit Bins	防火砂箱
9	Bus Shelters	公共汽车候车亭
10	Outdoor Seats	室外休息椅
11	Children's Play Equipment	儿童游乐设施
12	Poster Display Equipments	广告塔
13	Road Sign	道路标志
14	Outdoor Advertising Signs	室外广告实体
15	Guard Rails,Parapets,Fencing and Walling	防护栏、栏杆、护墙
16	Paving and Planting	铺地与绿化
17	Footbridges for Urban Roads	人行天桥

---

①　钟蕾,罗京艳. 城市公共环境设施设计[M]. 北京:中国建筑工业出版社,2010:14.

从资料看,英国的公共环境设施分类是直接以公共环境设施为目标对象进行的功能区分,暂不考虑不同的环境对同一种设施的影响。这样的分类方式比较简单明了,便于实际执行操作,但对于理论研究和深入的改善,还是需要结合不同的环境空间来看。

3.4.2.3 德国公共环境设施分类(见表3-7)①

表3-7　德国公共环境设施分类表(作者重新整理成表格)

序号	分类名称(英文)	分类名称(中文)
1	Floor Covering	地面铺装
2	Limits	路障、栅栏
3	Lighting	照明
4	Facade	装裱
5	Roof Covering	屋顶
6	Disposition Obj.	配置
7	Seating Facility	座具
8	Vegetation	植物
9	Water	水
10	Playing Object	游乐具
11	Object of Art	艺术品
12	Advertsing	广告
13	Information	引导、问讯处
14	Sign Posting	标识牌
15	Flag	旗帜
16	Show-case	玻璃橱窗
17	Sales Stand	售货亭
18	Kiosk	电话亭
19	Exhibition Pavilion	销售陈列单位
20	Table and Chairs	椅和桌
21	Waste Bin	垃圾箱
22	Bicycle Stand	自行车停车架
23	Clock	钟表
24	Letter Box	邮筒、邮箱

---

① 钟蕾,罗京艳. 城市公共环境设施设计[M]. 北京:中国建筑工业出版社,2010:14-15.

德国的常规公共环境设施分类同英国类似,也是以设施本体的功能区别为分类依据的。但是可以看到,德国的分类加入了一些我们常规会划入环境空间或者建筑装饰的元素,比如水、装裱、屋顶等。严格地说,这些确实可以作为公共环境设施来看,因为它们确实在公共空间中,起到了同其他公共设施类似的功能。同样的问题我们在后面讨论公共环境空间中的电梯/景观电梯的归类中也会涉及。

3.4.2.4 中国公共环境设施分类

普遍的观点,在国内,较早对公共环境设施进行过研究的学者是梁思成先生。他曾对部分环境设施进行较为客观和清晰的分类:园林及其附属建筑、桥梁及水利工程、陵墓、防御工程、市街点缀、建筑的附属艺术等。梁先生的思想理论充分显示了他所属的那个时代的公共环境设施的发展状况和理论研究水平。

梁先生的分类从理论上看接近英德的体系,不单独考虑不同空间主体对环境设施的影响,但是从分类上看,更加细致缜密。特别是梁先生对有中国近现代传统建筑环境特色的公共设施的总结归类,对于研究中国公共环境设施的发展历史有重要的意义(见表3-8)。

表3-8　明清时代城市设施和建筑小品一览表①

分类	内容
便利性设施	道路、桥梁、排水渠、船坞、井台、吊桥、水门、城门、屋门、牌坊、牌楼、雨廊、骑楼、路亭、踏道、地穴、洞门、垂花门
安全性设施	城墙、萧墙、院墙、水闸、城门、水门、瓮城、箭楼、角楼、城楼、沟渠、护城河、驳岸、河桶、吊桥、台基、望火楼、金缸、水池
情报性设施	钟楼、鼓楼、辕门(旗杆)、日圭、石晷、招牌、看板、匾额、彩楼欢门、牌坊、牌楼、灵台、观象台
园林、装饰设施	石幢、花街铺地、山池林木石、亭榭楼台、旱船、花洞墙、桥、塔、地穴、洞门、照壁、曲水流觞、漏窗、石桌、石鼓、石灯
礼仪庆典设施	石狮、华表、石柱、经钟、金水桥、千步廊、灵台、石碑、塔、铜鼎、碑亭、铜鹤、嘉量、塔、香炉、祭坛、戏台、碑亭、照壁、金缸
民俗、节日用具	幡竿、轿、车、灯彩、龙灯、龙舟、春联、风筝、讲台、水磨、水车、大铜壶、彩楼、旗

梁先生甚至将民俗、节日用具作为一个大类,这里面的绝大多数公共设施,比

---

① 于正伦. 城市环境艺术——景观与设施[M]. 台北:博远出版有限公司,1995:104.

如车、轿、龙舟、风筝等，按照现有的理论，一般不归入公共环境设施；但结合当时的中国历史环境，在公共的节日中，它们是公众共同的一种"游乐"或者是"纪念"设备，而不是像现代社会中，属于私人。因此，梁先生的这个理论在当时的历史环境中，是有实际的正确意义的。

在国内对公共环境设施的研究历程中，具有标志性意义的是在 1982 年和 1987 年，华南理工大学建筑系的刘管平先生在他主编的《建筑小品实录》和《建筑小品实录2》中，把建筑小品归纳为六个部分：园林建筑小品、庭院小品、入口建筑小品、建筑局部环境小品、街道建筑小品和雕塑小品。刘管平先生提到的"建筑小品"，即是我们今天所讨论的"环境设施"。1993 年 6 月，刘管平先生和北京工业大学的宛素春先生一起编著了《建筑小品实录3》，参考了大量国外的公共环境设施的作品，并结合 20 世纪 90 年代国内的公共环境设施的发展与形势，把建筑环境小品分为八个部分：园林建筑小品、庭院小品、室内环境小品、城市环境小品、入口建筑小品、景观小品、雕塑小品、亚运小品。这是国内比较有代表性的对环境设施的分类研究。

随着中国城市建设的不断发展，公共环境设施的概念也随之演变和扩大，环境景观学术界对环境设施的分类开始走向专题化和实用化。自 2000 年开始，由中国城市规划学会与中国建筑工业出版社共同编著了《当代城市与环境设计》丛书，对国内的铺装景观、城市广场、滨水景观、商业步行街等方面做了详细的介绍和案例分析，对其中案例的环境设施设计做了非常细致的解读。①

2002 年 7 月，由中国城市出版社出版的《现代城市景观设计与营建技术》较系统全面涉及了环境设施的分类（见表 3-9）。

表 3-9　环境景观设施分类（从城市环境景观与营建技术角度）

分类	内容
城市绿化景观	街道绿化、庭院绿化、公园绿化、广场绿化、住宅小区绿化
城市水景	水池、人工湖、瀑布、流水、喷泉、草坪喷灌、景观喷雾
城市地形	地形的改造利用
城市雕塑	装饰雕塑、浮雕、艺雕、石景（如假山、庭石、枯山水）等
城市铺地	道路铺装、广场铺装、装饰混凝土、树池树箅

---

① 黄磊昌. 环境系统与设施：下（景观部分）[M]. 北京：中国建筑工业出版社,2007:19-27.

分类	内容
城市界定设施	护栏、隔离栏、柱、篱、垣、实体墙、出入口、门等
城市公共设施	儿童游乐设施、公共运动设施、休憩座椅、饮水台、告示牌、电话亭、候车亭、邮筒、垃圾筒、报亭、公共厕所
城市夜景、照明景观	艺术造型路灯、庭园照明灯(如地灯、草坪灯、水池灯)、广场照明、楼体照明、植物装饰照明等
城市建筑景观	建筑外观装饰、建筑立面景观、城市墙体壁画、建筑小品(廊、桥等)
城市信息景观	标识牌、广告牌、指路牌、光电标识等
其他城市景观	上述未提及的城市景观及潜在的景观素材

到 2003 年,于正伦先生在所著的《城市环境创造景观与环境设施设计》一书中,对城市环境设施做了比较系统的分类。如表 3-10～表 3-11。

表 3-10　环境设施的宏观分类(从服务分区的角度)

分类	内容
城市空间设施(对城市整体空间形象起作用的环境设施单体和群体)	领域(住宅小区、公共建筑集群、商业街、历史和民俗区、文化和行政区、科研和工厂区等) 开放空间(广场、公共绿地、公园、游乐场、自然空地、水边等) 通道(各类道路、河道、过境铁道以及节点) 领域边缘 领域地标
局部景观设施	城市装饰、广告标识、庆典活动用具等

表 3-11　环境设施的专项分类(从服务项目的角度)

分类	内容
城市设施	桥、水塔、电视塔、停车场、地铁车站、地下通道等
服务设备、设施	休息设施、卫生箱、自行车架、游乐设施、照明、饮水器、售货机等
小品建筑	加油站、售货亭、候车廊、园林附属建筑、地铁和隧道入口、公厕、山墙大门等
室内环境设施	室外部分环境设施向室内空间的延伸
观演与信息设施	装饰雕塑、喷泉水池、绿化、园林小品、广告标志、告示牌等

续表

分类	内容
无障碍设施	坡道、盲文指示器、专用铺地、专用信号机等
庆典用具	灯笼、彩车、彩门、旗帜、露天舞台、装饰照明等
道路设施	路面铺装、护柱、防护栅、树箅、交通信号标志等
建筑外延	阳台、烟囱、雨篷、外廊、檐口等

于先生在环境设施的分类方法中提到,按照环境设施的主要功用具体分类,结合城市领域和服务分区进行综合分类。甚至可以将某一个城市设计的某一个课题作为切入点进行分类,各个环境设施依据各自分担的角色作用进行归类。于先生还提出要建立一套多元、立体的系统观点,从横向和纵向、宏观和具体的不同视角对环境设施进行分类,克服孤立、静止、单一的模式方法,使环境设施设计走向更科学、实效的道路。

3.5　城市 MALL 商业空间环境设施的分类

3.5.1　辅助性商业设施系统

本书着力研究 MALL 空间中的公共设施系统。对于商业本身,不论是售卖商品的店铺,还是餐厅、影院、宾馆等服务功能模块,都不做深入讨论,而把它们作为 MALL 商业空间的基本核心商业模块来看待。这类商业形态,有一个共同的特征,就是在 MALL 的商业空间中,拥有独立的进行各自商业活动的固定营业空间。这种特征,是由现代 MALL 商业的地产属性决定的。

但是,也有部分商业设施,在 MALL 空间中,没有固定的营业空间,可以随时或者在一定的时间阶段根据需要进行位置调整或者重设。这类商业,一般都是较小类型的商业交易,但是它们也具备物品交换的所有要素,是完整的商业交易行为。

从需求的角度看,我们可以把这些交易行为看作对主要消费功能的一种补充,因为部分临时性的消费或者服务需求,如果直接分配到 MALL 的商业店铺,则其盈利未必能满足相应的支出需求,有些商业也不一定同 MALL 相应的档次吻合。同时,消费者进入 MALL 空间,一般来说,进入 MALL 的直接目的不是进行这些消费,而是购物、娱乐等核心需求;这种需求尽管存在,但它们是伴随核心需求存在的一种次级需求。比如说,所有消费者在进行长时间购物消费时,都有临时饮料的需求,但在高档MALL店铺中,很难想象设立一间软饮料店会是什么效果,而人们发生需求的地点不固定,也无法让饮品店铺星罗棋布存在。因此,MALL一般会用对应的公共设施来实现这些功能,比如,可移动的临时饮料车,或者自动饮料售卖机。

这些商业,都是对核心商业功能的一种补充;但补充的部分不一定属于销售范围,也会是一些服务,比如说临时的按摩服务。或者说这些补充商业功能性质的销售本身就是以"补充消费者的临时需求"这种服务为基础而存在的。以自动提款机为代表的金融服务也属于这种范畴,消费者同银行间通过交易获得这种提款的金融服务,所获得的资金是用来进行其他消费的,这也可以看作一种辅助的商业服务。

综合以上分析,辅助型商业设施系统具备以下特征:

(1)其过程是完整的商业交易,不论是否有优惠(比如免费的提款,但这其实是一种优惠,消费者进行的依然是有偿的金融服务)。

(2)由次级或者辅助性的商业需求而产生,不占用固定、封闭的MALL商业空间。

3.5.1.1 临时售卖设施

临时售卖设施,在MALL商业空间中,是一种特殊的商业形式。它们同其他店铺进行的是非常相似的销售,但是同正规的商铺比较,这类临时售卖设施售卖的产品往往不具备同固定店铺相同等级的品牌或者产品层次,或者产品正通过特殊的售卖方式进行销售和推广,比如促销或者新品发布。但是,消费者对这类特殊的销售有需求,比如快餐、打折促销等;或者是商家认为这类产品能够引起消费者临时消费欲望,比如小商品;也有可能部分商品可以满足消费者的临时需求,比如旅游用品等等。总之,临时售卖设施正是为应对这类特殊的需求而设立的公共设施。

临时售卖设施中,最常见的是售货亭,部分开敞或半开敞的MALL空间中也能看到临时售货车,主要是销售冷饮、快餐之类。商家也常会临时租用MALL的公共空间,搭建临时的促销台进行商品促销。

(1) 售货亭

售货亭作为一种公共设施,在MALL以外的公共空间很常见;但是在MALL空间中,特别是在半开敞或者室内空间中,带顶棚的售货亭,往往只是作为一种装饰形式存在,没有完全的必要性。这里所指的售货亭,既包括这种带顶棚可以容

纳经营者的经典形式,也包括很多临时售货架、临时摊位等(见图 3 - 28 ~ 图 3 - 30)。它们共同的特点是:

A. 不论固定与否,这类售货亭都没有和正规店铺一样的地产租约;

B. 外观形式的设计和摆放位置、分布密度都受到 MALL 空间的统一管理和安排;

C. 有销售员固定进行销售服务。

售货亭的销售商品主要是小商品、旅游用品、快餐饮料、书报杂志等。形式上,有全封闭的售货亭、半开敞式的售货台(很多是经营快餐)、展架型的售货架(销售员无法在其内部营业)等,部分售货亭也会是多个售货亭或者多种售货亭组合存在。

图 3 – 28(左)　独立售货亭,日本东京六本木新城 MALL 二楼
图 3 – 29(中)　半开敞式售货亭,位于东京六本木新城毛利庭院入口处
图 3 – 30(右)　货架式售货亭,位于日本东京六本木新城一楼大厅

(图片来源:作者自摄)

(2)冷饮/快餐车

在开敞或者半开敞的 MALL 空间中,这类设施很常见。消费者在 MALL 空间中进行的是一种接近休闲娱乐的消费生活,往往会消耗很长的时间,甚至一整天的营业时间,因此临时的餐饮需求非常旺盛;而消费者对于零食、甜品的娱乐需求也存在,冷饮车或者快餐车正是为满足这些需求而存在的。

之所以叫作"车",主要是因为这类设施都以车的外观出现,但并不一定都是现代概念上的车。很多冷饮车确实是一辆汽车改造而成的,确实是会经常移动营业位置,同时利用汽车发动机进行制冷;但也有部分快餐车,是传统人力车的形态,也确实可以移动,主要是为了便于每天搬运营业时使用的食材和烹饪用的设备。

相对于很多不能随时移动的售货亭,这类设施的营业灵活性要高很多。

(3)临时促销台

我们这里不把进行大型促销活动或者大型发布会所用的搭建设施或者展示

设施归入临时促销台,因为这些设施随不同的商家随机性较大,属于展示搭建的范畴,而不属于正式的公共设施。这里所说的临时促销台,指的是由 MALL 商家统一设计和提供的展示和营业设施,用于支持商家进行促销活动或者由 MALL 统一组织促销活动。这种设施有营业人员经营,还有宣传活动所需的专职推广人员。

这类搭建设施一般采用统一设计的结构部件,便于拆卸和重复使用。功能上一般由以下组成:商品陈设展示、活动形象推广、货物临时储存。

3.5.1.2 临时性服务设施

上面提到的临时售卖设施,销售的是商品;临时性服务设施,销售的是服务。临时性服务设施为在 MALL 空间进行消费的人们提供所需的休闲、美化服务。这类服务在美国的 MALL 中尤为常见。

(1)临时按摩中心

在现代很多 MALL 中,都可以看到这样的设施。一般是在道路中央陈列几台供各种按摩姿势使用的坐具,由专门的按摩师进行操作,为消费者消除长时间消费活动带来的疲劳。时间一般不长,15~30 分钟;坐具经过特殊的设计,可以使消费者方便而又舒适地摆出适于进行按摩的姿势。

也有电动按摩设施,但这里面也有一部分是为了电动按摩设施的促销,而不是真正的公共设施(见图 3-31)。

图 3-31 英国伦敦 Westfield MALL 人工按摩设施,还搭配了观影设备

(图片来源:作者自摄)

(2)擦鞋处

擦鞋处在美国的购物中心内也是很常见的服务设施,但这种服务在中国 MALL 购物空间几乎没有。擦鞋处主要由组合的坐具组成,由专门的擦鞋人员进行操作(见图 3-32、图 3-33)。

图 3 - 32　美国拉斯维加斯 Miracle Mile Shops at the Planet Hollywood 按摩设施

图 3 - 33　美国拉斯维加斯 the Paris 赌场自动按摩座椅

（图片来源：作者自摄）

3.5.1.3 游乐设施

在 MALL 商业空间中，休闲娱乐是一项核心功能；但 MALL 商业系统也会提供一些临时性或者小规模的游乐设施，来满足消费者随机产生的娱乐需求，这种娱乐需求在自制能力比较差的少年儿童身上更为明显。而提供给成年人的游乐设施同给儿童的游乐设施有很大的差异。

每个 MALL 对这些设施的定位、定义都会不同，部分 MALL 会把这些设施设置成正规的店铺，也有些以小规模的公共设施形式出现。

（1）成年人娱乐设施

成年人有很多娱乐需求，在 MALL 空间中都能找到对应的服务，比如溜冰场、电影院、酒吧、剧院等等（见图 3 - 34）。但绝大多数都是以固定的功能模块形式出现的，这属于 MALL 空间的核心商业功能，而对应的消费者也是最重要的目标客户。

图 3 - 34　阿联酋迪拜 Dubai MALL 的奥运级别室内滑雪场

MALL 空间中少量存在为成年人设置的临时性服务设施，但这并不普遍，其分布和设计不具有代表性，我们不做深入讨论，仅举个例子：

在拉斯维加斯,不论是酒店、机场还是街边小商店,都不可避免地出现一种成人娱乐设施——博彩机,包括各种角子机、棋牌机等(见图3-35~图3-37)。我们不把这种设施归结到后面的自助服务设施中去,是因为消费者投币消费,并不是在同这个设施进行直接的交易,支付的费用不是服务费,而是博彩。这种消费严格地看应该是一种免费的娱乐服务,而花费的资金是博彩的本金。

但这类设施在非博彩城市则几乎没有,拉斯维加斯、大西洋城、新加坡的MALL中出现有其城市商业定位特殊性,我们不做详细的对比和讨论。

图3-35、3-36、3-37 美国 The Forum shops at Caesars 博彩机设施

(图片来源:作者自摄)

(2)儿童娱乐设施

同传统的商业模式不同,到现代 MALL 的人群,更多的是去体验这种休闲消费生活,因此常常会出现全家老小一起出行的现象。很多成年人带着孩子来到MALL,并不只为孩子购买孩子的物品,因此,MALL 需要满足孩子的休闲娱乐需求。很多大型的 MALL 有适合孩子的观光游乐设施,在 Dubai MALL 甚至有全球最大的立体水族馆,儿童的溜冰场、婴幼儿的组合娱乐器械也很常见。

另外还有以独立的游乐器械存在的设施模式,比如投币木马等。

儿童娱乐设施是提供儿童、少年独立或者同陪同的成年人共同参与使用的娱乐、游艺和健身的设施。娱乐设施的品种类别繁多,会消耗一定量的空间和面积。我们可以把如儿童剧院、固定的水族馆、溜冰场归入 MALL 的基本休闲娱乐功能,而把部分可变动性的设施和独立设施归入公共设施。儿童娱乐设施一般有独立的标识,在主要的信息指示设施上也会标注其位置(见图3-38~图3-41)。

图 3-38（左一）　Dubai MALL 水族馆标识
图 3-39（左二）　上海静安 889 悦达广场汤姆熊入口娱乐设施
图 3-40（左三）　上海长风景畔广场儿童娱乐广告牌
图 3-41（左四）　上海正大广场汤姆熊标识

（图片来源：作者自摄）

3.5.1.4 自助服务设施

自助服务设施是比较特殊的公共设施，它们广泛分布于现代 MALL 空间中，为消费者提供服务。这种服务一般来说具有一定的复杂性，需要使用者和设备进行互动，比如传统的公用电话或者银行，都是要有专门的操作者来操作才能完成。

有人操作的设备会让这种服务更加方便，但是也会提高服务的人力成本，占用更多的空间，不便于广泛设立；因此，需要设立这样的智能服务终端。当然，自助的服务在现代社会也体现了对消费者本身的尊重和人性化。尽管这类自助服务有些是收费的，但这类收费一般是功能本身的收费，而自助服务理论上是免费的。自助服务设施的设立，本质上还是为了让消费者获得更多的便捷。

部分自助服务设施，如自动提款机和品牌自动售货机，设施本身的设计要求很高，甚至有极高的安全性需求，需要由专业的设计制造公司生产，并不属于设施设计方的设计范围；但是其分布、设置却与整体的 MALL 规划、设计有很大的联系，是整体 MALL 规划设计不可或缺的环节。

（1）公用电话/电话亭

当下，即使在移动通信技术普及的时代，人们依然有在公共场所使用公用电话的需求，原因可能是个人的移动通信设备由于种种原因不方便使用，或有的人喜欢使用传统的固定电话。而电话亭或公用电话亭，就是专门放置公共电话的场所。

常规的电话亭一般矗立于街头，开敞式或者半开敞式，内有一部公用电话。

这些公用电话一般需要收费,通常还设有透明或有小窗的闸门,既可以保护使用者的私密性,也可以告诉其他可能的使用者电话亭的使用状态。部分地区的电话亭内,还会放置电话簿供使用者查阅;也因为使用者有记录电话通话内容的需求,一般电话亭都会有一个手写台板,有的还会配置公用的笔。

公用电话或者电话亭的经营方一般是电信运营商。电话亭一般有封闭式、敞开式、附壁式三种类型。A. 封闭式(箱型):四周封闭隔音的盒子间,适用于宽敞空间,如公共绿地、旅游景点、广场、宽阔道路等。也有很多半封闭式电话亭(不设隔音门的盒子间)在街头使用比较便捷。B. 开敞式:适用于一般道路等。C. 附壁式:适用安装在其他构筑物上(如墙体、其他构筑物本体等)。(见图3-42~图3-46)

图3-42 米兰电话亭 　　图3-43 罗马电话亭 　　图3-44 瑞士电话亭

图3-45(左) 东京地铁内公用电话 　图3-46(中、右) 日本东京六本木新城 MALL 的公共电话
(图片来源:作者自摄)

合理地设计公用电话亭不仅能够更好地满足人们的正常使用,而且能够美化城市,成为一道亮丽的风景线。公共电话一般有独立的标识和空间指示。

(2)自动提款机

MALL 空间中的自动提款机是提供给消费者的一种自助金融服务设施,最直接和常用的就是取款功能,这当然是为了迎合消费的需求,因为尽管在银行卡发达的今天,很多小型、微型消费依然要使用现金。

自动取款机又称 ATM,是 Automatic Teller Machine 的缩写,意思是自动柜员机,因大部分用于取款,又称自动取款机。在 MALL 空间中,我们一般按照提款机服务的规模,把相应的设施和服务分为自助银行和独立自动提款机。

自动提款机的经营方一般是银行。自助银行一般是多个金融终端并列摆放,都是以封闭或者半封闭的形式;提供的服务一般是自动提款机、自动存款机和自助信息查询终端。因为很多自助银行甚至有独立的封闭空间,更接近一个独立的功能系统,我们不在这里做深入讨论。独立自动提款机一般提供提款、转账和信息查询功能,一般不提供存款功能。按照自动提款机的形式,我们一般可以将其分为落地式和嵌墙式两种。自动提款机一般有独立的标识和空间指示(见图 3 –47 ~ 图 3 –49)。

图 3 –47(左) HK IFC MALL 的 ATM 标识
图 3 –48(中) HK IFC MALL 的 ATM 机
图 3 –49(右) 美国 Caesars Forum shops 的 ATM 机
(图片来源:作者自摄)

(3)自动售卖机

鉴于消费者在 MALL 空间有临时性购物消费的需要,MALL 空间除了正规的零售店铺之外,还会设立售货亭之类的临时售货设施;但是考虑到有人经营的售货亭得占用一定的公共面积,如果分布较多较密集,则比较浪费公共空间,人力成本也较高,因此很多 MALL 空间都会设置自动售卖机来满足消费者的需求。

图3-50（左）　日本东京台场购物中心饮料售卖机

图3-51（右）　东京都江东区展览场内的饮料售卖机

（图片来源：作者自摄）

自动售卖机是借由钞票智能测检机、自动货品吐纳等工具与顾客交易的机器，能够帮助顾客便捷地购买商品（区别于需要结账人员的店铺和人工售货亭）。但也有部分并不是靠完全智能的货币检测的，而是机械式的硬币重量检测或者弹簧开关。这种简易的自动售卖机，一般售卖低金额的、单一对象的商品，如面巾纸、香烟、饮料、零食等。现在出现自动售卖机的销售商品主要有：

①带密封包装的饮料——自动饮料售卖机

这也是最为常见和必要的自动售卖机。这类售卖机属于综合售卖型的，也就是售卖机内会出现各种品牌、各种类型的饮料，一般由 MALL 运营商经营。但是也有饮料品牌自行经营的自动饮料售卖机，一般会设计成这个饮料品牌的 CI 外观，而内部陈列的饮料均为这个品牌或者这个品牌旗下的产品。正因为以上情况，在 MALL 商业空间，常常会出现多个自动饮料机并列放置的情况（见图3-50、图3-51）。

也有酒精类饮料的自动售卖机，但是与常规的饮料不同，这种售卖机一般是独立的酒精类饮料机，不会同其他常规饮料混搭；而售卖机也会增加购买人身份和年龄识别装置，以确认是否到了法定允许的饮酒年龄。

因为消费者饮水的需求往往是最紧急的临时需求之一，在一定程度上甚至大于食品（人们急迫的食品需求会转化为正式的餐饮需求），因此自动饮料售卖机是最重要、最常见的自动售卖机。

②快速食品、零食——自动零食售卖机

同自动饮料售卖机基本一致，主要售卖带包装的简单零食，有综合型的和品牌型的。这里也有一些特例，比如在美国有自动汉堡售卖机和自动拉面售卖机，但是在 MALL 空间出现的概率不高,毕竟 MALL 有很丰富的快速餐饮服务。

③香烟——自动香烟售卖机

自动香烟售卖机的类型同上面的自动饮料售卖机基本一致,也有综合型的和品牌型的。但是,自动香烟售卖机在国内并不常见;而随着国际上控烟、禁烟运动的高涨,公共场所吸烟本身就已经越来越受到限制,因此,自动香烟售卖机只有在人员自身约束力比较强的日本很常见。但即使是日本,在自动香烟售卖机上购买香烟,也需要通过身份识别来确认消费者的年龄是否可以吸烟(见图 3 - 53)。

图 3 - 52(左一) 为东京杂志阅架 图 3 - 53(左二) 东京广告取阅架和香烟售卖机

图 3 - 54、3 - 55 美国拉斯维加斯 Miracle Mile Shops 的 Bestbuy 自动售卖机

(图片来源:作者自摄)

④报纸杂志——自动杂志售卖机/自动报刊领阅架

自动杂志售卖机,一般是综合型的杂志售卖,同以上自助售卖产品一致,全自动售卖。销售商品一般包括书籍、杂志、报刊;而自动书籍售卖机一般是独立存在,不会同其他报纸杂志混搭。也有报刊与杂志同时出现的设施,其经营方一般是书籍、杂志和报纸的经销商,而不是发行商。

在美国,有一种投币的简易杂志售卖机,相对比较老式。同现代自动杂志售卖机不同,这种设施,一般只要投入足够额度的硬币,就会打开整个封闭门,需要依靠消费者的自律来控制获取报纸杂志的数量。但不管怎样,以上两者都是收费型的售卖机(见图 3 - 52、图 3 - 54、图 3 - 55)。

这里简单提一下免费的自动报刊领取架。尽管这类设施特点可以归纳到广告传播的公共环境设施中,但是它们常常与非免费的自动杂志售卖机或其他自主设备一起出现。像这类设施的经营方一般是杂志或者报刊、广告的经营商,其目的基本上是为了推广商品,而不是杂志流通本身(见图 3 - 56 ~ 图 3 - 58)。

图3-56(左) 日本六本木新城广告册拿取设施
图3-57(中) 日本六本木新城广告册拿取设施
图3-58(右) 美国恺撒王宫 MALL 广告设施
（图片来源:作者自摄）

⑤DVD 及其他音像制品——自动 DVD 售卖机

同自动杂志售卖机很类似,但之所以区别开单独列,是因为 DVD 售卖机的经营方一般是相关音像制品的发行方。

⑥纪念品——自动小商品售卖机

同其他自动售卖机类似,一般是 MALL 经营方来设置和经营;纪念品一般是当地旅游纪念品,也有其他杂物和小商品。

⑦电子产品——自动电子产品售卖机

本来相对复杂的电子产品在自动售卖机的行列中不常见,但是随着 Bestbuy 的大力涉入经营,使这类自动售卖机出现频率高了很多,经营者一般是综合型电器销售商,在美国很常见。比如 Bestbuy、Brookstone 等。

⑧扭蛋类产品——自动扭蛋机

这是一个特殊的类别,却有着重要的作用,主要服务对象是少年儿童或者其陪同的成年人,销售产品是扭蛋。扭蛋的具体包含内容就极为广泛,主要是儿童玩具或者模型,但也有零食、小物品、钥匙扣之类,非常繁多,在美国和日本非常常见。

自动扭蛋机一般不采用智能的货币识别设备,而是用硬币投币机,经营方一般是扭蛋的经销商或者某种主题经销商。比如在动漫发达的日本,主题类扭蛋机,一般是由该扭蛋内形象所属的发行方或者下属经营公司操作(见图3-59、图3-60)。

图3-59、图3-60　东京扭蛋机

（图片来源：作者自摄）

⑨个人卫生用品——自动纸巾售卖机/自动避孕套售卖机

这类设施一般集中于MALL的独立功能区域，比如洗手间、快速餐饮区域或者快捷酒店。

对于纸巾，一般就是一个品牌、一种商品，靠机械投币来完成自助服务；一般体积较小，采用挂墙的方式（见图3-61~图3-63）。

避孕套和卫生巾，有类似上面纸巾的便捷售卖机，封闭销售，小体量、挂墙；也有类似饮料售卖机的多品牌多品种陈列式销售，为落地的自动售货机（见图3-64）。

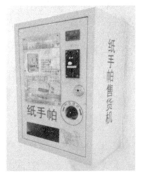

| 图3-61 | 图3-62 | 图3-63 | 图3-64 |
| 日本吸汗纸巾售卖机 | 纸巾自动售货机 | 上海五角场"百联又一城"纸手帕售货机 | 避孕套售卖机 |

（图片来源：作者自摄）

⑩优惠券和票务——自动优惠券登录机/自动售票机

这类自助设备,是现代商业消费发展的一种重要方向,但制式、使用方式的差异很大,并没形成统一的模式,尚在激烈的竞争中。

团购或者打折机构通过在公共区域设置自动优惠券登录机,可以使消费者便捷地享受优惠的消费价格,但也对可实现登录的销售品牌和商品起到了极大的推荐作用。这种自助设施同以上的自动设备有很大的不同,采用"登录"的概念,也就是让消费者和商家之间,通过这个设备获得两者之间的认可。登录的概念有刷卡、手机拍摄二维码、短信互认等等,一般是挂墙的电子设备,被推荐的品牌如同在其他常规自动售货机中的商品一样被陈列出来,也有电子显示屏的模式。经营者是第三方促销机构。

自动售票机常见于电影院等独立功能模块,但自动售票的方式也很多,我们不一一列举,在后面独立功能模块中的公共设施的讨论中会分析。

(4)自助快拍亭

消费者在 MALL 空间中进行娱乐休闲时,有照相的需要。尽管现在个人拍摄设备很普及,但也有一些特殊的需要,使自助快拍亭逐步出现和发展。自助快拍亭一般也是使用智能的货币识别装置来实现同消费者的交易。同上面自动售货机不同的是,自助快拍亭需要一个相对独立的空间,允许消费者进入来实现拍摄功能。而且,自助快拍亭提供的商品,不是在陈列区域陈列的商品,而是最终的相片。这个过程一般是"拍摄——自动电子处理——打印/冲印"三个工作模块(见图 3 – 65 ~ 3 – 67)。

图 3 – 65(左)　上海正大广场　图 3 – 66(中)　自动售票机　图 3 – 67(右)　日本证件
（图片来源:作者自摄）　　　　自助式证件照摄影　　　　　快拍设施
　　　　　　　　　　　　　　　（快照易官网）　　　　（图片来源:作者自摄）

进行自助照相的消费者,需求主要有两种:

第一,娱乐需求——自助快拍亭/Facebook 摄影机。

一般可以供一人或者多人拍摄,自助设备会提供较多的影像背景供消费者选择,使用者可以自由调节影像的大小、远近、角度。

而美国拉斯维加斯还出现了不少 Facebook 摄影机,功能也就是在拍摄的基础上,具备实时网络上传和分享照片的功能(见图 3 – 68)。

图 3 – 68　美国拉斯维加斯恺撒皇宫 Forum Shops 的自助 Facebook 摄影机

(图片来源:作者自摄)

第二,证件照需求——自助证件照快拍亭。

供单人使用,自助设备会提供用于不同证件/签证需要的模式供消费者选择;使用者需要在选择后,严格按照自助设备提示的角度、距离、位置来进行拍照。

3.5.2　公用系统

3.5.2.1　辅助销售系统

公用系统中,我们首先罗列辅助销售系统。顾名思义,这类公共设施是辅助店铺、销售商户完成和完善销售服务的设施类型。它们是销售过程中不可缺少的部分,直接接触客户,为消费者服务,但是它们与消费者之间的关系不是买卖消费关系。最常见的就是服务台和收银台。

(1)服务台

服务台,也称服务中心,在传统的百货商店或者超市等商业模式中,一个商场一般只配有一个服务中心。但是,因为现代 MALL 的商业空间规模越来越大,而且各区域功能差异也非常大,因此在现代 MALL 空间中,也会配套存在多个服务中心,通常可能是在每个销售区域内设置一个,或者每楼层设置一个服务台。

服务中心也有以独立的功能区域的形式出现的,类似洗手间,是整个 MALL 空间的固定功能区域,但也有很多是以独立的公共设施的形式出现的。我们一般把固定的客户服务功能区域叫作服务中心,而把独立的服务功能设施叫作服务台。

服务台/服务中心的功能一般包含以下内容:

①接收客户投诉并处理相关事宜;

②售后服务管理,包括退换货、接受简单维修等;

③为客户开具售货凭证;

④活动礼品兑换或者停车票等优惠活动的执行;

⑤寄包或者其他个人物品寄存,但这一功能也有以独立设施存在的;

⑥信息咨询,这一功能也有独立以信息中心的模式存在的;

⑦各种 VIP 服务;

⑧MALL 空间内广播、公共信息屏等信息发布以及紧急情况处理;

⑨送货、售后加工等其他消费售后服务,部分功能也有以独立功能区域存在的。

服务台一般处于 MALL 的交通汇集处,如出入口附近,以方便消费者;有一定的面积,服务人员一般为多人,处理各种不同的事务。

以服务中心形式存在的服务区域,其内部供消费者直接使用的公共设施一般比较简单,就是等待的座椅;当有重要活动使人流量超负荷时,也有使用公共隔离设施。

一般有独立的标识和空间指示(见图 3-69、3-70)。

图 3-69(左) 上海正大广场服务台　　图 3-70(右) 上海五角场百联又一城

(图片来源:作者自摄)

(2)收银台

收银台是最重要的辅助销售设施(见图 3-71~图 3-73)。

MALL 空间各种店铺、销售服务众多,很多较大型的独立功能区域就有独立的收银系统,如电影院、水族馆、正餐厅等,但是这些功能区域一般规模较大,客流量众多,档次较高的独立店铺,也有各自的收银系统。而众多中小店铺,如果每一个都配备独立的收银系统和收银人员,会造成店铺较大的设备和人力资源负担,而且每个店铺的流量需求差异也很大。因此,MALL提供了统一的收银服务,在各个功能区域的交通关键位置,分别设置多个收银台,每个收银台可以同时支持一人或者多人的收银服务,节约了MALL的空间和人力资源。

同时,消费者可以到这一功能区域甚至不同楼层、不同功能区域的收银台进行结算,可以多点消费、统一结算,这也为消费者的快速结算提供了保障。现代MALL,因为统一的收银结算体系,所以在同一功能区域就有可能进行统一的促销活动。

不同功能区域的收银台,大部分是可共享收银系统的,但也有些是不可共享的独立收银系统。比如在快餐区域,有各商铺独立结算的,也有统一通过一个或多个内部收银台结算的,而快餐区域的消费一般不能到其他区域收银台结算。收银台一般独立存在,不会同服务台或者信息台这类有人服务设施合并。

图 3 –71（左）　　　　　　图 3 –72（中）　　　　　　图 3 –73（右）
上海五角场百联又一城　　上海恒隆港汇广场　　　上海五角场万达广场收银台
（图片来源：作者自摄）

收银台是极为重要的设施,一般在其位置和附近,都会有指示牌、路标和标识进行多重指示,以确保消费者快速定位。

收银台一般有独立的标识和空间指示。

3.5.2.2 公共指示设施

公共指示设施系统是MALL空间中非常重要的一类设施系统,主要为消费者提供方向、区位、商铺位置、时间等公共信息的指示。这类设施包括公共信息中心、互动导航信息牌、信息指示牌、路标、标识、公共计时设施等,形式和种类都非常多。同后面的广告信息牌不同,这类指示系统主要提供的是"指路"服务,而不是明显带有倾向性的广告宣传。当然,现代 MALL 空间中,也有部分广告信息植入公共知识设施,但其主要功能依然是"指路",能让消费者根据自己的需求,迅速公平地获得相关的信息。

作为一个比较复杂的系统,公共指示设施系统的分类观点很多,本书中我们不单独对其形式进行分类,而是按照每一种指示设施在整体系统中所起的指示功能覆盖的范围大小,把整个公共指示系统看成一个垂直发散的大网络进行分类:整体区域指示设施、局部区域指示设施、节点指示设施(见图 3 –74)。

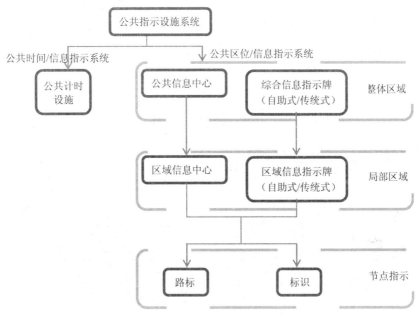

图 3 –74　公共指示设施系统分类示意图

(图片来源:作者绘制)

部分主要设施分析如下:

(1)信息中心

信息中心是一种有人服务的设施,向消费者提供以"指路"为主的多种信息问询服务,因此也被称为"问询中心"。部分现代商业设施会把信息中心同服务中心合并,但本质上,服务中心承担着更多专业职能。

理论上说,因为是有人服务,每一个信息中心大多可以提供整个区域的指示信息,但是现代的 MALL 确实非常庞大,在很多超大型的 MALL 系统中,依靠人力服务各个区位是不现实的,因此在整个系统规划中,一般会在 MALL 最重要的交通入口设置一个总的综合信息系统,为初来 MALL 的消费者提供全方位的指示服务。而各个区域的信息中心,除了方位指引外,也对所辖区域内的信息掌握更为娴熟和详细,他们一般会被设置在各个区域公共交通最为核心的位置。

同一 MALL 空间中的信息中心往往都依靠现代通信技术联网处理较为复杂的问题。在拉斯维加斯,甚至主要的几个大型娱乐中心的信息中心都是联网的,以共享娱乐资源。正因为这种综合型的信息网络,部分信息中心还会承担其他职能,比如票务。在拉斯维加斯,各种演艺 Show 是最主要的娱乐项目之一,每家高级酒店都有自己特色的 Show,甚至多个不同的 Show。为了获取更多的客户资源,拉斯维加斯高级酒店所属的 MALL 或者博彩中心,都会设立几个特殊的信息中心,除了提供常规的"指路"服务之外,也提供各种 Show 的票务信息和预订服务。这里的信息推荐是相对均匀公正的,而不是只针对本娱乐中心本身。消费者可以通过这种信息中心获得信息、咨询、购票、指路甚至接送等一站式服务。餐饮和住宿等消费预订服务也能在这类信息中心获得。

信息中心一般有独立的标识和空间指示(见图 3 - 75、3 - 76)。

图 3 - 75 香港 IFC MALL 的自助信息设施　图 3 - 76 美国 Forum shops 自助信息设施

(图片来源:作者自摄)

(2)指示牌

这里指的指示牌主要是区位信息指示牌。现代 MALL 空间,互动式的电子信息指示牌已经被广泛使用,但是由于并不是所有人都能熟练使用电子信息系统,而且电子系统往往只能同时为一个消费者服务,因此,传统的"地图牌"式的指示牌依然在 MALL 公共指示系统中占主流,电子自助式辅助出现。

①传统区位指示牌

不论是设置在 MALL 主要出入口的指示牌还是区域性的指示牌,一般都包含

以下两个基本元素(见图3-77):

A. 所指示的区域地图,同时会标注指示牌所在的位置和朝向,帮助消费者明确自身位置同目标之间的方位关系;

B. 所指示区域的主要商铺和功能模块名单,这些名单同地图的标记是一致的。

大部分 MALL 还会对各个功能区域、各个商铺,按照其功能不同进行归类,用颜色或者编号区别,方便消费者检索。

图3-77　日本六本木新城指示设施

(图片来源:作者自摄)

传统区位指示牌根据形式不同,一般可分为立牌式和地碑式两种,也有部分以挂墙的方式出现在电梯口或者电梯内,但本质上差别不大。

②自助式信息指示牌

也称作自助信息终端。同传统的信息指示牌一样,自助式的信息指示牌也必然包括详细的地图和商铺检索这两个基本特征,但是由于电子信息存储量要比传统信息大得多,往往会设置更加智能化的查询结果,这种查询并没有脱离原先的两个基本特征,而是在升级了原先的查询方式和结果(见图3-78)。

图3-78　上海 IFC MALL
触摸屏自助信息设施

图3-79　日本六本木新城吸顶式路标

(图片来源:作者自摄)

比如可以设定目标之后自动提供最便捷路线,或者通过点击目标商铺的位置,获得商铺的详细介绍。现在很多广告和广告式的推荐也使用被植入自助式信息指示牌。

自助式电子信息指示牌一般是立牌式的,也有少量壁挂式的,采用触摸屏互动设计,便于游客操作,还有植入刷卡功能,允许 VIP 客户查询自己的用户信息等。

(3)路标

MALL 空间中的路标一般设置在交通汇集处、岔路口、电梯口等,用于向消费者指示周边主要的功能区域及其方向。路标的视觉界面设计一般比较清晰简洁,以简单的文字和指向箭头组成,也有将户外多指向路标引入 MALL 空间的做法。

落地式的路标适用范围较广,不论是户外或者室内都可以使用。当其用于室内岔路口时,一般会位于道路拐角边缘,避免妨碍本就拥挤的室内道路;而用户外或者半开敞空间时,也有居于路口中央的做法。

吸顶式的路标用于室内,一般位于道路顶棚或者扶手电梯的出入口顶部,也有位于扶手电梯扶手上方的。道路顶棚上的路标,一般用于指示特殊的功能区域,比如洗手间、电梯间、吸烟室、母婴室、服务台等(见图 3 - 79)。

(4)标识

标识一般用于指示重要的公共功能区域,比如洗手间、餐厅、电影院等,位于这一功能区门口或者附近。标识也用来对一些重要的设施和设备进行指示,如 ATM 机、灭火器、垃圾桶、电梯等。标识也会提供安全性和禁止性的提示指示,如安全通道、禁烟标识等。标识经常采用吸顶或者挂墙的方式,也有直接通过平面制作置于功能区域大门平面上的。

图 3 - 80 ~ 图 3 - 83　(从左至右、从上到下)日本六本木新城 MALL 室内标识

(图片来源:作者自摄)

一般来说,标识是对所指示的对象的即时即地指示,不含方向性;而多个标识

的联合方向性指示,可以被看作一种路标。对标识而言,除了设施本身的形态和外观,标识图形的可识别性和通用性也极为重要(见图 3-80~图 3-83)。

(5)公共计时设施

现代社会,不论是手表、个人通信设备还是各种便携式电子娱乐产品,都能提供给消费者及时准确的时间提示,因此 MALL 空间出现的公共计时设施更多的是一种装饰,当然,这也确实会让需要时间提示的消费者更加便捷地了解时间。MALL 空间中的公共计时设施一般有传统钟表型和电子显示屏这两种类型。

传统钟表型的设施,常常会以吸顶或挂墙的方式出现在道路交汇口的顶部或者墙面上,也有以钟柱的形式出现在重要交通路口的。同个人装饰一样,部分MALL 为凸显自身的商业定位,会使用品牌的大型时钟,比如恺撒皇宫 Forum Shops 的公共时钟就是 Rolex 的。传统钟表型的计时设施也经常会和其他公共设施共存,比如时钟同路灯共用灯柱。

电子显示屏式的计时设施,经常出现在重要路口的墙面或者悬挂于道路顶棚,也会经常配合或者穿插其他公共信息(图 3-84~图 3-86)。

图 3-84
香港时代广场钟　　　图 3-85　深圳街钟　　　图 3-86　天津商业街广场钟

3.5.2.3 卫生设施

(1)垃圾桶

人们在休闲消费活动中必然会产生废品和垃圾。那么垃圾的处理方式的好坏,不仅直接关系到环境的卫生品质和人们的健康,而且还反映了该城市、该区域的文明程度和人群的素养(见图 3-87~图 3-90)。

垃圾桶/箱的设计一般会先考虑使用功能的要求,也就是具有适当的容量、卫生隔离作用、方便投放并易于清除。同时,有很多垃圾桶也兼顾着消费者吐痰、灭烟头(在公共空间禁烟的做法越来越普遍的今天,这一功能也逐渐弱化,主要用于临时吐痰的需求)的功能,一般做法是在垃圾桶的顶部置一个托盘,里面装着可以吸附污物的石子或者沙子。

考虑到空间的美观和便于清除,MALL 公共空间供消费者直接使用的垃圾桶/箱都不会很大。但是 MALL 空间产生垃圾的速度非常快,因此 MALL 内部一般都会有单独的货物/垃圾通道,供垃圾和货物出入,在这里会出现较大型的垃圾桶。即使在 MALL 的公共空间,也会根据不同的功能需求,出现不同的垃圾桶,有餐饮服务提供的空间会出现一些容量相对大的垃圾桶。

现代的垃圾分类理论和技术,已经普遍应用到现代 MALL 空间。一般 MALL 空间的垃圾桶/箱,都至少会有可回收垃圾和不可回收垃圾两类,垃圾桶成组出现,也有一些有更详细的垃圾桶分类。

现有技术还不可能做到垃圾的即时处理消化,而聚集的垃圾容易造成环境污染,必须要进行即时卫生隔离,所以很多垃圾桶是有盖的,也有一些有可收缩的或者变化的盖子。但是,在餐饮特别是临时、快速餐饮设施附近的垃圾桶,因为其设计的主要是食物垃圾,腐化变质很快,需要经常性清除,所以这种垃圾箱可以无盖。

此外,在垃圾箱内悬挂塑料袋,或者在垃圾箱内另附一只套筒以取出垃圾倒空,这样便于快速处理垃圾的方式,也常被用到 MALL 的垃圾桶中。

在 MALL 空间中,垃圾箱/桶是使用频率比较高的一种公共设施,一般出现在环境公共空间比较显眼的地方,分布密度也比较高,也正因为如此,它们比较引人注目,是公共设施设计的重点。除了 MALL 空间中的公共区域,在 MALL 的很多独立功能区域,比如餐厅、电影院,都有其独立的垃圾桶设置,而且往往会根据功能区域的不同需要进行独立的设计和设置,这在后面会详细讨论。

用于制作垃圾箱的材料多种多样,但直接接触垃圾的一般都是耐腐蚀的材料,或者在容器内壁涂抗腐蚀材料,比如沥青。用于外观材料的有金属、木材、塑料、陶瓷、石材、玻璃钢、GRC、FRP 等。

垃圾桶设计相对自由,种类很多,形态差异很大。我们可以按照其设置位置和方式,简单地将垃圾桶分为地面固定型、地面移动型、依托型等。

图3-87（左） 此图为英国伦敦 Westfield London 商场内的垃圾桶

图3-88、图3-89（中） 日本东京六本木新城 MALL 的组合式分类垃圾箱

图3-90（右） 上海正大广场内的垃圾箱

（图片来源：作者自摄）

①墙面内置型

一般是设置在公共区域的墙面或者柱面，只有垃圾投掷窗口和清理窗口，相对隐蔽，看不到直接的箱体。这类垃圾桶的设置，一般要根据公共区域环境来适配，很多是基础建筑建造时便已设置，不一定在整个 MALL 公共空间均匀分布。

②地面型

有固定的，也有可移动的。一般放置于公共区域，特别是道路，呈有序均匀分布，方便行走的消费者随时投掷垃圾。这种类型的垃圾桶是出现频率最高的，因此也常有同其他公共设施组合出现的，既为美观，也为让众多的公共设施设置更为有序和高效。

③依托型

这类垃圾桶一般附托于公共区域的柱面、墙壁等处，依靠托架或者链接零件同墙面或者柱面连接固定，一般形态较为轻巧。同地面型类似，也是比较成规律的在公共区域出现。

以上分类，更多的是从消费者的角度来看，但是我们也可以根据不同的垃圾整理清除方式的角度来分类。

①直接箱体容纳型

垃圾直接置于垃圾箱内，依靠旋转收纳箱体或者抽屉结构，来分离投掷口与收纳箱体。少量的也有直接靠投掷口倾倒垃圾的，但是这样处理往往会污染投掷口，现代高档 MALL 空间出现频率不高。

②启门式

在垃圾桶外观部分的内部，一般还有一个独立的垃圾收纳箱或者收纳袋，而在垃圾桶外观面，会有活动盖，更换垃圾的时候，一般是打开活动盖，将内部的垃圾收纳箱取出后单独倾倒垃圾。这样的方式一般不会污染投掷口，比较常用。

③套连式

在垃圾桶上直接套连垃圾收纳箱或者收纳袋,以采用便于清洗的塑料或者是一次性使用的纸袋、塑料袋等。处理垃圾的时候,直接取下收纳箱或者收纳袋,倾倒垃圾或者直接处理垃圾袋。这种方式比较简单,非常便于清理,使用频率较高。但是一般不适于处理不易暴露外观的垃圾,比如污染较大的餐饮垃圾、剩余的食品特别是无包装食品。

垃圾桶一般有独立的标识;在主要的信息设施上,也会标注其位置。

(2)公共厕所及其内部设施

公共厕所是为人们提供个人卫生和生理服务必不可少的场所或者设施,是收集、贮存和初步处理城市粪便的主要场所和设施,也是体现城市文明程度、体现对人关爱的重要设施之一(见图3-91~图3-94)。

图3-91~图3-94　日本六本木新城MALL公厕内部设施

(图片来源:作者自摄)

在现代MALL空间,不论是完全室内的还是开敞的或者半开敞的形式,因为统一的地产商业规划,公共厕所一般是作为MALL的一种基本的功能存在,有固定的空间和功能划分;临时型的公共厕所或者流动公共厕所出现得比较少,一般在开敞式MALL中。因为消费者会在MALL空间进行大量的消费休闲活动,相比城市中的公共厕所,MALL空间的公共厕所使用频率更高,需要能满足更多人同时使用,对应的卫生和维护要求也更高。

而除了满足基本的个人卫生需要之外,MALL空间的公共厕所还应照顾到残

疾人使用的需要,还会承担女士的化妆室的功能,有些甚至把母婴室的部分功能
也集成到厕所内。独立的男、女厕所和残疾人厕所是 MALL 空间厕所最常见的基
本功能划分,男女厕所面积的合适比例为 1:2,除了老人、残疾人卫生间采用座便
设备外,现代 MALL 空间正更多地开始采用蹲式便器,冲水采用红外线感应式设
备控制,避免人手操作,防止交叉感染。残疾人的专用厕位或者残疾人厕所,厕位
的宽度应考虑陪同者的协助空间、轮椅的回转空间;要设置方便的抓握设施,如墙
上要有扶手、顶棚悬吊下的抓握器等;还有专门的淋浴坐凳、盆浴提升器、手推脚
踏冲水开关等,以最大限度地满足残障人士或行为不便者如厕的方便实用,真正
实现无障碍活动。

图 3 –95 ~ 图 3 –101　日本六本木新城 MALL 的母婴室及儿童厕所

(图片来源:作者自摄)

　　作为 MALL 空间的基本功能模块,我们不对公共厕所本身的设计进行详细分
析,但在后面的分析中会考虑到公共厕所作为一种必要的辅助功能的分布情况和
设计风格问题,我们的重点会放在公共厕所这一独立功能区域其内部的设施及其
同外部设施的关系。

　　基本的男用尿槽、尿斗,抽水马桶或者蹲便器是公共厕所的基本功能设施,我
们不做深入讨论;而在公共厕所内部,还有大量的辅助设施,常见的有:镜子、洗手
池、洗手液架、纸巾架、烘手机、垃圾箱、烟灰缸、供纸架等。

　　男女厕所和残疾人厕所一般有独立的标识和空间指示。

（3）母婴室及其内部设施

女性和儿童,是现代 MALL 的重要目标消费对象,其对 MALL 商业的消费贡献高于男性,而女性和儿童有其特殊的卫生和生理需要。因此,充分考虑到女性和婴幼儿的需求非常重要。现代 MALL 空间往往设置独立的母婴室,也有少量把母婴室置于女厕所内部的做法。独立的母婴室并不一定同公共厕所同时出现。

母婴室是现代 MALL 空间来满足女性为婴幼儿换尿布、哺乳必不可少的卫生设施,对于带着婴幼儿出门的家长来说是非常重要的。有些母婴室也有空间让女性和婴幼儿稍做休息,充分体现对母婴的关怀和体贴。母婴室的内部环境设施一般配备:洗手盆、婴儿换尿布床、休息沙发、成人和婴儿坐便器、烘手机、手纸、垃圾桶等。在 MALL 空间,母婴室有独立的标识和空间指示(见图 3 – 95 ~ 图 3 – 101)。

（4）公共吸烟区域/吸烟室及其相关设施

现代社会不提倡吸烟,甚至大多数公共场所都已明确规定“严禁吸烟”,但吸烟的人群还是相当庞大,而且减少吸烟需要一个渐进的过程。因此,在现代 MALL 空间中设置吸烟区或者吸烟室,有其合理性:既满足了吸烟人士的需要,也维护了 MALL 空间的公共卫生。吸烟区域的设立也反映了公共环境对不同人群行为的尊重,体现人性化的需求。

上面在垃圾桶段落中描述过的同垃圾桶一体出现的投掷烟头的设施,其实就是一种简易的吸烟设施,但这对公共卫生非常不利,已经越来越少见。

独立的吸烟区域/吸烟室,一般配有公共座椅,供吸烟者休息;还必须配备抽风机和相应的净化、排气设施和管道,维护公共环境卫生。尽管出现的不多,但吸烟室也有独立的标识和空间指示(见图 3 – 102、图 3 – 103)。

图 3 –102　日本六本木新城 MALL 室内吸烟室　　图 3 –103　日本六本木新城室外吸烟所

（图片来源:作者自摄）

(5)公共饮水器

随着现代 MALL 空间的规模日益庞大,消费者在其中的活动范围很大,时间很久,而且有很多户外活动的可能,很容易口渴。公共饮水器就是给人们提供饮用水的公共设施。

同饮料售卖亭和饮料吧不同,公共饮水器提供的是免费的服务,其理念是满足简单的饮水需要,同时不会增加如饮料瓶及生产饮料所产生的各种环境污染,也节约公共资源。同时,有一些消费者,比如少年儿童,本身没有独立的消费能力,但也会到诸如 MALL 这样的公共空间进行娱乐,当他们口渴时,也需要这样的免费公共服务。公共饮水器是一种现代环保思维和人性化服务理念的产物。很多公共饮水器也配备洗手设施,我们一般把公共饮水器归类在卫生设施中(见图3－104～图3－107①)。

图3－104(上左)　米兰饮水处　图3－105(上右)　布鲁塞尔饮水处
图3－106、3－107(下左、下右)　上海世博会饮水区

(图片来源:作者自摄)

随着技术的进步,公共饮水器的种类也日益增多,但我们可以简单地根据其供水、加工原理的复杂程度把公共饮水器分为两类:

A. 简易型公共饮水器

这类设施一般设置范围比较广,开敞或者室内空间都有,连接清洁的水源,或者内置水过滤设备,确保饮水卫生。使用机械式供水,不使用电,没有加热制冷功

①　彭军,张品. 欧洲·日本公共环境景观[M]. 北京:水利水电出版社,2005.

能,不会产生电或者开水的危险,因此这类公共饮水器的适用范围也比较广,可以为少年儿童提供服务。简易型公共饮水器一般采用朝上的出水设计,配合水斗排出废水,供消费者直接饮用,不提供水杯和擦手设施。

为满足少年儿童使用,简易型公共饮水器一般同时设有两种使用高度:一般成人用水,饮水器离出水口高度为100厘米左右,儿童使用高度在60厘米左右。主要构造部分是水斗,一般用不锈钢制造,卫生耐用。

B. 用电型公共饮水器

简单地理解,这就是公共使用的电饮水机,一般会在公共空间的墙壁或者立柱旁边为其设置独立的位置,并对其供电部分进行保护,以免发生意外。

用电型的公共饮水器使用纯净水源,出水口一般朝下,不直接饮用;会配置一次性水杯取用设施,消费者用水杯接水后饮用。提供饮用水加热和制冷服务,消费者可以根据需要选择;也由于能设定"温水、常温水、冰水",使用更加方便,也避免高温水的危险。也有一些公共饮水器提供简单的咖啡或者茶等投币消费服务。

因为一次性水杯的使用,用电型公共饮水器还会配置垃圾桶,供投掷纸杯和擦手用的纸。

用电型公共饮水器不为儿童设置出水口,原则上不单独为儿童提供服务,以避免可能的烫伤或者用电安全问题。

(6)雨伞防水袋架

在雨雪天气,于MALL的出入口设置雨伞防水袋架,让进入MALL的消费者把潮湿的雨伞纳入防水袋,并在出入口地面铺设耐脏吸水的引导地毯,以免室外的雨水进入室内,造成湿滑等卫生污染,甚至有打滑摔倒的危险(见图3-108)。

图3-108 上海长风景畔广场入口的防水袋架

(图片来源:作者自摄)

现在常用的雨伞防水袋架,一般设有两个防水袋取用口,分别对应长、短两种常用的雨伞尺寸。一般采用供消费者自主取用的方式,但也有服务人员辅导使用的;而配置辅导服务人员的 MALL,一般会要求携带雨伞进入的消费者必须将超市的雨伞进行袋装化。

也有将"防滑指示"置于雨伞防水袋架上的设计,这是合理的。因为雨伞袋装和地面防滑的需求总是同时产生。但本质上,这种设施应该属于卫生设施。

3.5.2.4 休息设施

"休息"在《辞海》中注解为:暂停体力劳动或脑力劳动或其他活动,以恢复精力。在现代 MALL 空间,消费者在进行长时间消费的过程中,容易产生疲劳,需要进行临时休息;同时,人们也有通过休息进行沟通或者进行消费等待的需求,因此,在现代 MALL 空间中,会设立休息区域和休息设施,以满足人们的休息需求。

人们在 MALL 空间进行的休息不仅是体能的歇息,还包括人的思想交流、情绪放松、休闲观赏等综合的精神休息。因此公共休息设施的设计需要更多地体现出公众之间的交往关系,尊重公众私人空间,所以对公众私密性的保护以及对精神愉悦的关注,也是现代 MALL 空间设施多元化设计的发展趋势。

在 MALL 空间,会有独立的公众休息功能区划,比如休息室、VIP 室等;也有用于公众休息的亭、廊等公共区域,但相对而言,这些更多地属于 MALL 空间的独立功能区域或者是建筑空间本身,我们不把它们作为公共设施进行详细的讨论,我们讨论的重点将是公共坐具。但是,独立的公共休息空间也有坐具,而空间往往也会用坐具进行空间分割,划分出相对独立的休息区域,因此,在后面的分析中,休息空间和设施之间的划分不是严格的。

而另一些兼具休息功能的公共空间,比如咖啡厅、茶室以及快餐区域等,我们不作为休息空间或者设施进行讨论。

(1)休息室/VIP 室/等候区

在现代 MALL 空间存在相对独立的公共休息功能区域,常见的是休息室和 VIP 室,另一种功能固定的休息区是独立功能区域的等候区。

①休息室

在一些 MALL 空间会设立针对公众的独立休息室或者半封闭空间,供有临时休息需要的消费者使用。这些休息室通常还会有简单的饮料、点心等服务提供,但同咖啡吧等店铺不同,这些区域不属于这些营业店铺,相反,这些营业店铺是为这个休息空间服务。

在休息室,坐具、垃圾桶等常用设施都有配置。

休息室的一种特殊形式就是 VIP 室。

②VIP 室

现代 MALL 空间的 VIP 室一般是供 MALL 商业的签约贵宾服务的专属休息空间,也有 MALL 内部功能区域或者商铺的独立 VIP 室,比如电影院,为其专属贵宾提供独立休息场所和相应的服务。

坐具、茶几、垃圾桶、杂志架、书架以及提供饮料服务的设施是 VIP 室常见的设施。

③等候区

相比休息室和 VIP 室,等候区域更加接近 MALL 空间休息设施。一般来说,在特殊功能区域才会设立等候区,比如电影院和餐馆区,供等待看电影或者用餐的公众消费者使用。在等候区,一般都会设置一定数量的坐具,也有供等待者消磨时间用的报纸杂志架,或者提供一些免费的广告架(见图 3 - 109、图 3 - 110)。

图 3 - 109(左)　上海五角场万达影城 VIP 休息室
图 3 - 110(右)　上海 IFC 国金百丽宫影院休息设施
(图片来源:作者自摄)

(2)亭、廊

亭、廊是现代 MALL 空间中的一种特殊的空间组织形式,主要起着在不同的区域进行"过渡"的作用,也是人们活动和休息、聚集的好场所。城市 MALL 商业空间中,用现代的手法,对传统的亭、廊概念赋予了更多的时代特色与内涵,功能和形式都有了进一步的发展;伴随着现代城市 MALL 商业的良好运作,使人们的消费娱乐生活更加丰富。

廊,传统概念上是指有顶的过道,可供遮阳、避雨、休息等用。现代的廊是建筑空间的重要组成部分,也是构成建筑外观特点和划分空间格局的重要手段。用于现代 MALL 空间的廊的形式较多,其主要功能是作为室内通行的通道和连接不同的功能区域,而且往往被用于非地面楼层(见图 3 – 111 ~ 图 3 – 113)。

图 3 –111 ~ 图 3 –113 上海正大广场 MALL 内的景观过廊
(图片来源:作者自摄)

亭,在传统概念上是一种四面无墙的有顶建筑物,可用作遮荫、避雨、观景等。但不论是遮荫还是避雨,都体现了传统"亭"供人使用的功能。传统亭的组成部分有基座、亭柱、亭顶,一般由柱支撑顶棚,亭内设置可休息的设施。现代商业空间中的"亭"已经发生了很大的变化,有些并不具备传统意义上的顶棚或者支柱;在现代 MALL 空间,亭常伴随着廊出现,作为廊的中途休息平台出现,并附加部分服务功能,也以此构成区域环境的导向性标志。

不管是"亭"还是"廊",在现代 MALL 空间中,都是消费者流通聚集的地方;同时由于其处于连接建筑和空间的过渡位置,往往具备非常好的观景效果,所以,现代 MALL 空间常把"亭"和"廊"作为消费者的临时休息空间进行处理,搭配一定的坐具、绿化景观和服务设施,营造惬意舒适的休闲消费环境。

"亭"和"廊"更接近建筑或者空间本身的组成部分,我们不把它们作为最主要的公共设施来讨论;但是,有这两种形式组织起来的公共休息空间和相关的设施在后续会深入讨论。

(3)开敞休息区域

在现代 MALL 空间,餐饮服务区域和独立的休息室之类固定的休息功能空间、开敞的休息区域是供公众消费者休息的最重要的休息系统。开敞的休息区域没有固定的形式,可以独立存在,也可以搭配其他设施公共存在,比如在信息台附近、在饮料吧附近等。开敞式的休息区域内会设置多种公共设施,比如坐具、垃圾桶、广告牌等,最核心的是坐具。

在城市 MALL 商业空间中,开敞式的休息区域除了为人们提供小憩的场所,还可以让人们拥有一些相对私密空间进行一些特殊活动,如休息、思考、小吃、阅读、打盹、简单交谈等。

严格地说,亭和廊也属于开敞式的休息区域,只是其受到的约束比完全开敞的空间更大。

(4)坐具

现代MALL空间中的坐具形式丰富,很多已经脱离了传统意义上的座椅的基本形式:在同一个MALL空间中的不同区域,往往会使用不同形式和类型的坐具,即使在同一功能区域甚至在同一开敞休息区域,也可能根据不同的功能和使用方式设定,设置不同的坐具。

坐具是MALL空间中利用率最高的休息设施,其不仅有很强的使用功能,而且也是MALL空间景观的重要构建因素。比如在开敞的休息区域,坐具是划分这一空间,使其相对独立于其他空间的主要设施。

公共座椅的种类有很多,有单人的、双人的、多人的、有靠背的、无靠背的等。从外形上看,有椅型、凳型、规则型、不规则型。从设置上看,除了普通平置式、嵌砌式外,还有设置在树木周围兼作保护设施的圈数椅,甚至在城市环境中的台阶、叠石、花坛、大花盆都具有坐椅的功能。从座椅在空间环境中的布局设置形式与人的关系分析来看,可将其概括为五种:单体型、直线型、转角型、围绕型、群组型。表3-12参考①杨小军等编著的《空间设施要素——环境设施设计与运用》(第二版)。

表3-12 公共座椅形式与布局

座椅形式	图例	座椅布局与人的关系
单体型		这种形式私密性较大,相互间的干扰较小。可向背而坐,避免相互干扰。在人流量大、短暂停留处,可利用环境中的自然物或人工物,如木墩、大石块、墙体、梁柱等
直线型		基本的长椅形式,适合一群人使用,两端交流的人可以自由转身,但对两端相互不认识的人交流有所影响,一般使用者的主动距离为1.2米
转角型		这种形式适合双面交流,可避免膝盖相撞,角度的变化适合多人的互动关系,站立者也不妨碍通道的畅通

① 杨小军,梁玲琳,蔡晓霞.空间设施要素——环境设施设计与运用(第二版)[M].北京:中国建筑工业出版社,2009:84-86.

座椅形式	图例	座椅布局与人的关系
围绕型		适合人单独使用,不便于群体间的互动交流。人多时,容易造成使用者的碰触
群组型		可适用于多种场所,适合不同人的活动需求,灵活多变,具有丰富的空间形态

公共场所的座椅制作材料非常丰富。主要有木材、石材、混凝土、仿石材料、金属、陶瓷、塑胶等。公共座椅的材料和工艺应根据使用功能和环境来选用,并按照各地区不同的风俗习惯、地域特点等设计所需的休息设施。

由于座椅是投放在公共环境中使用的,所以材料还需考虑其是否坚固耐用、不易损坏、不易积灰尘、不易积水,有一定的耐腐蚀、耐锈蚀的能力,以便于维护。在表面处理上,除喷漆工艺外,还要对木材进行染色,注入添加剂,使用混凝土、铝合金、镀锌板等材料比较常见。

根据不同使用功能和环境,把公共座椅主要材料类型做了如下对比(见表3-13)。

表3-13 公共座椅主要材料类型

材料类型	性能优缺点	其他
木材	触感、质感好,易于加工,但保存性、耐抗性、热传导性差,易损坏	现在更多地选用经过特殊加工的木材料
石材	质地硬、触感冰凉且夏热冬凉,不易加工,但耐久性非常好	经过特别加工的石质座椅,可有着某种雕塑效果,常被用在城市广场,作为景观装饰
混凝土	耐久性强,价格便宜,可根据现场需要现浇制作	常被用来制作成兼作花坛挡土墙的石凳,一般坐面都作砖饰面或石塑铺面等处理

续表

材料类型	性能优缺点	其他
金属	热传导性强,易受四季气温变化影响,但有某种特殊感觉	可选用以散热快、质感好的抗击打金属、铁丝网等材料加工制作的座椅
陶瓷	易受四季温差影响,质感好,其造型丰富,但体量受限	具有一种天然土质的温热感
塑胶	造型、色彩丰富,可批量生产,价格便宜;经年久易褪色、老化	常用于次要场所的休息设施制作

(5)桌/椅/遮阳伞

MALL 空间中也会出现桌椅组合的休息设施,但一般不是完全独立的公共环境设施,而是依附于一定的功能区域,比如饮料吧、餐厅,让消费者在享受餐饮服务的同时进行休息。在部分户外的或者半户外的 MALL 空间,还会为这类组合设施增加遮阳(雨)伞,但本质上还是同一类公共设施(见图3-114、图3-115)。

桌椅组合设施一般不会出现担任设计的独立设施,而是四人一组或者更多人一组,使用圆形桌面或者长条形桌面。而对应的座椅一般是围绕桌子设计,成组排列的独立座椅或者长条座椅都有。消费者可以在此进行餐饮、休息、交谈、眺望景观、个人思考等多种行为。

出现在 MALL 空间的桌椅组合,体现了现代人 MALL 生活行为的本质精神。

图3-114　上海恒隆港汇广场一楼内街　图3-115　日本六本木新城广场休息区

(图片来源:作者自摄)

3.5.2.5 照明设施

照明系统是 MALL 空间的重要组成元素。照明系统是一个非常复杂庞大的系统,在现代 MALL 空间起着多种重要的作用。除了常规的道路和空间照明,照明系统还可以营造和渲染气氛(对环境和产品),可以兼顾和加强广告和指示的效果,可以美化环境景观,也可以同其他公共设施一起承担更多的功能。

本研究不对照明系统做深入细致的技术分析和研究,而把研究重点放在"需求/功能——对应设施"的关系上来,并以此来对 MALL 公共空间中的大量照明设施进行分类。而归属于各个类别的照明设施,很多情况下会承担着多种功能,没有非常清晰的独立功能划分。整个照明系统正是依靠着各种照明设施的组合搭配,才营造出了适合消费者需求也满足 MALL 商业模式定位的照明效果。

(1)基础照明

对包括道路在内的基本环境空间的照明,是照明设施的最基本用途,我们也把这类设施称为基础照明设施。现代 MALL 空间组合方式众多,空间复杂。

对于现代 MALL 空间,即使是室内空间,也常用自然光进行基本的照明。自然光清新、柔和,可以带给人放松舒适的感觉,而且节能环保,在 MALL 空间中一般用于开敞天棚的中庭、半室内空间以及带有休息、休闲功能的公共空间(见图3 – 116)。

自然光不易调节。对于过于强烈的自然光,部分 MALL 空间设置了可调节的采光顶棚来调节自然光,或者用帷幔设计来避免强烈的自然光直射,从某种意义上说,这类设施也属于照明设施(见图3 – 117)。

A. 顶棚照明

在 MALL 的室内空间,最基本的照明设施是顶棚照明。我们这里不对属于室内基本照明的顶棚照明做详细的分析。

现代 MALL 空间,顶棚照明也不仅仅局限于传统的顶棚灯具和基本的照明功能,而是可以兼顾景观装饰和气氛渲染(见图3 – 118)。

图3 – 116(左)、3 – 117(右)　Westfield London 的自然光照明与顶棚设计的处理

(图片来源:作者自摄)

图 3 – 118 　Westfield London 的
自然光照明与顶棚设计的处理

图 3 – 119 　美国拉斯维加斯
Caesar Palace Forum Shops 顶棚设计

（图片来源：作者自摄）

英国伦敦的 Westfield 购物中心的顶棚设计是杰出的典范。拉斯维加斯恺撒皇宫 Forum Shops 购物中心的顶棚可以看到，设计师巧妙地利用漫反射光源配合顶棚彩绘，在完全没有自然光的室内，营造出了模拟蓝天白云的自然光照效果，而这种光效也确实是这个 MALL 最重要的基础照明，可以说是兼顾了基础照明和气氛渲染的作用。而在特定的区域（"亚特兰蒂斯之旅"虚拟实境演示区），通过改变漫反射光源并搭配其他辅助光源，可以逼真地模拟晴天、黑夜、雷雨等多种自然场景（见图 3 – 119）。

类似的模拟实境的漫反射顶棚照明在拉斯维加斯以及全球知名的大西洋城、新加坡、中国澳门的各大赌场 MALL 中十分常见。从建成时间上来看，各大赌场大多参考了拉斯维加斯的这种照明方式。

B. 高杆柱式照明

高杆柱式照明广泛应用于各种大型室外广场的基础照明，最高高度可以达到 20 米以上。在现代 MALL 空间，也有将这种照明方式应用于室外广场或者 MALL 建筑外部广场照明。这里我们不对这种照明方式详细深入介绍。同接下来要讲的几种"柱式"照明不同，

图 3 – 120（左）　图 3 – 121（右）　高杆式照明
（图片来源：作者自摄）

高杆柱式照明一般不作为景观装饰或与其他功能同时使用（见图 3 – 120、3 – 121）。

C. 杆柱式照明/悬臂式照明

同高杆柱式照明一样，中、低杆柱式照明设施和悬臂式照明设施广泛用于广场、道路等公共环境的照明，因为在现代 MALL 空间，室外空间、半室外空间、室内空间都是常见的空间形式。而在 MALL 室内空间，各种杆柱式照明也经常使用，

但杆柱高度普遍较低,一般分布于室内通道,特别是人流交汇的公共区域的通道沿线(见图3-122、3-123)。

图3-122 上海五角场万达广场照明 图3-123 日本六本木新城MALL照明

(图片来源:作者自摄)

MALL空间的杆柱式照明设施既有一定的照明作用,也兼备景观装饰的功能。特别是一些主题性MALL空间,灯柱的形式完全参照商业主题进行设计,有很好的装饰效果,如拉斯维加斯的主题MALL。

根据需要,这类照明设施还可以附加广告旗杆,兼顾广告设施的功能。

D. 补充照明——壁灯/地灯/脚灯

包括壁灯、地灯、脚灯在内,这类灯具是对顶棚照明等基础照明系统的补充。这类灯具具备其必要性(比如在阶梯旁的脚灯对上下阶梯的人是很有效的照明工具),具备基础照明设施的基本条件。

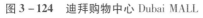

图3-124 迪拜购物中心Dubai MALL 图3-125 日本六本木新城脚灯

(图片来源:作者自摄)

同时,这类灯具也常被设计成符合 MALL 主题的形式,作为景观装饰使用,也常配合其灯光设施,营造、渲染环境气氛(见图3-124、图3-125)。

(2)景观装饰类

景观装饰类灯具一般是指本身的设计参照 MALL 的主题,或者相应环境区域的景观主题,其本身的装饰作用为其最主要功能的灯具(见图3-126)。

景观装饰灯具不一定用于渲染环境气氛,其作为灯具本身,也可以作为基础照明使用。

图3-126(左)　迪拜 Dubai MALL 景观灯具

图3-127(中)　美国 Miracle Mile Shops 主题空间的灯效

图3-128(右)　美国 Fromus Shops 古罗马主题的雕塑照明

(图片来源:作者自摄)

(3)渲染气氛类

与基础照明的灯具不同,凡是用于渲染气氛的灯具,其照明效果并不是纯粹地起到提高视觉亮度的作用,而是通过光照,映衬对象的整体轮廓或者局部特征,表现其文化或者主题特质,营造气氛。

在主题强烈的 MALL 空间,或者 MALL 空间的雕塑、景观小品、喷泉等景观设施中,这类照明设施都是必不可少的组成元素(见图3-127、图3-128)。

渲染气氛类的照明设施往往采用隐蔽光源,以维护灯光效果给人的真实感觉,也有利用景观装饰类照明设施兼顾营造环境气氛的设计。

(4)广告用灯具

灯具的照明效果也常被用于广告传播,最常见的就是广告灯箱和霓虹灯。但是这两类设施,尽管使用了灯具,但是其照明的属性已经基本不存在,因此我们将在广告传播设施中予以详细讨论(见图3-129、3-130)。

图3-129（左）　上海恒隆港汇广场内的广告灯箱
图3-130（中）　美国 Miracle Mile Shops 霓虹灯
图3-131（右）　上海五角场万达广场步行街杆式灯具兼广告设施
（图片来源：作者自摄）

　　还有一类，就是与杆柱式灯具结合的广告设施，通常用的比较多的是悬于灯柱上的广告旗、广告宣传牌等（见图3-131）。

　　（5）视效加强类

　　灯具还被广泛用于对对象的视效加强，渲染气氛类的灯具也可以被看作对环境景观的视效加强。视效加强本身包含一定的对于对象的照明作用，但是这类灯具效果更关注的是灯光营造出来的视觉效果。

图3-132（左）　上海IFC国金中心商场LV店招　图3-133（右）　美国 Miracle Mile Shops 店招
（图片来源：作者自摄）

　　最常见的视效加强类的灯具，就是有灯光效果的店招。这类店招的照明效果可以是灯光投射于传统店招产生漫反射效果，也可以是店招本身就是霓虹灯或者灯箱等发光体。这样处理后的视觉效果比传统的店招强烈，更能吸引消费者的视觉注意。

　　同样地，很多指示设施、重要的宣传文字也使用灯光来达到使其更加易于辨识的目的,这也属于视效加强的范畴(见图3-132、图3-133)。

3.5.2.6 公共安全设施

(1)消防设施

消防设施,是指火灾自动报警系统、自动灭火系统、消火栓系统、防烟排烟系统以及应急广播和应急照明、安全疏散设施等。①

消防栓是现代城市 MALL 商业空间中的主要消防设施,设置于地面或者墙面上,有直接凸出地面或者墙表面的,也有埋设于地面或者墙体内的;一般采用明显的警示色,并有明确的标识和指示(见图3-134~图3-137)。

灭火器是最常见的小型消防器材,在现代 MALL 空间中,常挂在墙壁上,或者有专门的灭火器箱,置于墙面。灭火器本身一般采用警示色,在 MALL 空间中有明确的标志和指示。

在 MALL 空间的室内和半开敞空间,会在顶棚上设置烟感和喷淋,是基本的火灾自动报警和灭火系统。

图3-134、3-135(左一、左二)　日本六本木新城消火器
图3-136、3-137(左三、左四)　上海长风景畔广场灭火器
(图片来源:作者自摄)

(2)防滑指示

严格地说,防滑指示设施应该归属于指示设施,其存在的目的主要是向消费者指出可能发生地面滑摔的危险区域,保障公众安全。但同其他指示设施相比,一般的指示设施是向消费者指向行动目的,而防滑指示则是警示接近或者纯粹的区域警示。因此,我们这里把防滑指示设施归纳在公共安全设施类别。

防滑指示设施可以分为固定式和临时性两种类别。

_____

① 中华人民共和国消防法[EB/OL]. 中华人民共和国公安部官方网站,2008-10-30.

固定式防滑指示一般设置于经常会产生滑摔的区域,比如洗手间,固定于可能产生滑摔危险的显眼的墙面(见图3-138)。

临时性防滑指示设施会根据产生滑摔危险的可能情况而临时设置,比如说洗手间、MALL的出入口(雨雪天)等。相关的设施一般是可折叠或者轻便易移动,由相关工作的管理者根据需要放置(见图3-139)。

图3-138(左) 日本六本木新城固定式防滑指示标识
图3-139(右) 香港 IFC MALL 临时防滑指示
(图片来源:作者自摄)

(3)防护栏

防护栏是现代 MALL 空间中不可或缺的安全设施,是一种强制性的分隔设施,一般用于将人与危险区域进行强制隔离。

防护栏一般以水平重复构件形式出现,在认同危险区域之间形成有效的防护面,进行相对强制的隔离。因此,防护栏一般由防护栏杆和防护面共同组成。

防护栏杆是最基础的防护结构组件,常用的材料有铸铁、不锈钢、混凝土、木材、石材等。各国的防护栏杆的隔离高度规定有一定区别,但原则上都是进行有效的隔离;而对于可能出现儿童的区域,则还有防止攀爬的要求。也有不设置防护栏杆,直接以玻璃等材料的防护面直接进行安全隔离,但玻璃表面一般都要设置明显的提示,避免碰撞。

防护面板设施一般以玻璃或者防护栏杆单向阵列组成,形成了一定的隔离面,避免有人穿越隔离区域的可能。同防护栏杆的高度一样,阵列防护栏杆的隔离面的间隙也有相应的尺度规定(见图3-140~图3-142)。

图 3 – 140、3 – 141(左、中)　上海 IFC MALL 商场的防护栏

图 3 – 142(右)　上海正大广场的防护栏

(4)隔离设施

隔离设施是与防护栏杆不一样的用于进行公众隔离的公共安全设施,但与防护栏杆不同,隔离设施主要是用于将不同人群或者不同的流线、功能空间进行分割,起到维护公共秩序,确保安全的目的。比如,在车流通道和人流通道间就会用到隔离柱,这种隔离有一定的强制性,但一般不是完全隔离。

进行空间隔离最好的方式就是对空间进行密封的分割,比如用墙体或者玻璃。但是很多隔离设施更像是象征性的设施,如石墩、段墙等,起到心理上止路的作用。这种是限制型的半拦阻止行走的设施,具有一定的空间分划和导向性能,并可起到净化视觉空间和丰富环境景观的作用。

在现代 MALL 空间,部分隔离设施会同广告、灯具、坐具等其他类别的公共设施结合,或者直接借用其他类型的公共设施进行隔离(见图 3 – 143 ~ 图 3 – 145)。

图 3 – 143　英国 Westfield London 建筑入口的石墩——隔离设施

图 3 – 144　上海正大广场长形的休息设施起到了空间分割的作用

图 3 – 145　日本六本木新城的列队广告设施起到了划分空间、人群分流的作用

(图片来源:作者自摄)

我们可以根据隔离设施的固定与否来对其进行分类。

A. 固定型的隔离设施(石墩、段墙等)

固定型的隔离设施是指完全固定于所处空间,且不可以进行调整,对空间进行固定隔离的设施。但这种设施并不破坏空间的完整性,不会真正地形成封闭空间,本质上是对人群行动流线的隔离,而不是空间(见图3-146)。

图3-146 英国伦敦 Westfield Mall 户外公共空间的固定型隔离设施

B. 半固定型的隔离设施(可收缩的金属墩、卷帘门)

半固定型的隔离设施是指,设置的位置固定,但可以根据需要选择性地对空间进行隔离或者不可隔离的设施。这类设施常用于对道路、电梯口的隔离,以限制车辆、购物车辆的通行,或者对行人携带行李的尺寸进行限制,以维护公共设施的安全运营(见图3-147)。

C. 临时性隔离设施

临时性隔离设施是指可以根据需要自由进行位置设置和隔离范围设定的设施,便于搬运和快速设置。常用于对人流大股进行约束,比如在排队等候区域或者公众演示区域(见图3-148)。

图3-147 英国伦敦 Westfield Mall 户外公共空间的半固定型隔离设施,需要时可以往下推入缩进地面,打开空间

(图片来源:作者自摄)

(5)应急灯/应急照明系统

应急灯是对应急照明用的灯具的总称。尽管有照明灯具的功能,但是严格地说,应急照明系统属于消防系统,是一整套完善的安全设施体系。

消防应急照明系统主要包括事故应急照明、应急出口标识及指示灯,是在发生火灾或者其他紧急事故时,正常照明无法正常工作甚至照明电源被切断后,引导被困人员疏散或展开灭火救援行动而设置的。

图3-148 日本东京天空之树 SKY TREE 购票等候区的大规模临时隔离设施

(图片来源:作者自摄)

应急灯供应急照明使用,引导人员从应急出口进行疏散。应急出口有独立的标识和公共指示,用于指示应急出口的公共指示就是应急指示灯。

(6)逃生设施

在现代公共空间中,用于紧急事故逃生的设施和工具有很多,如逃生绳防毒面具、撬棒、太平斧、应急背心以及救护箱等。

在现代 MALL 空间中,一般会将太平斧同消防水管搭配摆放,并配以显著的警示色,以供紧急使用(见图 3 – 149)。

(7)公共紧急医疗设施

在防灾、安全理念先进的日本的 MALL 中,公共紧急医疗设施是非常普及的。特别是针对一些现代城市常见的突发疾病设置的紧急医疗设施,比如应急呼吸机、紧急心脏起搏器等,急救设施上面会配上简单易懂的使用操作说明,设置于 MALL 空间显眼的交通要道上,非常人性化(见图 3 – 150)。

图 3 – 149 日本东京六本木新城安全逃生设施组合,包含消防水管、警铃、急救电话机等

(图片来源:作者自摄)

3.5.2.7 广告传播设施

广告传播设施是 MALL 空间中非常重要的公共设施,它直接承载着商家向消费者传播资讯和信息的任务,引导消费者的消费行为,是 MALL 作为一种商业设施最基本的商业导向的体现。

经过长时间的演变发展,现代商业广告形式极为多样化,相应的广告传播设施类别繁多。我们在这里,根据在 MALL 空间中广告传播设施的存在方式,将其分为两类:依附式广告设施、独立式广告设施。这两种类型的广告设施在现代 MALL 空间中都大量地存在,很难说哪一种更加重要。但是,现

图 3 – 150 日本东京六本木新城紧急心脏起搏器,属于公共紧急医疗设施。

(图片来源:作者自摄)

代 MALL 的经营者,往往会根据自身商业模式的需要,对广告传播方式进行有倾向的选择。一般来说,依附式的广告传播设施,更多的是针对某品牌、某种具体产品的直接宣传;而独立式的广告设施中有很大一部分除了传播基本的广告内容外,还兼具"指示"的功能。

从 MALL 的地产属性可以看到,商铺的商家,作为商铺使用权的所有者,更希望将与商铺直接相关的墙面、橱窗设计成为展示其商品和品牌的广告阵地;而作为整个 MALL 的资产所有人,MALL 的经营者则会更多地利用公共空间的设施和空间、墙面,宣传整个 MALL 或者特定区域的整体商业活动,并带有指示的性质。

(1)依附式广告传播设施

依附式广告传播设施是指依附于建筑或室内立面、其他功能的商业设施甚至移动交通工具上的广告传播设施(见图 3 – 151)。

图 3 – 151　上海恒隆港汇广场依附式广告设施

(图片来源:作者自摄)

在现代 MALL 空间,存在大量的室内外建筑立面,都是极佳的广告传播阵地。最常见的依附式广告传播设施就是广告墙。相比独立式广告设施,依附于建筑立面的广告宣传视觉面积大,作用范围广,形式多样,对于品牌形象和商品的宣传推广很有效果。

广告墙的信息呈现方式有很多种,最基本的如:壁画式、墙面灯箱、翻牌式广告墙、电子广告屏、展示橱窗等。尽管如壁画式、墙面灯箱式广告设施、展示橱窗等更多地属于建筑或者室内装饰的范畴,但作为广告系统的一部分,本书更倾向于将之作为公共环境设施进行研究。而事实上,随着技术的发展进步,这类接近于室内装饰或者展示的公共设施,也存在非常大的可变换性,具备了公共设施的全部特性。

A. 壁画式广告墙

壁画式广告墙就是将广告内容直接“绘制”于 MALL 建筑墙面的方式。这种广告方式最大限度地利用了建筑室内外的巨大墙面展示面积,有非常强的广告效果。当然,随着现代大面积输出技术的发展,壁画式广告墙除了真实的壁画之外,也大量使用广告布喷绘、马赛克/磁砖铺设、贴纸等手段,都可以形成有效的广告内容。而除了立面墙之外,MALL 空间内的柱面、顶棚,甚至地面也常被用作壁画式广告的载体。

　　部分绘制在商业设施(如售货亭、自动售货机、售货车等)表面的彩绘广告,原理上也是壁画式广告墙的一种扩充(见图3-152~图3-154)。

图3-152(左)　上海五角场又一城壁画式广告墙
图3-153(中)　上海正大广场柱面广告
图3-154(右)　上海长风景畔广场柱面广告
(图片来源:作者自摄)

B. 依附式灯箱广告

　　依附式灯箱广告是壁画式广告墙的一种扩展,广泛适用于 MALL 室内空间商铺建筑立面和橱窗,也有将灯箱广告依附于售货亭、售货车等商业设施立面上的。灯箱的主要目的早已不是照明,而是借助灯光的亮度,烘托展示画面的视觉效果(见图3-155~图3-157)。

图3-155(左)　上海港汇恒隆广场永华电影城的墙面灯箱式广告阵列
图3-156(中)　上海港汇恒隆广场墙面独立灯箱式广告
图3-157(右)　上海正大广场柱面灯箱式广告
(图片来源:作者自摄)

墙面灯箱式广告展示面积大,而且灯箱广告本身画面输出质量高,加上灯光的衬托效果,展示效果很高,适合品牌宣传及高档产品的展示。也有独立的灯箱广告牌,我们会在独立式广告传播设施中加以分析,但其作用同墙面灯箱广告类似。

现在有些墙面灯箱广告的广告内容也可以进行翻页切换,一般是 2 ~ 3 张广告以卷轴滚动的方式进行切换。

(2)翻牌式广告墙

类似墙面灯箱广告,翻牌式广告墙也是壁画式广告墙的扩展,是利用三棱翻牌柱阵的方式进行广告切换的方式,在本质上依然是将广告画面呈现给消费者。三棱翻牌柱阵可以进行三幅广告画面的切换,但随着电子广告屏等不限次数切换方式的出现,翻牌式广告墙,更多的是一种"有趣、有意味"的广告展示效果,体现着所展示商品或者品牌的品位和沉淀。

翻牌式广告墙可以出现在建筑橱窗中,作用类似墙面灯箱广告,也有独立作为室内或者空间隔断存在的。广告墙本身除了作为广告载体之外,也可以作为公益性的宣传使用(见图 3 - 158)。

图 3 - 158 上海正大广场翻牌式广告设施

(图片来源:作者自摄)

(3)电子广告屏

电子广告屏最早是以 LED 电子显示屏为传播载体的广告传播设施,一般置于人流密集的建筑或者室内墙面,依靠电子技术随时切换广告内容。这种方式依然延续到现在,也有独立作为商场或者店铺的信息滚动牌使用的(见图 3 - 159)。

但随着技术的进步,现代的电子显示屏已经可以显示极高清画质,通过整张的 LCD/LED 显示屏或者显示屏阵,显示所需要的广

图 3 - 159 日本东京六本木新城巨幅电子广告屏

(图片来源:作者自摄)

告画面。而在电子显示屏阵中,广告画面可以是整体的巨幅画面,还可以是独立的多个画面,也可以是重复的画面等,可以尽情发挥现代多媒体技术带来的震撼视觉效果。

电子广告屏也有独立的形式,但往往与电子指示系统结合设置。

(4)霓虹灯广告/店招

霓虹灯广告可以看作一种特殊的电子广告屏,可以按照预设的效果,不停地产生夺目的视觉效果。相比电子广告屏,霓虹灯广告历史较久,不可随意变换广告内容,但是其本身的变化和视觉表现对目标消费者感官刺激依然优于现有的电子广告屏。也正因为霓虹灯广告的视觉效果,现在依然被广泛应用于

图 3 - 160　美国拉斯维加斯 Miracle Mile Shops 的室内霓虹灯店招
(图片来源:作者自摄)

MALL 的室内、室外设施或者墙面,也有用作店招的。但作为 MALL 内部公共设施的研究,我们不对店招进行详细深入。

用于室外的霓虹灯广告也有以广告柱的方式独立存在的,这种霓虹灯广告设施可以被看作独立的广告传播设施,这在一些主题性 MALL 空间区域也很常见,但更多的是依附于室内外墙面或者组合广告塔存在(见图 3 - 160、图 3 - 161)。

传统霓虹灯广告一般是在高质量的玻璃管中充入惰性气体,用高压电流促使其发出穿透力极强的彩色灯光效果。但是其易碎和高压干扰等问题,也促使现在更多地出现用高亮度 LED 模拟霓虹灯的效果,更加节能和方便,其表现方式同传统霓虹灯一脉相承。

(5)展示橱窗

展示橱窗属于商业展示的范畴,但本质上是起着宣传产品和品牌理念的目的,也就是广告传播。展示橱窗的内容非常广泛,可以融合以上所有的广告方式,也可以运用其独有的真实产品或者场景营造的方

图 3 - 161　美国拉斯维加斯 Miracle Mile Shops 的室内霓虹灯独立广告造型
(图片来源:作者自摄)

式;可以根据不同的品牌形象、不同的艺术创意理念,营造极具艺术气息和氛围渲染的效果,是最为常见和丰富的 MALL 空间广告传播手法。

橱窗展示可运用于室内或者室外,可以是巨幅的展示橱窗,甚至橱窗系列,也可以是小型化的展示小品。

(6)路灯广告旗

依附于落地式路灯的广告旗,随着路灯重复出现,除了宣传品和商品之外也有指示的功能。从上面对 MALL 空间的广告设施的分析中我们可以看到,路灯属于 MALL 经营者的使用范畴,因此同其他大多数独立广告设施一样,MALL 的经营者更希望用路灯广告旗宣传 MALL 内进行的商业活动或者整体的营销广告(见图3－162)。

图3－162　英国伦敦 Westfield Mall 路灯广告旗白天和晚间的场景

(图片来源:作者自摄)

(7)移动式广告设施

移动式广告设施是一个特殊的类别,原理上,它应该属于上面的壁画式广告或者广告灯箱,但是因为这种广告依附于可移动的载体,因此也使广告本身具备了可移动性。以往的移动广告载体一般是售货车、饮料车灯移动设施,现在也有独立的广告车甚至以移动的“人”为载体的广告设施。但这类广告设施一般都作为辅助的广告设施出现,而不是商家最主要的传播方式,我们在这里不详细讨论。

(8)独立式广告传播设施

有别于依附式广告传播设施,独立式广告传播设施本身的核心功能就是广告传播,广告内容大多以 MALL 经营者的角度宣传 MALL 整体或者部分区域的活动,也可以承接内部品牌商铺的要求进行独立的品牌或者商品宣传。

独立式广告传播设施是作为相对独立的公共设施的形象出现的,具体的形式非常多样,但本质上的差异不大。独立式广告设施一般设立在 MALL 空间的公共区域,特别是出入口、电梯口、交通路线交汇口等消费者人流集中的区域,这也是因为 MALL 空间大量独立式广告设施的设置方为 MALL 经营者。基于这个原因,独立式广告设施也常常具备“指示”的特征,甚至同指示设施结合处理。

独立式广告传播设施体量相对较小,有独立摆放,也有成组设置的,还有按照一定的规律在一定的区域或者线路上均匀分布的。关于这类设施的具体分布的问题,我们会在设施的分布章节详细讨论。

A. 广告牌/广告柱

广告牌是独立式广告传播设施中最常见和重要的类型,一般设立于 MALL 空间重要的交通口。用于制作广告牌的材料很多样,比如木制板材、玻璃、钢材等等,但用于宣传的广告内容则一般是以可更换的平面广告的形式(见图 3 – 163 ~ 图 3 – 166)。

图 3 – 163(左一) 香港 IFC MALL 广告牌 图 3 – 164(左二) 五角场万达广场电子广告
图 3 – 165(左三)、图 3 – 166(左四) 港汇广告灯箱

(图片来源:作者自摄)

图 3 – 167、3 – 168、3 – 169 日本六本木新城的广告设施

(图片来源:作者自摄)

广告牌可以独立设置,也可以成组摆放。成组摆放的广告牌可以是相同的传播主题,也可以是相对独立的主题。也有将指示设施同广告牌合并设计的(见图 3 – 167 ~ 图 3 – 169)。

广告柱可以看作广告牌的一种立体形式,可以呈圆柱、方柱或者三棱柱等多种形式,可以同时展示多个或者较大面积的广告内容,形式也比较活泼。广告柱在户外或者室内均可以使用,一般不会成组设置,但会根据需要沿一定的路线或者在一定的区域内均匀分布。

广告柱的广告内容也是可以更换的。广告牌和广告柱一般都不经常改变位置。

B. 独立式广告灯箱/独立式电子广告牌

在依附式广告传播设施中有广告灯箱和电子广告屏,这两种类型都有独立的形式,在现代 MALL 空间中也很常见。

独立式广告灯箱在室内或者室外都有使用,传播的内容主要是品牌或者商品宣传,功能同依附式灯箱类似,内容可以根据需要更换。

独立式电子广告牌经常同电子指示牌结合,在与消费者进行互动使用时,以指示内容为主(推荐性质的广告也可以看作指示),在常规状态下则是对 MALL 或者相关的活动、品牌商铺进行的推荐宣传。

C. 悬挂式广告布/广告旗

悬挂式广告布一般是利用较大的空间节点进行的广告传播设施,最常见的空间节点是中庭。悬挂式广告布可以是巨幅的视觉广告,类似壁画式广告墙的效果,也可以是巨幅的广告条幅。宣传的有效视觉面积大、吸引力强是这种广告设施的特点。

悬挂式广告布也经常在 MALL 建筑的室外建筑立面上使用(见图 3-170)。

相比巨幅的悬挂式广告,MALL 空间使用的广告旗要小很多,但往往是根据需要在一定的线路上密集均匀设置,也常用于室外宣传。因为在消费者必经的通道上出现频率高,容易对消费者形成比较深刻的印象。广告旗更多是用于特殊活动或庆典的宣传(见图 3-171)。

图 3-170、3-171(左一、左二)　日本六本木新城广告设施
图 3-172(左三)　上海港汇广场主题广告

(图片来源:作者自摄)

D. 临时广告架/招贴架

不论是 MALL 的经营者还是商铺的商家,都尝试用临时广告架或者招贴架,来满足临时宣传的需要,弥补以上相对固定的独立式广告设施的不足。这类设施

往往只在营业时间才根据需要设置,非营业时间会收起,宣传内容经常是商家临时性的促销广告和告知。实际的内容载体是招贴画、白板或者荧光板,便于更换或者临时修改。

E. 实体广告

实体广告是相对临时的广告设施,是根据宣传的需要,在重要的交通口设置的实体广告形式。所谓实体,可以是真正的推广商品本身,也可以是改变比例的模型,甚至可以是夸张的特征造型,比如充气的卡通人物等(见图3-172)。现在不少商家为了增加促销的趣味性,还有真人扮演的角色加入宣传的形式。

3.5.2.8 无障碍设施

在现代 MALL 空间,必须考虑到特殊群体的需要,比如残疾人(主要是使用轮椅的肢残人士和盲人)、老年人、孕妇及有哺乳需求的妇女、婴幼儿,以及其他行动不方便的人群(比如有行李箱的消费者等)。为这些人群设计的,使其能够自主、安全、方便地参与 MALL 休闲消费活动的设施就是无障碍设施(见图3-173~图3-176)。

在某种程度上,无障碍设施更应该被称作是"无障碍设计",因为无障碍设施在本质上同常规消费者使用的公共设施没有差异,只是通过专门为有障碍人群进行的设计,让这类人群在使用公共设施的时候,同常规人群的差异尽可能小,甚至感觉不到差异的存在。因此,在下面讨论到的大多数无障碍设施同相应类别的公共设施都会有一定的重叠。

归纳来说,MALL 空间使用的无障碍设施一般主要针对视觉障碍、行动不便(轮椅及负重)、孕妇和婴童的三类需求。

图3-173~3-176(从左到右) 图分别为香港中环 IFC MALL 的
无障碍电梯、无障碍通道、带有盲文的厕所标识

(图片来源:作者自摄)

（1）针对视觉障碍的无障碍设施

有视觉障碍的消费者是指盲人或视弱人群，商场内应配有相关的盲人设施，比如盲道、盲文标识。

（2）针对行动不便的无障碍设施

行动不便的消费者有几种类型：第一，肢残人士——有轮椅匹配；第二，老人——行动不便或者有轮椅；第三，负重的人群——有拖箱。

从具体的行为特征上来看，这个人群遇到的最大问题是上下楼梯或者台阶不方便和部分公共设施使用不方便，因此相应的无障碍设施一般是：防滑坡道、升降电梯、无障碍洗手间或洗手间内的无障碍坐便设施。

无障碍洗手间或者相关设施除了满足对应人群行动不便的需求外，还应该考虑留出足够的空间来容纳可能的轮椅等使用者自带设备。

（3）针对母婴需求的无障碍设施

这方面的设施主要是母婴室或设立于洗手间内部的用于婴幼儿护理的设施，相关内容会在后续独立功能区域内论述。

3.5.2.9　公众服务设施

公众服务设施是指在 MALL 空间，为消费者提供临时性服务的设施，使消费者的消费休闲行为更加便捷。

（1）寄包柜/寄包处

这类设施有自助式寄包柜。尽管同自主售货机一样，也采用投币提供服务的方式，但一般投币在使用完后是归还消费者的；或者说即使收费，其收费也不是以盈利为目的，收取费用的价值也不是等价核算，而是象征性收取（见图 3－177）。

图 3－177（左）、图 3－178（右）　日本六本木新城商场内的自助寄存包裹设施、借伞设施

（图片来源：作者自摄）

另外也有以独立的寄包处存在的方式，或者同服务中心结合的寄包处。

寄包柜/寄包处，一般设置在 MALL 的出入口处，但不是所有 MALL 都具备的设施。而在内设超市的 MALL,一般会在超市入口处设立独立的寄包处,以方便消费者。

(2)借伞设施/伞架

现代 MALL 的重要出入口,一般会设置自助的或者由专门人员发放的借伞处或者伞架,以供在雨雪天气未带雨伞的消费者取用(见图 3 - 178)。

自助的伞架有完全自取式的,也有投币使用的,但投币同寄包处一样,是非盈利的。

也有供带伞进入的消费者临时寄放雨伞的伞架,但因为可以容纳的雨伞量有限,而进入 MALL 的人流较大,这类设施不常见。

更多的是发放雨伞收纳袋,避免雨伞滴水影响 MALL 内部的环境卫生。这类雨伞防水袋架,我们归入公共卫生设施(见图 3 - 179)。

图 3 - 179　雨伞防水袋自动设施　　图 3 - 180　沃尔玛超市的购物车

图 3 - 181　超市的卡通购物车　　图 3 - 182　上海 IFC MALL 商场内的
City Super 超市的方便携带儿童的购物车

(图片来源:作者自摄)

(3)购物车辆

在 MALL 附属的超市区域,会提供购物车(见图 3 - 180 ~ 图 3 - 182)。

但 MALL 本身一般不提供这类服务,而且超市使用的购物车一般也不允许进入超市以外的 MALL 经营区域。

（4）代步电瓶车

部分较大的MALL会提供代步电瓶车服务,但是考虑到公共交通的安全性,这类服务一般由MALL内的专业操作者提供服务。有收取费用的,也有免费的,但原则上都是以提供服务为基础,具有非盈利性(见图3-183、图3-184)。

图3-183　代步电瓶车设施　图3-184　双轮电动车

（图片来源:作者自摄）

尽管很多代步电瓶车的使用者是残疾人或者体弱人士,但它们并不只提供给这类人群,因此,我们不把这类设施归入无障碍设施。

3.5.3　环境景观系统

环境景观系统是MALL空间的重要组成部分。环境景观可以作为一个独立的模块存在,而并不是完全归入公共环境设施。比如很多环境小品、雕塑、喷泉等,它们更倾向于属于建筑环境本身,而不是公共设施。而部分绿化盆栽及其容器,作为装点MALL空间的重要设施,是公共空间环境氛围重要的调节器,则明确属于公共环境设施的范畴。

但是,考虑到环境景观系统本身是一个由多种元素组成的综合系统,因此在此还是把多种环境景观系统进行简单罗列。

（1）景观小品

"景观小品"是一个很特殊的概念。严格地说,下面罗列的大多数景观设施都可以是景观小品或者是构成景观小品的元素,但不同于下面的独立景观设施,景观小品是通过独立或者组合的景观元素,在MALL空间的局部区域营造特定的情景气氛的公共设施。景观小品本身具有丰富的文化艺术特质,更重要的是,它所在的空间会形成一种同进入的消费者互动、互相交流的气氛,增加人们休闲消费生活的趣味和思考,提升空间品质。

我们可以简单地来看在MALL商业空间出现的雕塑。一个独立的天使雕塑,是环境空间装饰的元素,但如果形成一组,就营造了一种特殊的人文历史气氛,对身居其中的消费者所产生的心理影响也有很大的差异(见图 3 – 185)。

图 3 – 185　这三组雕塑位于上海港汇恒隆广场的欧亚式步行街

(图片来源:作者自摄)

同样地,我们在后面还会讨论到绿化。独立的绿化盆栽是对于空间区域的点状装饰,而经过组合的绿化或者盆栽,甚至配合喷泉和雕塑、灯光,可以营造一块有清新自然气氛的区域,这是以休闲生活为目的的 MALL 空间所需要的(见图 3 – 186)。

图 3 – 186　日本六本木新城 MALL 的景观小品

(图片来源:作者自摄)

一些特殊的公共设施或者功能模块,也可以被看作景观小品或者兼具景观小品的功能,比如开敞式的水族馆和动物园。更有一些主题突出的 MALL 空间,设置相当宏大精美的景观小品来烘托环境主题,例如拉斯维加斯恺撒皇宫 MALL 的“亚特兰蒂斯”全景演示景观。这样的景观小品甚至可以成为整个 MALL 最主要的记忆核心。

通过景观小品的设计和设置,可以形成 MALL 空间的视觉焦点,可以将相应的区域转化为有效的空间节点,而本身成为重要的标志物;同时,其蕴含的艺术人文气质,可以提升环境空间的品质。

(2)环境雕塑

这里说的雕塑是一个宽泛的概念,既包括 MALL 空间中用于提升环境空间品质的各种传统雕塑作品,也包括各种空间中的展示品。比如陶瓷玻璃艺术品、有历史文化意义的产品,甚至一些前卫的艺术作品等(见图3-187)。

图3-187 日本六本木新城景观雕塑
(图片来源:作者自摄)

环境雕塑可以是临时的展示品,也可以是长期稳定的环境装饰。优秀的环境雕塑可以成为MALL空间的重要标志物,对渲染环境空间的文化氛围有重要的作用。

这里说的雕塑之所以宽泛,还因为它们可以包括和使用下面几乎所有的景观元素,不受限制。只要能够以视觉形态形成空间中的视觉关注点的展示品,都可以称之为雕塑。比如绿色植物经过修剪,可以形成生动富有创意的形态,这也可以看作一种现代意义的雕塑;而在下面的挂画中还会描述到立体形式的镜框展示,也可以看作一种环境雕塑。

(3)绿化/喷泉

MALL空间经常出现丰富的绿化或者喷泉之类景观设施或者区域,是环境空间重要的点缀和调节,也是MALL空间重要的标志物。但大多数情况下,这类固定的设施主要是用作环境装饰,这里简单地罗列,不做深入。

(4)植物盆栽/植物盆栽容器

盆栽在MALL空间中,是最具备公共设施特征的景观设施。同其他公共设施一样,植物盆栽具备一定的独立性,可以根据需要进行设置。就公共环境设施而言,盆栽的核心部分是盆栽容器,而不是植物或者其他。盆栽容器最重要的服务对象是盆中的植物,目的是形成易于设置的绿化景观。

制作盆栽容器的材料很多,可以根据MALL空间环境设计的风格或者主题进行设计,可以独立设置,也可以成组地设置。植物盆栽在MALL空间中非常常见。

图3-188 上海恒隆港汇广场MALL内的植物盆栽容器
(图片来源:作者自摄)

植物盆栽设置的另一个重点是植物的选择。不论选择绿色植物还是花卉,原则都是对环境空间有利并适合环境空间。比如可能产生过敏性气味或者花粉的花卉就不适合用作 MALL 空间的盆栽,而纯室内盆栽也需要选用能够在少阳光的环境下生活的植物,并经定期养护。MALL 空间的植物盆栽具有一定的调节空气成分、净化空气、吸附灰尘等作用,但在商场环境内其主要的作用还是调节空间的视觉效果(见图 3 - 188)。

(5)壁画/挂画

事实上,虽然同是画作,壁画更应该被划入室内装饰的范畴。现代 MALL 空间中,会出现纯装饰性的壁画,但也有以墙面广告的方式出现,我们会在广告传播设施中进行论述。

制作现代壁画的材料很丰富,马赛克、烧制的瓷砖、涂料彩绘、壁纸、壁布都被广泛应用。MALL 空间的壁画有助于营造空间的艺术文化气氛,当然也要契合商业主题。

图 3 - 189(左一)、图 3 - 190(左二)　上海港汇恒隆广场步行街上建筑立面的装饰壁画
图 3 - 191(左三)　美国拉斯维加斯 Fromus Shops 厕所内的雕塑壁画
(图片来源:作者自摄)

而挂画则是通过画框固定,并可以根据需要进行设置的相对小幅画作。但现代的画框和画作概念都已经突破了传统的概念,很多类似的雕塑或者橱窗的三维画框也常被使用,有很好的装饰效果(见图 3 - 189 ~ 图 3 - 191)。

3.6　公共环境设施的设置与管理

3.6.1　MALL 空间公共环境设施提供管理的复杂性

MALL 空间的公共环境设施种类复杂,数量庞大,建设与管理都非常复杂困

难。但是 MALL 空间的公共环境设施的管理同常规的社会公共设施或者商业店铺的管理有很大的不同,具体体现在两个方面:

第一,MALL 空间的公共环境设施的所有权和管理权并不完全统一。

常见的社会公共设施的所有权属于社会,由政府专门机构或者是分属机构统一管理;而 MALL 空间的商铺,不论是产权商铺还是租赁商铺,在使用状态时,实际的经营管理权属于商铺的经营者,而 MALL 的公共环境设施的所有权和管理权则比较复杂。

从所有权看,MALL 空间的公共环境设施属于 MALL 的经营方。但也有例外,比如很多的自动售卖设施和自助服务设施、ATM、电话亭或者投币电话,所有权分属于自动售卖设施的品牌方,MALL 的经营者只是提供相应的空间,事实上的经营维护也是由品牌方来操作的。而售卖亭等辅助销售型的公共设施,售卖亭本身的所有权属于 MALL 的经营者,但实际的经营管理权则在售卖亭的承租品牌方。

正是这种设施的所有方和经营方有多种承属关系,造成了 MALL 空间公共环境设施管理的重要难点之一。

第二,MALL 空间的公共环境设施既有经济利益,也有其公益性和社会性。

本质上,公共环境设施的核心属性是其公益性,而非营利性。在 MALL 空间的绝大多数公共环境设施,如公共厕所、指示系统、座椅等,都是以公益服务为其基本目的的。

出现营利性质的公共设施主要是同消费者之间发生消费关系的设施。但在这类设施中,即使是如 ATM 机、自助拍照机、自助 Facebook 摄像机、投币电话之类的自助设施,仅能对银行等机构带来一定的收益和形象宣传作用,但对于 MALL 的经营来说,这更多的是为方便消费者的需求。

而其他有一定营利性质的售卖服务设施,如自助饮料机、自动按摩椅、按摩、擦鞋服务等,需要盈利为其重要目的,但是也确实是消费人群有这类紧急或者即时消费需求,因此才产生的,也可以看作是具备相当高的公益性的公共设施。

还有一类公共环境设施,具备明显的营利性质,如售货亭、自助售货机(Best-buy 售货机)等,盈利是其经营者的核心诉求。这类设施本质上,其实就是商铺。售货亭就是简化的店铺,百思买的自助式售货机,就是百思买店铺的简化版。这类设施的出现,是因为考虑到更加优化的经营方式,更加节约销售成本。因此这类公共环境设施的设置会考虑 MALL 的整体需要,但是其是否能持续生存,主要还是看其是否盈利。

MALL 空间各种不同类型的公共环境设施对公益性和营利性的不同设定,也是造成公共设施经营管理复杂的原因之一。

3.6.2　公共环境设施管理的内容

在现代 MALL 商业空间,公共环境设施的管理主要包含以下几方面内容。

3.6.2.1　公共环境设施的设置和建设

MALL 空间的公共环境设施并不是一次性设置到位的。基础性的设施,如公共厕所、景观设施、大部分固定式的指示设施,一般在 MALL 开业就已经完成建设。但是有一些设施,特别是辅助销售设施,会根据 MALL 的经营情况进行调整。比如售货亭的位置、数量和销售商品的种类,也包括一些自助售货机和自助服务设施,都是开业后可以进行调整或者追加建设的,以更好地适应消费需求,而相应的指示设施也会进行适当的调整。

另外调整和新设置较多的设施是根据消费人群的实际流向和需求安排的,比如坐具、广告牌和一些临时售卖设备。而 MALL 本身的更新和提升也是设施更新设置的重要原因。例如,上海正大广场和港汇恒隆广场都经历过较大的整体调整。

表 3–14　上海正大广场与港汇恒隆广场参数比较

参数比较项目	上海正大广场	上海港汇恒隆广场
建筑面积	25 万平方米	40 万平方米
可供出租营业面积	13.6 万平方米	7 万平方米
独立店铺数量	约 250 个	约 400 个
高档餐厅数量	10 个	15 个
美食店铺数量	约 70 个	约 40 个
停车场面积(车位数)	3 层,约 800 个	3 层,约 1400 个
电影院/剧院数量	(星美正大电影城)1 个	(永华电影城)1 个
品牌定位	国际流行平民化品牌	奢侈品牌与年轻大众品牌相结合
购物、餐饮、娱乐比例	52∶30∶18	67∶22∶11
超级市场	Lotus Supermarket (卜蜂莲花)	Ole(精品超市)
消费档次	中产阶级、白领家庭	中高档相结合
主题定位	现代家庭娱乐及购物中心	集购物、餐饮、娱乐、休闲、旅游、文化等全方位结合的购物空间
主题特征	以家庭为单位的购物、娱乐与休闲的体验场所,购物中心百货化	让顾客体验一站式的全享贴心服务业种,主题品牌组合、一站式服务

续表

参数比较项目	上海正大广场	上海港汇恒隆广场
主要人群(年龄)	年轻家庭、70后、80后	以25~40岁为主
主要客源	辐射全上海,周边社区、商务写字楼客流、中外观光者	写字楼白领、有资男女、多金家庭、成功男士
商业优化调整策略	1. 打破封闭式经营格局,规划陆家嘴休闲商务模式; 2. 建立多层次多元化的餐饮结构; 3. 名牌旗舰店的驱动效应; 4. 引入提高生活品质消费的业态结构(用服务类、娱乐类业态,用目的类消费填补高楼层空缺); 5. 构建最强大最具吸引力的家庭消费结构; 6. 传统业态的大胆革新(超市的提升与整改、百货的主题性经营); 7. 推陈出新的经营管理; 8. 整合商家资源的市场活动,营造热烈的购物氛围	1. 采用差异化经营模式,高端品牌与大众年轻时尚品牌并存; 2. 引进知名餐饮连锁品牌,满足家庭式消费需求; 3. 注重突出女性消费群体带动男性和儿童的购物空间; 4. 设置错落有致的多变空间组合; 5. 创建欧亚式露天步行食街,增加商场的活力; 6. 精心构筑以不同主题品牌支持的经营组合; 7. 运用光影和色彩,营造高雅典雅的气质; 8. 修整外部和内部的动线设计

3.6.2.2 公共环境设施的维护

所有的公共环境设施都需要定期维护才能确保设施正常运行。每种设施所需要的维护方式与流程都不相同,需要根据不同的设施制定专业的维护计划和维护手册,由专人定期进行维护,不同的设施维护难度和成本差异都很大。

而除去专业维护,基本的维护,如卫生清洗也很重要。很多设施都有人机交互界面,需要同消费者直接接触,比如自助式查询终端、自动售货机等各种自助工作设备,还有如坐具、栏杆扶手等设施。这些设施因为经常同不同的消费者接触,而容易成为传染性疾病的传播渠道。另外还有如垃圾桶、公共厕所及相关的设备,本身就是污秽物聚集的设施,更加容易发生卫生问题,因此也是卫生维护的重点。

公共环境设施的维护还包括软件更新。涉及软件更新的设施包括各种依靠人工智能进行运作的设备,比如自助类设施。

3.6.2.3 公共环境设施的资源供给

有部分公共环境设施的运行是需要消耗资源的,而资源消耗主要分为两类:

第一类,是能源类。很多设施需要电力供应,比如照明设施、自助类设施等,在保证电力供应的同时,也需要考虑用电安全,这类维护一般由 MALL 的经营方操作。

第二类,是使用耗材的公共设施。比如自助证件照设备,耗材需要定期补充。同类的还有消耗品即售卖品的设施,如自动售货机、自动饮料机,卖掉的商品需要定期补充。而如自动提款机,也是需要对货币定期补充的。这类资源供给类的设施的维护工作一般是由设备的所有方来进行资源补充的,而不是 MALL 的经营者。

3.6.3 公共环境设施管理的方式

3.6.3.1 管理专门化

MALL 空间公共环境设施管理的专门化,是指不论公共设施的所有方或者实际的经营方是谁,MALL 的经营者都有对公共环境设施系统进行管理的责任,以使其满足在 MALL 空间的消费人群的需求。

MALL 的经营者应该设立专门的管理机构和专业的技术团队,分拨专门的资金,对公共设施系统进行管理。专业团队需要对现有公共设施体系编制专门的管理手册,制定严格的管理规则,由专人定期执行。

3.6.3.2 精益管理和科技进步

MALL 公共环境设施的管理可以参照现代企业精益管理的方式进行操作,但本质上,并不是为了创造更多的利益,而是确保设施可以更高效地为消费者服务。

除了常规管理的提升,更应该依靠科技的进步。比如现代物联网技术和网络定位技术的发展,使低能耗的短距定位得以实现,从而可以使消费者通过个人智能设备实现在 MALL 空间内的精确导航,这也使传统的信息指示系统甚至是自助式查询系统的存在受到了很大挑战。很多设施先进的 MALL 空间已经适量减少了相应的传统指示设施,而更多地依靠手机 App 来进行指示,同时也是广告宣传、信息传播的很好平台。

而物联网的技术也使 MALL 公共环境设施系统的管理者可以实时得到各个公共设施的运行和保养状态最精确的信息,从而提高公共设施系统管理的质量。

第4章

"人—商业—环境—设施"系统研究

4.1　影响 MALL 商业空间的要素

4.1.1　人

首先,我们把现代 MALL 空间中的"人"分为两类:一类是工作人员,包含管理者、经营人员、维护人员等,在消费关系中,处于"卖方"地位;另一类是消费者,不管是以什么消费目的或者是否真正进行了消费,在 MALL 空间出现存在消费可能性的非工作人员,即消费者。

这里讨论的"人"界定为在 MALL 空间中的消费者。在非消费型需求中,比如对卫生、安全等方面的需求,其实这些工作人员与消费者并没有本质上的区别,但是 MALL 商业模式中,往往会存在独立的工作人员区域来解决这些问题,或者完全像消费者一样来共用公共设施,因此我们在讨论这些需求的时候,也不把这两类人区别开来。

根据现代消费行为学理论①,消费者的文化背景与消费心理是影响消费需求和行为的最关键因素。

消费者的文化背景,主要由四方面构成:消费者的多元化、社会阶层和家庭的影响、消费心态、消费行为的社会影响。

4.1.1.1 消费者的多元化

消费者多元化,指的是消费者最基本的背景因素,其中最重要的是消费者的年龄、性别、性取向、所属地区、种族、宗教等。

---

① 〔美〕HOYER W. D. ,MACLANNES D. J. ,PIETERS R. . Consumer Behavior 7th Edition〔M〕. Boston:Cengoge Learning,2017.

(1)年龄

根据消费者的年龄对消费者和消费活动、消费方式进行细分,是进行营销研究最基本的一种方式。其基本逻辑是,同一或者相近年龄的消费者,有着类似的生活经验,可能形成相似的消费方式和消费习惯。不论在哪个国家或者地区,以年龄来划分的群体都会产生并稳定成长,从出生、成长到成熟、死亡,相应的消费需求和消费活动(自己进行消费活动或者由他人代替进行)贯穿人生命的全程。

相应,年龄所产生的其他需求,也会有不同,很多需求直接导致相应的公共设施的设计。特别是婴幼儿和行动不便的老年人,他们依然会直接或者间接地成为MALL的消费者;而且按照MALL的经营理念,伴随着家庭出游或者群体出游的婴幼儿、未成年人和老年人数量比例会相当高(见图4-1~图4-3)。

图4-1(左)　随家庭出游的婴幼儿,中国香港 IFC MALL
图4-2(中)　结伴出游的老年人,美国拉斯维加斯恺撒皇宫 Forum Shops
图4-3(右)　团体出游的未成年人,日本东京六本木新城
(图片来源:作者自摄)

除了相应的直接消费需求之外,当他们直接出现在 MALL 空间,则对应婴幼儿的母婴室、推车坡道,对应行动不便的老年人或残疾人的设施,都是不可或缺的。

(2)性别

举个简单的例子,就是在现代美国商业统计中,女性比男性购买的次数更多,而女性有着与男性不同的体力、生理和心理需求,因此在相应为之服务的公共设施的设计中,如何在合适的方面更多地考虑为女性进行优化,是很重要的一项需求。

"物以类聚,人以群分",类似喜好的人,往往会产生类似的消费需求。女性男子气、男性女子气、中性倾向等,都是不同于生理上的男女性别而存在的不同倾向,而迎合这些需求,意味着争取更多的目标消费人群。

根据上海市商业信息中心① 2013 年初公布的《2011—2012 上海消费意向调查报告》②:男性消费者对百货店、购物中心等时尚购物场所的偏好度低于女性。调查显示,男性消费者中表示"很少光顾百货店"的有 2.3%,女性为 1.1%;男性中有 1.9% 表示"很少光顾购物中心",女性消费者中这一比例仅仅为 0.5%。进一步的调查发现,男性消费者多由于"价格合理"而选择某家购物中心,女性则要求"商品种类丰富""购物环境舒适"。从这一结果来看,百货店、购物中心显然更契合女性的消费需求。

女性消费者比男性更有影响力。女性消费者不仅数量庞大,而且在消费过程中往往起着重要作用——不仅对自己所需消费品进行决策,还是家庭其他成员用品的最终购买者。相较起来,男性在消费上基本处于被动状态。

(3)所属地区

世界上每一个地区都有独特的人文历史风情、生活消费习惯,而人们也倾向于在同一地区生活和工作,因此这也促进了某一地区的居民形成群体,并发展出与其他地区居民不同的行为模式和习惯。比如中国各地对餐饮口味和风格的喜好差异明显,而全世界各地的餐饮习惯差异更大,这种区域性的习惯和偏好,是影响消费者消费行为的重要因素。

地区属性对消费者行为习惯的影响,同下面两个部分(种族和宗教),是有一定的重合和互相影响的,因为种族和宗教也是使人群聚集生活形成地区属性的重要因素,而地区的偏好和习惯又会促进当地宗教的盛行和同类种族聚集。但这三者也有不同之处,因此我们都罗列出来分析。

全球各个地区对某些产品的偏好差异巨大,比如可口可乐最大的消费市场是北美,最大的巧克力消费市场是瑞士、英国和德国;而更有一些产品的消费和产出成了某些地区的标志性特征,同某些地区有强烈的联系,比如德国的啤酒、日本的寿司等。因此,了解当地居民的需求习惯,是进行消费研究和相应的消费场所(如MALL)设计的重要参考依据。

列举部分代表如下(表 4 - 1):

---

① 上海市商业信息中心:于 1992 年在原市政府财贸办公室研究室基础上成立。作为市政府决策咨询成员单位,"中心"是上海市从事商贸经济理论研究、商业决策咨询研究、商贸产业发展规划、商贸信息统计分析、商贸产业和消费市场数据库建设等工作的专业研究机构和信息机构。与上海市商业经济研究中心一起承办上海商业网,为广大商业企业提供各类商业信息。(http://www.commerce.sh.cn)

② 参看:《2011—2012 上海消费意向调查报告》;中国上海官网:http://www.shanghai.gov.cn;上海商业网:http://www.commerce.sh.cn/。

表 4-1　代表性消费产出地区对照表

国家/地区	代表性消费和产出
美国	可口可乐、动漫、电影、苹果公司等大量顶级科技企业、Nike
德国	啤酒、精密机械和仪器、香肠、火腿
日本	寿司、动漫、和服、电子产品、折扇、民族工艺品、相机、传统建筑
英国	古玩、苏格兰威士忌、英国茶、丝绸
法国	法式美食、葡萄酒、香水、时装、化妆品、珠宝、艺术品
中东	阿拉伯头巾和民族服饰、沙漠、骆驼、手工工艺品、椰枣
中国	中式美食、茶叶、瓷器、丝绸、中式传统建筑

（4）种族

种族，或者说人种，因为历史的沿袭和传承，在其中会存在很多共性。尽管当今社会移民盛行，人口变化巨大，在一定程度上改变着世界各地的人口种族构成，但是，很多经典传承的习惯和偏好却始终保留。比如亚裔人同盎格鲁人饮食习惯的差异和对建筑美学的认知差异就很大，这是历史传承的结果。

而对于种族在包括消费在内的各种行为中的影响，"种族认同强度"在一定程度上起着关键的作用。人类历史上存在的、正在演化或者消失的，正在出现和发展的人种有很多，如果一个种族强烈的认同种族群体而较少认同主流文化消费者，则会表现出一种强烈的带种族的消费行为模式，直接影响消费结果。

（5）宗教

宗教是极为重要的一种亚文化，宗教以戒律或者行动指南的形式为人们提供价值观体系和行为模式，也提供了跨种族、跨地域的联系纽带，让某一群体同其他群体区别开来。世界上重要的宗教，如天主教、伊斯兰教、佛教、犹太教等，都广泛分布于世界各地，而且在世界各地，有按照宗教信仰人群聚居的趋势。

某些宗教对服装和饮食、消费都有规定，直接影响消费行为；宗教历史所形成的审美习惯、生活习惯，也强烈影响着人们消费的趋向。更加重要的是，部分宗教对行为方式的规定，有很多忌讳和禁忌，会强烈影响商业场所或者公共设施的设立。在后面的分析中，我们会对伊斯兰教为主的中东地区最大的 Dubai MALL 进行相应的分析，可以看到其同其他地区 MALL 的明显不同。

世界主要国家/地区对应的主要宗教（见表 4-2）：

表4-2 世界主要国家/地区对应的主要宗教

国家/地区	主要宗教
美国	新教、天主教、摩门教、犹太教
英国	圣公会、基督教
法国	天主教
日本	神道教、佛教、天主教
德国	新教、天主教
中东	伊斯兰教
中国	道教、佛教

4.1.1.2 社会阶层和家庭的因素

(1) 社会阶层

绝大多数社会中都存在着一个社会阶层等级,对某些社会阶层给予更高的地位。这些社会阶层的行为和生活方式呈现出不同于其他社会阶层的特征。某一社会阶层的成员倾向于共享相似的价值观和行为模式。

现代城市化、城市规划、商业地产的发展,使不同区域的商业价值、功能倾向产生了明显的差异,而对应购买这些商业物业的人群聚集、聚居地阶层性分化,也随着地产商业价值和功能倾向而明显地具备类似的特征。这种阶层并不完全等同于近现代社会理论中的"阶级理论",而是松散的拥有相似生活经验的个体的集合。

社会阶层的概念本身并不像"阶级理论"一样具有负面的属性,现代社会阶层的差异,可以帮助个体认清自己在社会中的角色,或者在社会中个体所追求的是什么,也就是他们的需求。这种需求,直接影响了在相应区域的功能设施(比如商场、医院、学校)的设定,也包括现代 MALL 商业。MALL 商业的辐射范围强于传统商业模式,不管是地域上还是消费者结构上;但是,MALL 商业模式并不能改变现代城市的区域阶层分化,相反,MALL 作为一种城市区域的重要功能,需要适应这种分化。现代商业 MALL 往往对自身有相对明确的商业定位,这种定位会直接决定商业 MALL 的选址,即相应的区域阶层的选定。因此,服务于商业 MALL 的公共设施,本质上是为这些区域主要的消费者和潜在消费者服务的,这些消费者的社会阶层属性所带来的需求会直接影响到公共设施的设计。

本书中所比较研究的现代 MALL 比较分散,涉及不同的国别、地区和人群,差异巨大,社会阶层对其影响非常大。但限于研究范围,本书并不想对社会阶层来进行详细严格的区别和定义,只是进行比较性的研究。也就是说,当研究不同的商业和公共设施的差异时,会对相应的人群结构进行比较,只区分研究对象的阶层或者共同取向的差异,而不深入研究人群的详细结构和形成原因。

(2)家庭因素

现代社会学理论对社会组成元素的分歧依然巨大,个人元素还是家庭元素论,依然争论不休。然而,不论这个分歧的结论如何,都不可否认,家庭对消费者的消费行为有重要的影响。甚至,很多研究者认为,家庭本身就应当是消费行为最重要的分析单位,因为以家庭为单位的购买,或者说以家庭需求为目的的购买和消费,以及相应的消费决策,要比个人多得多。

这里讨论的家庭,指的并不是狭义的血缘或者婚姻关系群体,而是"大家庭"概念,既包括狭义家庭的核心成员,也包括同住的或者共同出现在 MALL 空间中进行集体消费活动的亲属(例如祖父母、叔伯姑姨等),还包括出现在家庭中或者共同进行群体消费活动的非亲属人员,比如佣人和邻居。当然,以父亲、母亲、孩子这样三个定位构成的狭义家庭是最典型的家庭概念。

家庭因素直接带来的特殊消费需求主要有两方面:

A. 替代性消费

是指当集体中的成员自己不能或者不适于自己直接进行消费决策时,由家庭其他成员代替决策的消费。这是极为重要的一种消费模式,最集中体现在对儿童、行动不便的老人的消费中。

B. 集体需求消费

是指消费结果并不只服务于家庭中的某些特定对象,而是用于整体或者公共硬件的建设。比如家庭装修的需求。这种消费存在的比例非常高,但其真正的执行,往往不会是消费家庭的全部,而是部分人或者个人以替代性消费的方式进行。

这里对消费过程中"家庭因素"的讨论和分析,并不用来讨论具体的消费决策如何做出或者对消费结果的影响,而是讨论,当消费执行者为群体时,所涉及的需求,以及对应这些需求的公共设施的设计。

图 4 - 4　上海 IFC MALL 百丽宫
电影院等候区的坐具群组

(图片来源:作者自摄)

举个例子来说,家庭成员之间的"界限"要比陌生人之间小很多,而 MALL 空间中的休息设施,因为大量家庭型购物需求的存在,需要考虑合适的界限,既能满足比较亲密的家庭消费群体,也不至于影响个体消费者。因此,集中的休息区域,会出现很多供多人休息的座椅,也会有独立的座椅(见图4-4)。

4.1.1.3 消费心态

这里讨论的消费心态,主要涉及消费者的价值观、人格和生活方式。

(1)价值观

价值观是指一个人对周围的客观事物(包括人、事、物、行为)的意义、重要性的总评价和总看法。这种看法和评价,表现为价值尺度和准则,成为人们判断价值事物有无价值及价值大小、行为对错与否的核心标准。个人的价值观一旦确立,便具有相对稳定性。但就社会和群体而言,价值观具有一定的地域和人群属性,也就是说相同地域、相同种族、相同文化背景的人群对部分核心价值观有一定的相似性,但这种相似性并不绝对,也不代表全部价值观。同时,由于人员更替和环境的变化,社会或群体的价值观念又是不断变化着的,传统价值观念会不断地受到新价值观的挑战。对诸事物、行为的看法和评价在心目中的主次、轻重的排列次序,构成了价值观体系。

例如,绝大多数人认为健康是好的,家庭成员安全是好的,自由不受约束是好的,保护私密性是好的。这在MALL商业空间的划分和公共设施的设计中极为重要。公共设施要考虑到如何在满足人需求的同时保护人群的行为私密性,如何保证使用的安全。同时,价值观也包括很多相对微观的行为,比如主流人群可能认为排队是好的,那在人流集中的购票区域、结算区域,怎样用合适的公共设施来约束人流,规范个体行为,同时也不过分约束个人自由,保证等待的舒适性就很重要。再例如,人们可能认为乱丢垃圾是不好的,那用什么样的标准来设立垃圾桶或者其他垃圾回收设施,会直接关系到MALL空间环境卫生和秩序的结果。

(2)人格

这里指的人格,译自英语Personality,更多的是倾向于指人的个性,是令某人区别于其他人的独特的行为习惯、倾向、品质或者性情,这种独特的个性,甚至很大程度来源于天生。也就是说,即使某些人有着相同的生活背景,有着类似的价值观,但是他们做出某种消费决策的时候,还是会有很大的差距,包括买与不买、决策时间的长短等。

这种个性在很大程度上,在受到环境(或者消费时的状态)刺激时,会导致有差异的反应,而在不受刺激的状态,并不明显。因此,人在不同的行为模式下,在不同的环境因素下,会有完全不同的选择。

但是这种因素,更多地倾向于在个体上有体现,而不是普遍性存在的,而且也不太存在这样的状态,即相同或者类似个性的人同时出现进行消费活动。因此,在本书对 MALL 空间及公共设施的讨论中,并不把人的人格作为主要的对比依据。

(3)生活方式

消费者的生活方式同其价值观有密切的关系。生活方式是价值观在某些领域的一种体现,但并不是只是在消费方面,而是指的人们如何理解自己适合的生活,包括如何打发闲暇时间、如何进行户外活动、如何进行消费活动等。

生活方式涉及的范围很广,不易量化,但是 MALL 的消费方式,恰恰代表着一种 MALL 生活方式。这种休闲购物形式,营造和迎合了一种生活方式,希望在闲暇的时候,用一种很轻松休闲的方式来进行消费和娱乐。

生活方式也受前面提到的人们的文化背景的影响很大,相同文化背景、相同地域的人群中拥有类似生活方式的人比例较高。

正因为生活方式的不同,各个地域 MALL 的发展模式有着很大的不同,而不同的生活方式也产生了不同的需求,从而导致相应的 MALL 和公共设施设计的不同。比如说,全世界各地人的饮食习惯有很大的不同,例如菜品的种类、进餐的速度和方式、对饮食品质的要求等,这就是一种生活方式。因此,在不同地域的 MALL 中,你可以看到可能有类似的知名服装品牌专卖店,却不容易看到类似的餐饮服务构成。这种区别,也可以放在地域或者文化因素中讨论,但是本质上,是一种生活方式的差异。

4.1.1.4 消费者行为的社会影响

消费者文化和消费心理的特征,其形成有来自社会多元化的因素,也有来自社会阶层和消费心态的影响,还有来自社会和其所处的环境因素对其的影响。

比如说,两个朋友去 MALL 消费,其中一个人告诉另外一个人,他是一个素食主义者,结果就会导致,尽管另一个人不是素食主义者,但出于对其朋友的尊重,他们在进行餐饮消费的时候,就不会点荤菜或者点得比较少。这种因素,并不是来自以上三方面,而是来自周边环境对消费者本人产生的临时性的影响。我们把这种影响归结为消费行为的社会影响。消费行为的社会影响一般可以分为两类:群体性影响和信息性影响。

(1)群体性影响

指的影响源是一个群体或者一类人,他们的态度、习惯、决策,直接影响消费者的娱乐消费行为。

最简单的例子就是家族性的群体影响。消费者在独自或者群体消费时,会考虑自己的消费行为,是否符合其家庭或者家族的行为习惯或者态度。比如很多家庭都会规定未成年子女晚间娱乐时间的底线,超过这个时间,即使家庭不表态,在外娱乐的子女也会考虑其家庭的态度,而主动放弃继续娱乐。

(2)信息性影响

指消费者周边的信息源给消费者做出的暗示或者提示,对消费活动产生的影响。上文说的"素食主义者"的例子就可以看作一种临时产生的信息性影响,而出现频率更加高或者明显的信息源,就是现在随处可见的各种媒体。

各种媒体的各种节目,不论是广告还是有价值观的各种电视节目,都希望表达的信息直接地或者潜在地刺激着消费者,是消费者形成一种固化的思维,并在要产生消费活动时起关键的影响。比如消费者对某些知名品牌的坚持追求,就可以说是这种品牌把其信息深深植入了消费者的思维。

也正因为如此,很多公共设施在一定程度上直接的或者间接的就是信息源,比如广告牌,或者印有品牌 Logo 的设施等。而另一方面,这些信息源,对消费者的暗示活动,对 MALL 本身的档次、定位都有相互强化的作用。比如,在 Dubai MALL,为了强调其奢华的定位,所有的公共时钟,都是用 Rolex 品牌的,这既强化了品牌,也标榜了 MALL 的商业定位,强化了对应阶层消费者在其中的消费需求(见图 4 - 5)。

图 4 - 5 阿联酋迪拜
Dubai Mall 的 Rolex 时钟
(图片来源:作者自摄)

但是,各种信息或者群体对消费者的社会影响,对于每个人的不对称性很高,也缺乏统一度量的标准,而其也会通过消费习惯、社会阶层各方面表现出来。因此尽管这方面的影响很重要,但我们并不把它作为后续公共设施研究的最主要因素分析,但其相互作用的影响还是会被讨论。

4.1.2 商业

我们这里研究的基本商业形式是现代 MALL 商业。从前面对 MALL 的分析中,我们可以看到,区位、商业规模、商业的定位与主题、业态组合与功能组织是分析目标 MALL 对象的基本因素。

4.1.2.1 区位关系

区位是影响城市和区域经济发展的最重要因素之一,也就是说,在同一个国家或者城市,经济活动一般是集中在某个特定的或者设定的区域发生的,而另一些区域,则可能是居民区、绿地等。

对于 MALL 商业模式来说,其区位极为重要,直观反映着 MALL 的商业和目标消费定位。就像我们在具体分析 MALL 的业态和功能构成的时候,会把不同的业态形式群和功能区域分割开,查看彼此的关系和分布一样,我们在分析 MALL 的区位时,也会考虑这个 MALL 和所在的商业集群,在城市中的功能和位置关系。

我们可以直观地通过 MALL 的地理位置、交通状况和商圈状况来分析这个MALL 的区位关系。

(1)地理位置

MALL 的地理位置是最直接反映其区位关系的因素。我们一般通过两个层次来看待 MALL 的地理位置:

A. MALL 处于什么国家、什么区域、什么城市这种宏观层面上的区位选择。尽管这个层面相对具体的 MALL 的位置比较概括,却直观地反映着 MALL 的宏观商业定位。举例说,按照中国现状,经济较发达的东部城市中 MALL 比较集中,而西部和内地相对较少,设立在不同区域的 MALL,所针对的消费群体和覆盖范围有很大的差异。

B. 在某一区域(比如上海、北京等特大城市,直接用城市来进行区域分析的单位依然偏大,而区或者某地块的范围相对更能精确地反映问题)或者城市内部不同的地理位置和商业区域位置。

就如上面的分析,现代城市对自身的功能区域有理性的定位和规划。

MALL 所处的功能区域是否是合适的商业范围,是否有足够的消费人群的通达的交通,同这一定位关系重大。

(2)交通状况

MALL 所处位置的交通情况,同 MALL 的地理位置是互为引申的概念,反映的都是 MALL 选址定位的综合决策思路。MALL 所在位置及其周边的交通状况,对MALL 的经营结果有着关键的影响,是 MALL 选址的必备条件。部分 MALL 甚至在建设时,会考虑对周边交通情况进行优化的改建,以最大限度发挥 MALL 的商业效应。

MALL 的交通状况,直接体现着消费者的以下几个需求原则:

A. 时间最短原则

消费者一般趋向于到离得最近的同类商业空间进行消费,也就是需要交通时间最短。通过这个概念,我们可以找出某一 MALL 商业最有效的商业影响范围。

但是时间最短原则并不只是指直线距离上最短,因为随着城市交通的发展和成熟,消费者越来越倾向于选择适合自身的出行方式,不管用哪一种出行方式,所花费的时间、费用、精力都是重要的综合参考依据。

举例说,在愿意去往某一 MALL 的人群中,最远的步行距离可能是 500 米,但 10 公里外的部分人群因为地铁方便的原因也非常愿意来到这个 MALL 消费;而因为车行道路拥挤和停车设施限制,很多中等距离的人群却不愿意驾车前往。

B. 通达性原则

这个原则同上面的时间最短原则有一定关系,也就是说,MALL 应位于交通便捷、较易到达的位置。较易到达,针对不同的交通工具有不同的标准,但是总的来说,都是指方便进出、好出好进。

有的 MALL 周边消费人群密集,但是道路老旧,常年拥堵,也没有足够的停车空间,因此很多有消费能力的自驾消费者不愿意前来消费,宁可舍近求远。也有的 MALL 尽管周边消费人群并不密集,但是交通方便,停车空间大,或者轨道交通发达,自然较远距离的消费者也愿意汇聚过来。

C. 聚集性原则

MALL 业态本身的重要特征之一就是聚集性,这在基础层面指的是各种商业形式和店铺的聚集,但正因如此,也造成了消费人群从四面八方,怀着不同的需求,向这个 MALL 聚集。因此,就交通而言,人流和交通流线应该同这种业态聚集的原则是一致的——MALL 的选址定位,应该设在交通汇聚、方便到达的区域。在现有成熟城市区域上兴建新的 MALL,也可以适当考虑在交通汇集的区域,在人口和交通密集的亚洲国家尤其如此。

比如在上海,最发达的几个商圈,无不集中在交通汇聚的地区,比如徐家汇商圈、五角场商圈、陆家嘴商圈等。

D. 接近购买力原则

MALL 的选址应该接近目标消费人群,即有效购买力。从交通上看,应该尽可能地接近这些目标消费群体的分布区域,并使其方便到达,MALL 的规模应与目标消费人群的规模和消费能力相匹配。

(3)商圈状况

商圈(Trading Area),是指商场或者商业形态以其所在地点为中心,沿着一定的方向和距离扩展吸引顾客的辐射范围。简单地说,也就是来店顾客所居住的区域范围。无论大商场还是小商店,它们的销售总是有一定的地理范围。这个地理范围就是以商场为中心,向四周辐射至可能来店购买的消费者所居住的地点。对于现代城市规划而言,会出现多个商店或者商业形式聚集的情况,这种聚集不一定是类似 MALL 的这种多种业态聚集,也可能是政府或者开发机构有意规划的同类聚集,比如美食一条街或者婚纱一条街等。而多个商业形式或者商场的各自商圈的综合影响范围,就是综合商圈。我们在这里研究的就是 MALL 在综合商圈或者商业范围中的位置关系。

影响 MALL 在商圈中地位的主要因素,除了上面已经出现的地理位置和交通状况外,还包括:

A. 商圈的整体营业规模和状况。包括总体的营业面积、历史销售额、综合停车场面积等。

B. 商圈经营品类。包括商圈所涉及的各种经营品类,以及其所占的比重。

C. 主营品类的同业竞争情况。

D. 商业地产及租赁价格(考虑到 MALL 的地产和金融属性)。

E. 配套商业情况,比如餐饮和服务(加油站、银行、教育机构等)。

(4)区位评价

商业的区位评价,在对 MALL 规划建设时期,是对区位选择的具体化、可操作化和程序化的过程;在对 MALL 进行分析评价的时期,是进行 MALL 区位比较有效的参照指标。

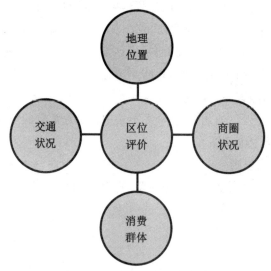

图 4-6　区位评价因素分析图

(图片来源:作者自绘)

除了上面罗列的地理位置、交通状况和商圈状况外,还应综合考虑目标消费群体的状态。尽管在我们的分析中,对于消费人群有独立的章节分析,但消费群体对于以上三个因素,都在人文角度起着关键的影响——地理位置的评价最终指向的是消费人群的聚集状况、交通的主体是消费人群、商业环境又是以目标消费人群为基础(见图 4-6)。

4.1.2.2 商业规模

我们一般从以下数据指标来衡量一个区域或一个商业设施(比如 MALL)的商业规模。

(1)占地面积

是指 MALL 的实际建筑占地面积(规划面积),单位平方米或者万平方米。MALL 的占地面积并不直接反映其商业规模,很多占地面积不大的 MALL 可以通过楼层等空间组合方式,扩大其实际营业面积,例如上海的正大广场,营业楼层总共达13 层(见图4-7)。

图4-7 上海正大广场地面营业楼层

(图片来源:作者自摄)

但是 MALL 的占地面积在一定程度上会影响消费者对 MALL 空间尺度的主观判断,很多占地面积超大的 MALL 给消费者的消费心理暗示极为巨大。比如 Dubai MALL,其接近70 万平方米的占地面积,给消费者直接的感觉就是已经涵盖了一切消费需求。

(2)可营业面积

一般是指可供出租的商业面积,单位平方米或者万平方米。这是有效直接反映商业规模的数据,一般来说,更大的可营业面积意味着更大的商业规模。

(3)店铺数量及种类构成

与可营业面积一样,MALL 空间的商铺数量直接反映着 MALL 的商业规模,这里的数量也不包括临时型的销售活动和位于公共区域的销售设施。

直接地看,最终维持 MALL 生存的不是消费者,而是这些店铺租户,这也是 MALL 地产属性的重要根基。很多 MALL 经营成功的重要经验就是,注重开发商(MALL 经营者)同进驻商户之间、商户与商户之间的合作和联合营销,既强化主营内容,又优势互补。因此,合理地将进驻的商铺进行分类和组合,对 MALL 的经营极为重要。

在研究 MALL 的商业规模时,不同类型和规模的商铺的数量各占什么比例、如何归类和搭配是重要的课题(见表4-3)。

表4-3　MALL 的商业服务分类和代表类型

MALL 中的商业服务分类		MALL 中常见的代表类型	备注
商业购物		服装专卖、品牌旗舰店、综合商场、超市、数码产品馆、电器店、通信产品区、眼镜店、饰品专卖店、化妆品专柜、家居用品、家具专卖店、文化用品店、体育用品专区、医疗器械店、便民药店等	
餐饮	正餐	中式餐厅、西餐厅、日式餐厅、主题餐厅、咖啡馆、酒吧、美食天地、快速食品店、茶餐厅	
	饮料及点心	蛋糕店、风味大排档、甜品店、冷饮店	
娱乐	成年人	舞厅、KTV 包厢、棋牌室、电子游戏室、博彩中心	
	婴童	儿童玩具城、亲子活动室、儿童娱乐场	
健康	运动健身	健身馆、保龄球馆、游泳池、滑雪场、溜冰场	
	保健服务	美容中心、SPA 会所、洗浴中心、按摩店、医疗室	
文化		电影院、剧场、公共舞台、文化宣传区、博物馆、动物园、水族馆、画廊	
金融		银行、自助银行、货币兑换处	
办公		写字楼	
宾馆		星级酒店、商务旅馆、经济型酒店	
会展		展览馆、公共展示区	
其他		摄影馆、美发沙龙、邮局、洗衣店	

在本书的研究中,我们一般会直接讨论商业购物、餐馆这两个最主要业态的形式的数量和占比,同时,将一些重要的特殊业态,比如电影院(部分 MALL 内部有多个电影院)、剧院(部分 MALL 有多个剧院)、大型公共游乐设施(如 Dubai MALL 的室内滑雪场)、水族馆、动物园等,作为特别罗列和比较。

(4)停车场容量

在美国,最早的 MALL 形式诞生于郊区,而汽车是维系其商业形式不可缺少的交通工具。至今,大量的大型 MALL 位于美国郊区,必须使用汽车到达;而

MALL 也必须按照自身的规模设定相应的停车场面积,因此对于像美国、澳大利亚这样的国家,停车场容量可以直观反映 MALL 的商业规模。

但是在以中国和日本为代表的亚洲国家,MALL 会大量出现在城市最繁华的商业地块,即使不是在最繁华的地块,也因为倡导绿色环保的原因,日益不鼓励消费者开汽车到达,转而大力发展公共交通。因此,在这些 MALL 中,停车场容量不能直接反映 MALL 的商业规模,却是一个重要的参照。

停车场容量的单位是平方米或者万平方米,但随着立体停车的出现,直观的面积不能直接反映可停车的数量,因此,也有将总共可供外来消费者使用的停车位数量来作为衡量停车场容量的单位。

停车场也有自成体系的公共设施,但是停车场的设置与规划,更接近于消费者来往 MALL 的交通流程,而不直接属于消费流程,相应的需求体系有很大差异,因此在本书内不详细讨论停车场中的公共设施。

(5)历史营业额

我们会在后面的比较研究中,讨论到 MALL 的历史营业额,这是反映 MALL 商业发达程度的重要参数,也是 MALL 商业规模的重要因素。历史营业额一般是指在某一过去的年度,MALL 中所有的商业设施营业的总营业额,包含正规店铺及所有开展销售或提供有偿服务的公共设施。离现在越近的数据越能说明 MALL 现在的经营情况,但因为数据调阅的困难,我们会比较能调阅到的某一年或者接近年份的年度营业额。

(6)商业规模比

商业规模比 = 商业设施面积/核心商圈面积

一般来说,商业规模比较高的区域,商业规模较大,商业较发达。

4.1.2.3 商业定位与主题

(1)MALL 的商业定位

A. 业态定位

对 MALL 而言,MALL 本身就是一种商业业态,区别于传统的商店、百货商店等商业业态。但 MALL 是一种比较复杂而且正在不断进化发展的商业形态,正如前面在对 MALL 的分类和特征的描述中可以看到,尽管都可以称之为 MALL,但不同的 MALL 形

图 4 - 8 上海正大广场室内空间
(图片来源:作者自摄)

式有时差异很大。因此,我们在这里还是将业态定位作为研究 MALL 商业定位最基本的一种因素来考虑。

MALL 的分类方式很多,不必强行规定要按哪一种方式来分类,但不同的分类方式体现着 MALL 的不同特征和商业诉求,因此,在后续对 MALL 具体案例的分析中,我们要通过多种分类方式来界定一个 MALL 的详细业态定位。

比如,上海市陆家嘴的正大广场,属于主题性比较强的 MALL,定位是以家庭为主题的现代休闲娱乐购物中心(见图4-8)。

B. 功能及销售品类定位

MALL 的功能和销售品类是两个概念。

功能一般是指 MALL 从事哪方面或者哪些方面的经营服务业务。尽管 MALL 是多功能综合性的商业业态,但不同的 MALL 提供的服务种类差异还是很大的。有的 MALL 以商品销售为主,有的 MALL 还具备演艺活动、会展等多种功能,还有的 MALL 不论是服务还是销售商品,都与人们的饮食相关。这体现的就是 MALL 的不同功能定位。

而 MALL 的销售品类定位,则特指 MALL 的销售功能所销售的商品种类和占比。一般来说,MALL 的销售种类比较广泛,但也有一定的范围。比如一般的商业MALL 比较少经营建材或者家具,但也有专门的居家建材 MALL,还有电器 MALL之类的概念。

在本书中讨论的,主要是综合性 MALL,而其他如建材 MALL、电器 MALL 尽管冠之以“MALL”的称呼,但本质上,还是汲取了部分 MALL 经营方式的集散市场,在本研究中不作进一步的比较和讨论。

C. 客户群定位

这是描述 MALL 商业定位的一个极为重要的关键性指标, 也就是这个 MALL的目标客户群的定义和描述,直接反映着 MALL 的档次和形象。

但客户群定位同我们说的“人”是有区别的。我们所说的 MALL 商业系统中的“人”是指在 MALL 中的消费人群,这个人群同目标客户群并不完全吻合;而我们所说的商圈内的人群,则更多地偏近于地理概念,也就是稳定在这个地理范围内的人群的特征。这几个概念对我们的研究都有意义,举个例子:

拉斯维加斯 Miracle Mile Shops,所在商圈同恺撒皇宫 Forum Shops,拥有相同或者接近的商圈人群,因为它们同在一个商圈,地理位置很接近;而 Forum Shops的目标人群定位要高于 Miracle Mile Shops;但是,在白天,进行消费的人群主要是各地来的游客,完全可能是走过了 Miracle Mile Shops 再去 Forum Shops,因此在其间看到的消费者差异不大。而到了晚上,因为各种演艺活动和高档消费活动的开始, Forum Shops 的消费人群同 Miracle Mile Shops 是有明显差异的。

D. 模式定位

现代 MALL 的经营模式不尽相同。大多数的现代 MALL 本质都是地产商业，商铺是以出租的方式给经营者的，但是也有部分商铺是完全独立销售，甚至通过整合几个商业设施而成，不是单纯的租赁模式。

而对于租赁的模式，MALL 经营者管理的深入程度也很不一样，这也是 MALL 模式定位的详细化。比如，MALL 的经营者是否参与整体的经营管理，是否统一

图4-9（左）　香港 Time Square
内的 Lane Crawford
图4-10（右）　香港 IFc MALL 内的
Lane Crawford
（图片来源：作者自摄）

收银，是否统一进行商业促销活动，等等。比如很多 MALL 中集成的超市或者电影院，就是相对独立的商业组件；更有一些"店中店"的模式，比如香港时代广场和 IFC MALL 内的"连卡佛"（Lane Crawford）（见图4-9、图4-10）。

E. 文化与形象定位

随着现代 MALL 的发展，经营者越来越意识到文化因素对消费者消费行为的重要影响，因此，都不遗余力地打造适合自身定位的文化背景与形象。这种形象，大到 MALL 建筑风格和室内设计，小到服务员的着装乃至一块标价牌的形式，都需要详细计划。严格地说，MALL 的主题也是属于 MALL 的文化与形象定位范畴，但是并不是所有的 MALL 都有主题。

MALL 的文化和形象定位是一个非常复杂的系统，很难用直接的量化数据来表达和分析，但我们可以借用一些相对的描述对比来进行不同 MALL 的分析。比如"时尚"与"复古"，"奢华"与"简洁"，"中国风"和"欧式"，"高雅"与"大众化"等。当然，对于每一个 MALL，都可以找出一大堆这样的形容词，但是我们在后面的对比分析中，会将用作对比的多个 MALL 之间差异最明显的描述来做分析。

（2）MALL 的主题

MALL 的主题一般是指面向特定的消费群体，根据目标消费群体的需求、爱好设定的商业形式和内涵。

MALL 的主题种类很多，可以是前面提过的功能定位，比如运动主题、餐饮主题等；可以是文化或者流行元素，比如卡通主题（迪士尼）、古罗马主题等；也可以是特定的目标对象，比如汽车主题等。原则上说，主题的范围没有明显的限制，只要是能充分体现目标消费群体的需求，吸引目标消费群体的元素都可以成为 MALL 的商业主题。

MALL 的主题首先体现在形式上，也就是 MALL 商业建筑空间、广告宣传等消费

者能够直接接触到的感官形式,需要主题化。同时,形式的主题化也包括店铺种类的分类和设置。比如以儿童生活为主题的MALL,会将建筑与空间装饰尽可能地儿童化、卡通化,而MALL内的商铺,不论是销售还是餐饮,都是以满足儿童需求为主。

MALL的主题更体现在商业活动的内涵上。凡是能够吸引目标消费群体的营销活动、配套品类、新潮体验、互动节目等内容,都是主题MALL的商业内涵。

主题是现代MALL商业流行的一种商业形式,但是不意味着所有的MALL都需要主题。很多大型综合性MALL并没有明确的主题,而这些综合性的MALL也没有放弃主题这种有效的吸引消费群体的手段,主题会成为这些MALL的阶段性活动形式。比如很多MALL会根据不同的节日设定消费主题,如儿童节的儿童主题和母婴主题、妇女节的妇女主题、圣诞主题等。而这些公共性的主题也几乎是各大MALL不可避免的共同竞争时机。

图4-11~图4-19为2009年圣诞档,香港各大商业MALL竞相设置千变万化的圣诞主题。

图4-11 香港沙田新城市广场圣诞主题

图4-12 香港中环IFe MALL圣诞主题

图4-14 香港铜锣湾时代广场圣诞主题

图4-16 香港九龙塘Festival Walk圣诞主题

图4-13 香港观塘APM圣诞主题

图4-15 香港尖沙咀海港城圣诞主题

图4-17 香港九龙湾MegaBox圣诞主题

图4-18 香港西九龙ELEMENT圣诞主题

图4-19 香港旺角朗豪坊圣诞主题

图4-11~图4-19 2009年圣诞档,香港各大商业MALL竞相设置千变万化的对话主题

(图片按照从左到右、从上到下排列。图片来源:作者自摄)

4.1.2.4 业态组合与功能组织

(1)业态组合

我们在前面讨论 MALL 的功能和销售品类定位时谈到了 MALL 的业态组合,也就是根据市场需要,按照不同的比例搭配入驻商铺的经营户种类和空间位置。

常见的销售种类一般是购物、餐饮和娱乐服务,但也不排除有其他重要类别。还有一些类别,比如电影院、超市、剧院等,尽管从数量上并不能占到比较高的比例,但这些业态往往具有非常强的吸引消费群体的能力,占地面积较大,在 MALL 空间中也非常重要。

除了数量比例,各个商铺的分布和位置关系也很重要,体现着 MALL 经营者的商业经营思路。比如餐饮,有的 MALL 会以独立的餐饮区域的方式处理,但也有的会将不同的餐饮店铺穿插在购物区域内。

(2)功能组织

现代 MALL 空间,具备以下 9 个基本功能:营业区、服务区、停车区、休息区、公共交通区域、办公区、仓储区域、进出货区、辅助功能区。其中,消费者在消费休闲活动中直接能接触到的是营业区、服务区、停车区、休息区、公共交通区;而在 MALL 空间最直接的消费过程中接触到的是营业区、服务区、休息区和公共交通区。不同的 MALL 对于这些区域的分布和组织也有不同,比如休息区的设置,有的 MALL 会设置独立的休息区域,也有的则是利用公共交通区域和营业区域,分批地设置休息区。

4.1.3 环境空间

这里研究的环境空间特指城市 MALL 商业空间。

4.1.3.1 MALL 的内部空间元素

现代 MALL 的形式就像一个小型的城市,有些超大型 MALL 的规模已经达到了一个小型城市的标准,因此,我们在研究现代 MALL 空间的时候,可以用在城市规划中使用的"城市意象"①的方式来划分 MALL 的内部空间元素,这里的内部空间也仅限于向公众消费者开放的公共空间。

(1)道路

MALL 空间的道路就是指消费者在 MALL 空间活动中用于交通的通道,这些通道除了提供交通的功能,部分也提供包括观察、休息等其他功能。MALL 空间中常见的通道如步行街、道路、走廊、楼梯等。

---

① 〔美〕凯文·林奇. 城市意象[M]. 方益萍,何晓军,译. 北京:华夏出版社,2001.

扶手电梯和升降电梯也是用于交通的必要通道,我们可以把它们看作道路。但是,在MALL空间中,这两种设备是极为重要的空间和功能转换的连接设施,具备明显的"节点"特征。事实上,在现代MALL空间的公共设施的设置上,也经常借助这两种节点。因此,我们可以把这两种设施看作道路,同时也是节点,但会将它们作为节点详细研究,而且它们也是重要的空间标志物。

(2)边界

MALL空间中的边界是指两个相邻区域或者功能部分的分界线,是连续过程中的线性中断。在MALL空间中常见的如内部店铺的外墙、隔离带、栏杆、围栏等。

在MALL空间,营业区域的边界一般就是对消费者的营业展示面和入口。

(3)区域

我们在MALL空间中的区域一般按照功能来划分,也就是MALL规划者所划定的固定的功能区域,而不是消费者进入后用于识别的主观判断。

(4)节点

节点是消费者在MALL空间活动时进入的具有战略意义的点,是不同的功能、交通流线的交叉点或者交汇点,是建筑结构的转换处,具有非常重要的功能。

MALL空间的常见节点是:出入口、中庭(边庭)、升降电梯(一般指居于核心空间的观光升降电梯)、扶手电梯、公共大厅等。

(5)标志物

MALL空间的标志物是重要的点状参照物,可以是MALL的规划设计者所设定的视觉特征明显的参照物,比如位于重要空间的雕塑、景观小品、知名品牌旗舰店、观光电梯等;也可以是消费者主观认定的有特征的参照物,比如有特色的店铺、便于记忆的设施(如银行)等(见表4-4)。

表4-4　MALL空间元素表

MALL空间元素	代表性元素
道路	通道、步行街、走廊、楼梯
边界	店铺外墙、隔离带、围栏、栏杆
区域	购物区、餐饮区、文化区、娱乐区、服务区、休息区、公共交通区
节点	出入口、中庭、边庭、观光电梯、扶手电梯、公共大厅
标志物	雕塑、景观小品、品牌旗舰店、主力店、观光电梯、知名银行或特色商铺

MALL空间元素的判定对公共环境设施的设置和分布有决定性的意义。比如

综合性指示系统和广告传播设施一般就会设置在 MALL 空间的节点处,而休息设施则经常会成为区域的边界。我们会在后续 MALL 空间同公共设施的关系中详细讨论。

4.1.3.2 MALL 的空间组合

现代城市商业 MALL 的规模普遍较大,空间形式复杂。很多大型 MALL 有多种空间和建筑元素,穿插组合,形式多样,很难用单一的空间模型来描述或者归类。我们在这里还是把现代 MALL 空间进行特征拆分,来分析 MALL 空间组合的常见形式。

MALL 的空间组合形态对公共环境设施的设置和分布有着关键性的作用。现代 MALL 空间中常见的空间组合形式如下:

(1)集中式空间

集中式空间组合形式常见于 MALL 空间中重要的线路节点。一般是指在消费者所处的空间,商铺和服务店铺围绕这一空间分布;商铺入口指向空间的中心,空间体现出向心性。空间的中心可以是开敞的,也可以是以雕塑、信息中心等标志物作为视觉中心。例如 Forum Shops 的"亚特兰蒂斯之旅"Show 区域(见图4 – 20)。

图4 – 20 美国 Forum Shops"亚特兰蒂斯之旅"Show 区域

(图片来源:作者自摄)

集中式空间组合形式,同后面的辐射式空间、环形空间有一定的相似性,但本质的区别是,消费者在集中式空间内,有自由的行为路线,MALL 空间对消费者的行动路线没有明确的指引趋向;开敞的空间一般欢迎消费者在此逗留,适合作为重要的空间节点,一般不作为整体的空间形式。公共环境设施在集中式空间的分布,接近于后续要说的环形空间,但也可以随机设置(见图4 –21)。

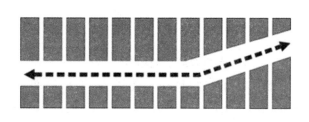

图 4 – 21　集中式空间示意图　　　　图 4 – 22　线性空间示意图

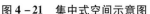

（图片来源：作者绘制）

（2）线性空间

很多冠之以"步行街"称号的 MALL 空间一般是以线性的空间形式为核心。线性空间组合形式是指一系列的店铺和服务设施，沿同一方向或者趋势（不一定是直线）分布，在视觉上形成线性的关系；而 MALL 的规划者事实上也在引导消费者将这种线性的方式作为行动的路线。

线性空间的路线可以是直线，也可以是曲线、折线，但是不管哪一种线型，当其首尾相接就形成了环形，因此后面的环形空间也可以看作是线性空间的一种特例，但环形空间还有其特有的性质和组合方式，因此要独立讨论。

线性空间既可以作为局部空间布局存在，也可以作为整体空间组合的核心形式，将包含线性空间在内的多种空间组合形式组织在一起。比如上面讨论的 Forum Shops 的整体空间形式就是线性（折线）空间，并将集中式空间、辐射式空间和线性空间这三种形式作为"子空间形式"组合在一起，形成了一个空间组合系统。

在线性空间，MALL 的策划者希望通过这样的空间形式，引导消费者的行动路线呈同样的线性，因此相应的公共设施一般也呈相同的线性分布（见图 4 – 22）。

（3）环形空间

空间中商铺的分布呈环形，且预设的空间线路呈现明显的环形，这样的 MALL 空间形式就是环形空间。环形空间更强调首尾相接的循环路线，而不是一定要呈现正圆形或者椭圆形，也有多边或者不规则的形态。

同集中式空间不同的是，环形空间中消费者的行动路线，被规划成了明显的环形趋势，而不是随意的。

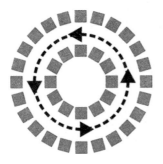 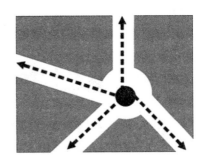

图4-23 环形空间示意图　　　　图4-24 辐射式空间示意图

(图片来源:作者绘制)

环形空间可以被看作线性空间的一种特例,也可以作为组织空间的核心形式,但环形空间本身也可以作为局部空间的组织形式。组成环形空间的方式一般有两种:一种是步行道路的两侧都是店铺;另一种方式是以景观中庭的方式组织的,店铺只在环形道路的一侧。在环形空间,公共环境设施一般沿环形线路分布(见图4-23)。

(4)辐射式空间

辐射式空间一般不作为独立的空间形式出现,而是将线性空间形式作为构成元素,以一个中心向多个方向延伸分布。辐射式空间本质上是一种组合方式,但其本身也可以作为更复杂组合的元素。辐射式空间形式可以有 T 型、Y 型、十字型甚至更多分支形式。但更多的分支方式一般很少使用,因为向多个方向发散的空间形式,对于消费者行动路线而言,容易形成迂回,不方便,辐射空间形式一般是必要的流线交会方式。

为了减少辐射空间造成的单调和不灵活,也常在辐射空间的中央创造景观雕塑或者其他视觉标志物。同时,因为是多条道路或者人流的交会处,在这里设置信息中心或者指示设施、广告设施是比较好的选择(见图4-24)。

(5)网格式空间

MALL 空间的网格式形态,是指将店铺和服务设施,以网格的方式组合起来,形成相对密集的一个区域。网格式空间的特征很强,消费者在空间内对于行为路线的随意性和自主控制性比较大,适合限定主题的多选择消费。

网格式空间布局在现代百货商店比较常见,一般是在同一类的商品销售区域,便于消费者随意选择。在 MALL 空间一般不会整体以网格式形式出现,而是在一定的区域内出现。MALL 正是引入了百货商店对于同一类商品或者服务的这种比较自由的选择方式。

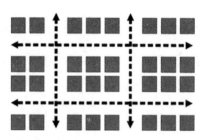

图4-25 网格式空间示意图

（图片来源：作者绘制）

在网格式空间，需要足够的步行道路来组织，对空间来说是比较"浪费"的。因此在网格式空间，步行道路一般不会很宽阔，也不会大量设置公共环境设施，以减少空间的浪费，并使交通畅通。指示设施和广告设施在网格式空间比较常见，沿道路分布（见图4-25）。

（6）组合式空间

组合式空间是指在MALL空间组织时，将以上一种或者多种空间形态组织起来的方式。组合式空间本身并不是同以上空间形式完全并列的，但是因为组合式形式本身也可以作为更复杂组合方式的组成元素，因此也将组合式空间作为一种方式来分析。

组合的方式一般有两种：

第一种是以一种基本空间组合形式为基础，将一种或者多种空间组合元素组织起来。作为空间组织的基础方式，常见的是线性、环形空间形式。

第二种组合方式则是一种（指的是多个相同方式）或者多种空间组合形式以相对平等的方式直接组合。以这种方式组合的空间形式，常见的是环形空间。比如Miracle Mile Shops的空间组织形式就是以两个独立、并列的环形空间相切组合在一起的（见图4-26）。

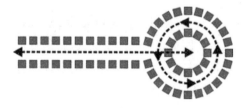

图4-26 组合式空间示意图

（图片来源：作者绘制）

4.1.3.3 MALL 空间的主题

空间形式是 MALL 商业主题的主要载体。现代商业主题,是在充分研究消费者消费层次划分和消费行为划分的基础上,整合相似类型消费习惯和消费对象,并将对于这类消费者都有吸引力的消费商品集中在一个平台上。商品的种类可以有关联性,也可以没有关联性。空间形态是重要的商业主题载体,但并不仅限于空间形态,还包括灯光、动线甚至是营销策略等。

传统的商业主题一般是针对产品类型来划分,而空间的形式则跟随产品的类型来进行设计。比如电脑主题(各大电脑城)、儿童主题(上海宝大祥、玩具反斗城)、女性主题(上海妇女用品商店)等,也包括很多的服装城、文具城等。

而现代的商业主题则更加灵活,可以完全按照目标人群喜好设计商业空间,每一个细节都有可能勾起目标消费者兴趣从而使其产生行动意愿,纯粹按消费者需求导向设计。而作为提炼的商业主题元素,则可以是目标消费人群共同拥有的特征或者喜好的类型,而不一定局限于消费品本身。比如运动主题(迪卡侬、广州东川名店街)、卡通主题(香港迪士尼乐园)、旅游主题(苏州观前街)、餐饮主题(大食代、香港食通天)、文化主题(上海新天地、田子坊)、艺术主题(北京798)等。

而提炼程度更加深的元素也开始运用到现代商业,比如正大广场的正大星美影城,就用了古代埃及神话为主题,这似乎同商业或者服务类型以及消费者本身的特质都没有关系;但是埃及神话视觉元素所体现出来的神秘感正好迎合了目标人群的猎奇心态,是非常出色的空间主题形式。

在我们对当代商业 MALL 调研的过程中发现,越是规模庞大的 MALL,所针对的目标人群越是广泛,而能提炼出的个性化的特质相反则越小。而相对规模小一些的 MALL,因为目标人群范围也相对缩小,则更适合提炼出个性化的空间主题元素。比如拉斯维加斯的 Forum Shops 的主题是极盛的古罗马生活场景,就代表了其目标人群追求奢华生活的心态;而 Miracle Mile Shops 的好莱坞五光十色的生活主题,则体现出了年轻、追求时尚、怪诞生活的年轻人群的共同特征。

日本六本木新城体现出的则是现代文化时尚主题,这个主题相对宽泛,因此尽管六本木新城规模和目标人群都很大,也可以提炼出共同的特性。

4.1.3.4 空间尺度

(1)空间尺度的概念

尺度的概念,通常被人们不加区别地仅仅用来表示尺寸的大小。

实际上,尺寸只是表示尺度上的物理数据,而尺度则指人们在空间中生存活动所体验到的生理上和心理上对该空间大小的综合感觉,是人们对空间环境及环境要素在大小的方面进行评价和控制的度量。

空间尺度是环境设计众多要素中非常重要的一个方面,它的概念中包含更多的是人们面对空间作用下的心理以及更多的诉求,具有人性和社会性的概念。

尺度在 MALL 空间设计的创作中具有决定性的意义。在室内空间设计中如果没有对几何空间的位置和尺度进行限制与指定,也就不可能形成任何有意义的空间造型,因此从最基础的意义上说,尺度是造型的基本必备要素。理想空间的获得,与它对应于人的心理感受和生理功能密切相关。各种人造的空间环境都是为人使用,是为适应人的行为和精神需求而建造的。因此我们在设计时除了考虑材料、技术、经济等客观问题外,还应选择一个最合理的空间尺度和比例。

(2)空间尺度对人心理的影响

所有的人类生命都生存于空间,不论建筑室内或是室外,空间不可避免地形成了对人们最为重要而又容易被人们所忽视的影响力。人们不能脱离空间而独立存在,因而空间及其尺度应有助于人们对所处环境感觉合适,并且空间带给人们的感受也会极大地影响人身处其中的情绪。

同时,人们对其所处空间的形式、大小、色彩等方面的处理也是要尽可能地合乎使用者的内心需要,从这个角度上说,一个空间最终的成型主要依靠人们自身的兴趣和品位。因此,人与空间尺度之间更多的是一种心理上的感受与关联,人的心理需求是空间尺度确立最重要的因素。

空间尺度对人群心理的影响主要体现在人群对于领域性、私密性和安全性的需求方面,后续在研究消费人群心理需求的章节会详细论述。

(3)把握空间尺度的要素(关于公共环境设施)

在考虑 MALL 空间尺度关系时,应坚持"以人为本"的原则,一切从人的需要和感受出发,以人的尺寸为参考系数,充分考虑人在空间中的视点、视距、视角以及人们使用空间时的亲近度等各种情况,从大的空间环境到细微的材料质感设计都要创造良好的尺度感。

设计师和建筑师对空间尺度进行控制时,首先需要详细考量目标人群在这一空间中的行为需求和动机,因为不同的行为目的对空间的直接需求和心理需求都有很大的差异。比如作为主要步行道的空间应该尽量处理得开阔,让交通流线畅通;也有通过控制步行空间的尺度来达到增加消费的神秘感和亲和力的做法。但对于建筑空间直接的尺度控制方式,我们不详细深入,重点看同公共环境设施相关的控制空间尺度和消费者相应的心理方式。

A. 正确选择 MALL 空间内的公共环境设施

公共环境设施是室内设计中不可或缺的内容,人们在 MALL 空间内的任何活动都会与公共环境设施发生一定的关系,甚至依赖这些公共环境设施来完成行为动作。公共环境设施的形体、尺度必须以人体尺度为主要依据,而因为不同区域的人群身体尺度也有一定的差异,人群类型也是重要的参考因素。

同时,人们为了使用这些公共环境设施,其周围必须留有活动和使用的最小余地,满足了这些要求的空间才会有合理的空间尺度,因此,MALL 空间尺度的把握与其中公共设施的选择有着密切的关系。空间越小,停留的时间越长,对这方面的要求也越高,例如公共厕所、小型餐饮空间等内部空间的设计。

此外,对各种公共环境设施表面材料的选择,也是准确控制空间尺度的一个重要因素,这主要指材料的质感、纹理方面。在生活中,有的东西我们喜欢触摸,有的东西我们不喜欢触摸,通过视觉和触觉形成人对材料的质感。设计师在设计过程中要充分运用不同材料的质感,来塑造空间,吸引人们去亲手触摸或仔细观赏。换言之,通过质感的细微特征产生一种视觉上和触觉上的优美感,从而使空间具备一定的亲和力。例如皮革饰面的坐具会给人高档的感觉,而布艺的坐具给人的亲和力更强。

B. 准确把握公共环境设施间的距离,也就是公共环境设施的出现频率

通常人们并不擅长对任何形式绝对感知,但是在有相对比较的情况下,人们则会对形式做出准确或近乎准确的判断,对于距离亦是如此。重要的是参照,MALL 空间设计主要的参照物是人,而本质上体现出的是人的需求。公共环境设施的位置、形状、大小的确定,根本因素就是对人的需求以及世界行为规律的把握。随着人在 MALL 空间内行走消费,会有各种不同的需求,有些需求是成规律均匀分布的,比如说照明;但也有很多需求的产生并非均匀分布,比如对指示系统的需求。设计规划人员需要正确判断这种需求,控制好公共环境设施的出现位置和频率,使设施之间、设施同空间趋于和谐。

除了根据目标人群的需求确定各种设施的空间尺度和距离外,人的心理也会影响公共环境设施的安排。

社会心理学家曾把室内家具安排分为两类:一类称为亲社会空间,一类称为远社会空间。这种概念运用到 MALL 空间的公共环境设施上也是一样的。在亲社会空间,家具成行排列,如等候区、电影院,因为在那里人们不希望进行亲密交往;在远社会空间,家具成组安排,如休息区域、茶室,因为在那里人们都希望进行亲密交往。

一般而言,任何优秀的 MALL 空间及公共环境设施的设计和设置都是符合人们的行为模式和心理特征的,都能够满足使用者的个性并体现对使用者在尺度上的关怀。合理的空间尺度背后不是什么抽象神秘的数据,而是实实在在的对人类个体或群体有益的客观规律。

4.1.4 公共环境设施系统

如上文公共环境设施概述中的描述,不再复述。

4.2 现代 MALL 商业空间系统

4.2.1 系统的概念

在韦氏学院词典(*Merriam – Webster's Collegiate Dictionary*)中,"系统"的定义为"有组织的或被组织化的整体;结合着的整体所形成的各种概念和原理的结合;由有规则的相互作用、相互依存的形式组成的诸要素的合集"。

我国钱学森先生对"系统"描述为:系统是由相互作用和相互依赖的若干组成部分结合的具有特定功能的有机整体。

系统具备的一般特征是:①系统由若干元素组成;②系统中的元素互相作用、相互依赖;③系统中的元素的相互作用,使系统作为一个整体具有特定的功能。

4.2.2 城市 MALL 商业空间系统中的基本元素

现代城市 MALL 商业系统,是一个非常复杂的元素聚合体,具备多种功能,但归结来说,这种功能就是前面所论述的"一种全新的 MALL 商业生活模式"。而支撑和构成这种功能的基本元素首先是基本的商业、建筑空间,也包括游走于其间的消费者或者是工作人员,也就是人。

商业、建筑(环境)空间、人是现代城市 MALL 商业空间的基本构成元素。我们这里的人一般指消费者或者是置身于 MALL 空间中的消费群体,而不是指同样身处 MALL 空间中的工作人员和服务人员。但是,当我们讨论 MALL 空间的公共空间、服务、公共设施所服务的对象时,也包含这些工作人员。

人进行商业活动有很多辅助性的需求,人在复杂的空间中需要指引和休憩,商业和空间需要有机的结合来完善商业功能。对于这些基本的需求,MALL 空间必须提供相应的服务,这些服务就是支撑 MALL 商业空间系统的第四个重要的也是基本的元素。

在 MALL 商业空间所提供的服务,我们可以分为两部分:软件部分和硬件部分。

软件部分主要是指 MALL 空间的工作人员、服务人员及其提供的服务内容。

硬件部分可以简单的认为就是公共设施。但在实际的比较分析中,MALL空间本身也在向消费者提供服务。商业部分也在提供服务。而有些公共设施,比如自动售货机、娱乐设施,因为在同消费者的互动中收取费用,我们也可以把它们看作商业的一部分。这些内容之间的划分其实并不严格,而我们的研究也完全没必要将这些划分严格化。正是这样互相交错融合的系统支撑起了消费者的MALL商业消费模式。

在MALL空间向消费者提供的服务中,公共设施起了关键的作用,公共设施让消费者完全自主、自由地处理自身的需求。

4.3 公共设施系统的需求关系模型

4.3.1 马斯洛需求层次理论

按照马斯洛需求层次理论(Maslow's hierarchy of needs),亦称"基本需求层次理论"(由美国心理学家亚伯拉罕·马斯洛于1943年在《人类激励理论》论文中所提出),需求分为五种,像阶梯一样从低到高,按层次逐级递升,分别为:生理上的需求、安全上的需求、情感和归属的需求、尊重的需求、自我实现的需求。另外两种需要是求知需要和审美需要,这两种需要未被列入他的需求层次排列中,他认为这二者应居于尊重需求与自我实现需求之间。

本书将不再大费篇幅讨论马斯洛需求理论,而是结合马斯洛需求理论,讨论消费者,或者"人"在现代城市MALL商业空间中所产生的需求,以及相对应的解决方式。而这里所讨论的需求,对于消费者消费项目本身的需求,比如购买的商品或者服务,不再进行需求层次分析,而只是将其整体作为一种通常和普遍的行为来考虑,而支持这种行为实现的需求,就是我们要讨论的需求。在人的消费活动中,与消费活动和空间设施关系不大的需求也将被忽略,比如安居和衣着等基本需求。

本书借用马斯洛需求层次理论来展开对消费者进行消费娱乐活动时需求的分析,但事实上,基于社会学和经济学的层次关系在MALL消费活动中并不那么苛刻。比如作为吃饭的基本需求,在MALL消费活动中,更多的是体现消费者的社交需求甚至自我实现,而不再是作为基本的生理需求来实现。而我们这里,更多的是倾向于将这些需求罗列出来,或者是借助这种分析方式,更加有条理地罗列出来,再逐一进行应对方式的分析。因此尽管还是把吃饭归结到生理需求方面,但这只是罗列归类,而不代表层次观点。而后续,本书则会以消费者的消费娱乐活动为核心,分析在 MALL 商业活动中消费者的需求层次体系。

(1)生理上的需求

生理上的需求是人们最原始、最基本的需求,如空气、水、吃饭、穿衣、住宅、医疗等。若不满足,则有生命危险。这就是说,它是最强烈的不可避免的最低层需求,也是推动人们行动的强大动力。

在 MALL 空间中,人们依然有对空气、水、餐饮、衣着等最基本的需求,但是不应简单地把这些需求就归结在最低层级的生理需求。比如在 MALL 空间进行的餐饮、衣着等需求,则已经不只满足于最基本的吃饱穿暖的需求,而是上升到尊重的需求,也就是人们的餐饮、衣着等消费活动,更多的是因为购买这样的餐饮和服装服务,能满足自我评价以及他人尊重。

(2)安全上的需求

安全的需求要求劳动安全、职业安全、生活稳定,希望免于灾难、希望未来有保障等。安全需求比生理需求较高一级,当生理需求得到满足以后就要保障这种需求。每一个在现实中生活的人,都会产生安全感的欲望、自由的欲望、防御实力的欲望。

人在 MALL 空间中依然对安全有很高的需求,比如说消防逃生系统甚至新风系统,都可以归结到这里。而关于 MALL 空间中大量存在的指示系统,在较低的层面上,也是为了满足消费者娱乐购物行为的安全性和便捷性。

(3)情感和归属的需求

社交的需求也叫归属与爱的需求,是指个人渴望得到家庭、团体、朋友、同事的关怀爱护理解,是对友情、信任、温暖、爱情的需求。社交的需求比生理和安全需求更细微、更难捉摸。它与个人性格、经历、生活区域、民族、生活习惯、宗教信仰等都有关系,这种需求是难以察悟、无法度量的。

MALL 空间的设计和公共设施的设计,往往都要考虑到消费者情感和归属的需求,也就是希望通过设计使消费者购物娱乐的过程更加人性化,让"人"在其中感受到被关爱、需求被重视。这种设计工作,除了在视觉识别方面之外,也包括各种设施的设置、分布等,考虑到消费者可能的需求进行设计。

(4)尊重的需求

尊重的需求可分为自尊、他尊和权力欲三类,包括自我尊重、自我评价以及尊重别人。尊重的需要很少能够得到完全的满足,但基本上的满足就可产生推动力。

这一点在前面基本的生理需求中已经提过,也就是说,消费者在 MALL 空间

中进行的消费和娱乐活动,都在一定层面上反映了消费者对尊重的需求。MALL
商业模式不是为最基本的生存需要而设立的,而是为了满足较高层次、较高需求
的商业模式。同样的餐饮,选择什么档次的饭店;同样的衣着,选择什么档次的衣
物;同样的消费娱乐,选择什么类型的机构,都是消费者对自身定位的需求,也是
消费者希望他人认同的需求。

(5)审美的需求

审美的需求并不在马斯洛最基础的五种需求层次中,但按照马斯洛的理论
(图 4 - 27①),这种需求介于尊重的需求和自我实现的需求之间。

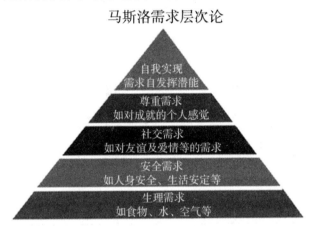

图 4 - 27　马斯洛需求层次示意图

审美的需求在现代设计领域中普遍存在,这种存在正是对消费者需求的反
应。而在现代 MALL 生活方式中,消费者所进行的活动,本来就是一种放松的、休
闲式的消费活动,这种放松舒适的感觉不仅来自实际的消费,也来自消费过程中
和在 MALL 空间中进行的活动中,而消费者接受到的感官刺激,很多一部分就来
自消费者对现代美感的反应,也就是消费者在 MALL 空间中接触到的事物给消费
者以美的感觉。这种观念非常重要。

而对于"美",也不仅仅是狭义的视觉美学,而是包括整体的感官体验,包括视
觉美学、空间舒适感等。营造这种感觉的,除了建筑和空间本身之外,还依靠各种
公共设施,如灯具和其营造的灯光效果、绿化、景观雕塑等。

---

① 图片来源:香港文汇报,http://paper.wenweipo.com/。

(6) 自我实现的需求

自我实现的需求是最高等级的需求。满足这种需求就要求完成与自己能力相称的工作,最充分地发挥自己的潜在能力,成为所期望的人物。这是一种创造的需求。有自我实现需求的人,似乎在竭尽所能,使自己趋于完美。自我实现意味着充分地、活跃地、忘我地、集中全力地、全神贯注地体验生活。

整个 MALL 商业系统,在一定程度上,都希望带给消费者最高层次的需求实现,因此在 MALL 的进化发展过程中也在不断地完善,竭尽所能地满足消费需求。

4.3.2 MALL 商业模式中需求关系的特点

MALL 商业模式满足的需求介于尊重的需求和自我实现的需求之间。

4.3.3 需求层次模型

4.3.3.1 MALL 商业模式中消费者的需求和解决措施

根据上文的分析和消费需求层次关系,我们可以如表 4 - 5 罗列消费者在 MALL 空间中的各种需求和对应的解决方式,从中我们可以看到公共设施在其中起到的重要作用。

表 4 - 5　消费者在 MALL 空间中的各种需求和对应的解决方式(作者绘制)

	需求	解决方式	备注
核心消费需求	(目的明确的)购物	商铺	MALL 核心功能
	正餐	正餐厅或者快餐厅	MALL 核心功能
	娱乐(电影、KTV、博彩、溜冰等)	MALL 相应的娱乐设施	MALL 核心功能
	餐茶需求	茶馆、咖啡吧或者餐厅	MALL 核心功能
次级消费需求	基本饮水需求	自动饮水器/自动饮料机	公共设施
	临时性饮料需求	流动饮料吧/自动饮料机	公共设施
	零食、点心需求	快餐/点心售货亭	公共设施
	临时性小商品购物	售货亭	公共设施
	拍照	自助快拍亭	公共设施

	需求	解决方式	备注
辅助消费需求	通信	电话亭	公共设施
	提取现金和其他金融服务需求	自助银行和自动提款机	公共设施
	空气/呼吸	MALL空间中的新风和空调循环系统	建筑基本配置
	垃圾遗弃	垃圾桶/箱	公共设施
	寻找目标商户或进出路径	公共指示设施	公共设施
	自身定位或者定时	公共指示设施	公共设施
	临时休息	公共座椅	公共设施
	上厕所	公共厕所	公共设施
	给婴儿喂奶、换尿片	母婴室	公共设施
	开发票、礼品兑换、信息咨询	信息中心	公共设施
尊重和审美的需求	环境空间赏心悦目	环境空间、室内装饰、景观设施	建筑配置及公共设施
	交通便利、购物消费过程愉悦	商业规划、整体商业文化	包含公共环境设施在内的整体系统

4.3.3.2 MALL商业模式中消费者的需求层次体系

马斯洛的需求层次理论,更多的是站在哲学和社会学的角度讨论人的需求;而本书中讨论的需求,是针对特定的人群(消费者),在特定的商业环境(MALL)中,进行的有目的性的消费娱乐活动中所产生的需求,这种需求有其狭义性,不能简单地套用马斯洛需求理论。但是,我们可以模仿马斯洛需求理论,根据消费者在MALL空间中,进行消费娱乐活动所产生需求对消费者而言的优先次序,来构建MALL商业模式中消费者的需求理论(见图4-28)。

图 4 - 28 MALL 商业空间消费需求层次示意图

（图片来源:作者绘制）

4.3.4 线性需求链模型

前面我们试探性地分析了目标消费人群在 MALL 商业空间中可能出现的需求,但这些需求都是以独立分析的方式提炼出来的"点状需求",而这种需求类型其实在真正的 MALL 空间消费行为中是不存在的。

现代 MALL 商业模式是一种全新的商业经营理念,对消费者而言是一种全新的消费行为模式。站在消费者的角度,在 MALL 商业空间进行的消费行为,同常规的商店或者百货商店有很大的不同。

MALL 的规模一般都比较大,而且因为其聚集效应,大量的各种形式的商铺、娱乐休闲机构都会进驻。因此,消费者一般的消费需求都可以在 MALL 空间得到满足,所以在 MALL 空间往往会进行长时间的消费休闲活动,而且这个活动整体上看是有计划性的。消费者在 MALL 空间往往不只是进行简单的一个行为目的,而是多个需求,比如会客、餐饮、购物、看电影、娱乐等。因为 MALL 的特殊商业模式,将消费者原先需要在不同场所进行的活动,有机地串联在一个统一的商业空间内,这就形成了消费者以一件件独立的消费需求按照时间先后串联的一条线性需求链。

仔细地分析消费者在 MALL 空间的线性需求链,可以得出线性需求链的以下特征:

（1）先后性

也就是时间线性。

消费者在 MALL 空间的线性需求链是按照行为需求的时间顺序先后串联的需求链,在时间轴上有先后性,一般来说,核心消费目的是不可重复的。消费者在进行一个核心需求行为时,一般不同时进行其他一个或者多个核心需求行为。这就是 MALL 商业空间消费需求的先后性。先后性体现的是需求的时间属性,而没有主次逻辑。各个核心需求在时间关系上呈线性分布。(图4-29)

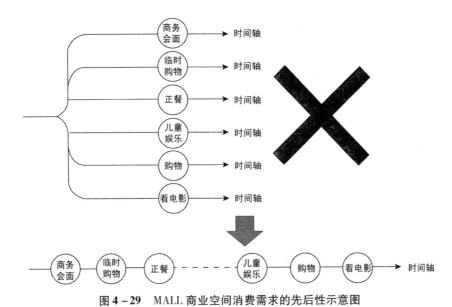

图4-29 MALL 商业空间消费需求的先后性示意图

（图片来源:作者绘制）

举例说,正餐、购物、看电影等都是常见的核心消费需求,消费者可能在 MALL 空间选择其中的部分或者全部作为消费行为的目的。但消费者必须先吃完饭,再购物,再看电影;而不能一边吃饭,一边看电影,一边购物。消费者可能出现多个行为需求同时操作的状况,比如一边喝饮料一边看电影,同时也在休息。但是喝饮料和休息只能看作看电影这个核心需求的次级需求,是围绕着这个核心需求存在的,是可以根据消费者的临时状态选择和调整的,而核心需求本身一般不能调整,否则就改变了消费者行为的目的。

行为既可以成为核心需求,也可以成为次级需求,这与消费者的实际需求有关,而同行为本身无关。比如刚才谈的,喝饮料可以作为看电影这个核心需求的次级需求存在,但是如果消费者在 MALL 空间中,把喝饮料消费作为核心需求,也是可以的,也就是说消费者在这一时间段内最核心最主要的行为目的就是喝饮料,那喝饮料就成为线性需求链上的核心一环。

线性需求链的这个特性决定了相应的公共环境设施体系,将会围绕这些核心呈有规律的线性分布。比如说相应的指示系统,将会按照消费者的轨迹进行指示和分布,而不会太过集中在部分区域。

(2)主次性

消费者在 MALL 商业空间的线性需求链是由一个个独立的需求串联起来的,这些需求大部分会是消费者的计划需求或者是理性需求,但也不排除会有部分临时性的随机需求,比如临时购物、休息甚至是上厕所的需求。这些需求同计划中的需求一样,会呈线性分布,但同计划中的需求相比,会有主次之分。

可以分为计划需求和临时需求两种类型。这里说的主次之分,并不是说临时性需求并不重要,而是说,临时性需求并不在消费者的计划行为路线之中,具有一定的随机性。但是这种随机性的需求同计划需求一样重要,比如说临时性的休息需求。但正因为是随机性,也就需要 MALL 空间的规划设计人员对消费者的行为习惯进行仔细的研究,辨别出现这种随机需求较高可能性的位置,设置休息设施、指示设施、广告设施甚至是辅助商业设施,会取得很好的效果,消费者也可以获得最好的消费体验。

(3)层次性

对于消费者在某一时间段内针对某一独立核心需求进行的消费活动,我们依然可以用基础的马斯洛需求理论来进行分析;也就是说,针对 MALL 以特定的核心需求,消费者的需求模式依然具有层次性。消费者可以在进行购物需求行为的同时,希望这个行为进行得更加便利,这就需要指示设施和广告设施来满足;还可能希望购物时有比较好的心情,这就需要景观设施来满足等。

层次性还体现在部分短暂的临时性需求上,比如消费者在购物的过程中,需要临时性的休息,需要上厕所等,但这其实并不是消费行为需求发生了重合,而依然是呈线性分布,因为消费者原则上不会一边休息一边购物。但是,如果把这些临时性的需求都作为线性需求链的独立环节来分析,会使整个过程分析无比混乱。我们可以把购物之类的目标需求看作核心需求,而在进行这个核心需求的过程中,所发生的临时性需求,比如休息、上厕所之类看作围绕这个核心需求的子需求,就形成了真正主次的需求关系。

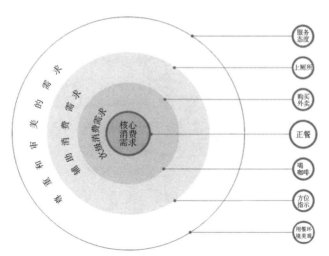

图4-30 MALL商业空间消费主次的需求关系示意图

（图片来源：作者绘制）

4.3.5 需求群和需求层次

消费者在MALL空间需求的层次性，导致了核心需求的出现，而围绕这个核心需求的子需求，如方位指示、促销信息获得、休息等需求，则在核心需求周围，按照层级的远近，如同"蒲公英"般分布，从而形成了在线性需求链上的一个个需求群。

MALL空间消费者的需求群是消费者在一定时间阶段内，所有需求的完整体现，可以作为独立的对象进行分析。

但也有一些需求，比如说消费者对于审美的需求、对于舒适性的需求、对于通行顺畅的需求等，是贯穿于MALL空间消费活动整个过程的，不仅仅是在某一核心消费活动途中。也就是说，当我们研究这种类型的需求或者对应的公共环境设施时，是不可以简单地将这种需求约束在这一需求群内进行研究的，而要同时考虑到整个MALL空间活动的问题。

MALL商业空间消费主次的需求关系示意图（见图4-30）。

MALL商业空间消费需求层次示意图（见图4-31）。

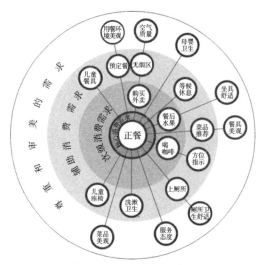

图 4 – 31　MALL 商业空间消费需求层次示意图

（图片来源：作者绘制）

4.3.6　需求的线性层次模型（线性需求群链模型）

从上面对需求群和需求层次的分析中，我们可以发现，MALL 空间的消费行为的线性需求链，更准确地说是线性需求群链，或者说是需求的线性层次。

之所以说是线性层次，是因为部分需求除了围绕某一核心需求之外，也贯穿于整个 MALL 空间的消费活动中。我们可以从下面的示范简图看到这一逻辑关系。

线性需求群链这一概念模型，体现的是消费者需求层次性与 MALL 空间独有的线性需求群的统一。这种需求需要对应的商业和设施以对应的组合与设置来对应，才能使消费者获得满意的消费体验，这在下面对公共设施体系模型的探讨中会深入研究。而这种多层次多环节的需求模型，同传统的商业模式比要复杂很多，这也是本书研究的出发点之一。

4.4　需求与马克思主义社会公平理论

4.4.1　现代消费需求的不平衡性与不公平

在现代社会中，不平衡与事实上的不公平是广泛存在的。对于 MALL 和公共环境设施而言，公众需求的不平衡性主要体现在以下方面：

（1）公众核心需求的不平衡

也就是公众来 MALL 空间的出发点本身就是不同的。有些是为了购物，有些是为了休闲娱乐，有些是全家出游，有些是纯粹打发时间……几乎没有人来 MALL 空间是怀着完全相同的目的。而核心需求是消费者来 MALL 空间最主要的目的，对消费者的消费行为体验有着决定性的作用。正因为这种核心需求的不同，即使不同的消费者在 MALL 空间获得完全一样的服务、完全一样的商业和服务设施，也不一定能获得一样的体验结果。这就是核心需求的不平衡。

（2）不同需求带来的商业利益不同

城市商业 MALL 有其存在的基本商业价值，尽管其社会公益价值正在不断地被发掘，但依然不能摆脱其本质上的商业属性。简单地说，MALL 商业的经营者也是逐利的。

而基于消费者到 MALL 空间的不同目的，导致可能产生的商业价值也有很大的区别，而 MALL 的经营者势必针对这些需求有不同的配置，而不太可能实现真正的"平等"和"公平"。

举例说，在 MALL 的咖啡店的户外空间设有座椅，供消费者使用；而在接近的空间还设有公共座椅，供需要临时休息的消费者使用。而这两种座椅提供的数量、形式、舒适程度等都不可能完全一致。这既有需求本身差异的原因，也有商家因为不同的商业利益而做出的不同的设定。

这个看上去公平的结果却依然是值得商讨的。对 MALL 而言，是否应该对来消费的人群和完全是来闲逛的人群提供客观公平的服务和体验？我们在后面马克思主义社会公平理论的分析中会详细讨论。

（3）消费人群本身的差异

对于自身去 MALL 空间实现自己的需求，不同的消费者有很大的差异。

差异首先体现在消费者本身。不同的消费者，有不同的特点、习惯、背景，不同的经济基础，不同的评价标准，不同的消费习惯等。而除去消费者本身的因素，还有很多因素会影响消费者对于 MALL 商业及服务品质的判定。比如消费者距离 MALL 的远近、到达的方式等。正是这些与人群相关的差异，决定了即使抱着相同目的去 MALL 空间消费的消费者，也可能获得完全不同的消费结果。

如果说，MALL 的经营者可以尽可能地改善各种条件来满足各种需求，但是对于种种不同的消费者，以及消费者的个人因素，要想完全兼顾并处理妥当，是非常困难的，但不能因为困难就不进行相应的改善。现在最常见的措施，就是将几个特殊的人群和需求进行提炼，并通过商业设定和公共环境设施的设计和设置来最大可能地争取事实的公平。

4.4.2 马克思主义关于社会公平的理论

马克思主义最早提出了真正的社会公平理论,对现代社会的发展起了极为重要的作用。当今世界各国尽管存在意识形态的差别,都在尽可能地实现真正公平的社会。对于城市商业 MALL 这个人群数量庞大、功能齐全的综合体来说,追求公众体验的公平是最高层次的目标。因此,马克思主义关于社会公平的理论有很高的研究价值。

恩格斯在马克思的研究基础上,更多地阐发了他对社会公平性的看法。

《哥达纲领批判》①是马克思主义理论关于社会公平的最重要论著,其中对社会公平观的核心论述如下②:

第一,在资本主义社会中所实施的公平原则,比起封建社会的等级制度来说,即从历史发展的角度看,是进步的。在不同的阶段,公平有着不同的标准。

第二,肯定资本主义社会中所实现的公平原则具有进步作用的同时,必须看到这种公平不是事实上的公平,而只是形式上的公平,即在资本主义社会中,崇尚用"同一尺度"来计量,而这种尺度对于有差异的人来说本质上是不公平的。

第三,即使这种形式上的公平,在资本主义社会中也是不可能完全做到的,因为事实上,资产阶级的原则与其实践有着尖锐的矛盾。

第四,人类真正追求的崇高境界是事实上的公平,即把个人体力与智力以及个人家庭情况的差异也考虑在内的真正平等。

本书并不是研究意识形态与社会理论的,但是从受到广泛认同的马克思主义社会公平理论中,可以看到对于现代消费需求的不平衡,马克思主义社会公平理论有其广泛的适用性。根据 MALL 商业空间的实际情况,可以提炼归结如下:

第一,商业 MALL 的存在,本身就是为了满足公众人群共同享用商业服务和公共服务设施的需求,同时在消费者享用过程中,尽可能地做到公平分配资源。

第二,商业 MALL 必须满足形式的公平,但追求事实上的公平才是其存在和发展的真正的最终目标。

第三,事实上的公平很难达成,但可以分阶段、分层次地完成(主要是针对人群的分类),这就是 MALL 空间和设施公平性的计量尺度。

---

① 中共中央马克思恩格斯列宁斯大林著作编译局. 马克思 哥达纲领批判[M]. 北京:人民出版社,1972.

② 许骏达. 马克思主义经典文本解读新编[M]. 合肥:安徽大学出版社,北京:北京师范大学出版集团,2007:219-244.

4.4.3 共同享用和分配公平

从 MALL 的起源可以看出,现代城市 MALL 是伴随着新的人群聚集而产生的公众消费休闲设施。MALL 的存在本身,就是为了满足对应的公众人群共同享用这些商业服务或者是公共服务的需求。按照马克思主义社会公平理论,当社会产生公共价值之后,公众就有共同享用和分配这些公共价值的权利;而完善的共享和分配的原则则是公平;公平本身也是分配和共享的目标。

共同享用,指的是共同享受公共资源提供的服务,享受使用这些公共资源的权利。在这个意义上,强调得更多的是,所有人都有参与共享的权利,而资源则应该尽可能地满足需求量。比如,公共座椅是否能满足公共空间中需要休息的人群的需要;道路和公共空间是否拥挤,导致部分人群无法舒适地享受。

而分配公平则更多地强调临时或者永久地对资源占有的公平性。比如同样是对步行空间的占用,对于正常人来说,是足够宽敞的空间,对于残疾人或者是老年人是否同样能够顺畅地通行?

共同享用阐述的是资源量是否足够的问题,而分配公平阐述的是资源分配公平性的问题。相对而言,资源总量可以根据商业和社区定位来进行有效的测算,并进行合理的设定,控制的可能性较高,而资源分配的公平性就非常困难。

诚如马克思主义社会公平理论①的分析,客观的公平受到多种因素的影响,要得到事实上的公平是非常困难的。因此,对 MALL 商业空间及公共设施服务公平性的研究,核心是对资源分配公平性的研究。

4.4.4 形式的公平与事实上的公平

在马克思主义理论对于"按劳分配"的论述中认为,按劳分配其实是一种形式上的公平。因为马克思认为这是"用同一尺度来对待天赋本来就有差异的个人"。人个体的差异很大,如体力、智力、以及家庭情况等。如果不考虑这些情况,只按照统一的标准——劳动量的多少来分配资源,这就是不公平。当然,"按劳分配"在现有阶段具有先进性,这是因为历史和时代的局限。但长远来看,只有综合考虑这些因素进行的分配,才是真正事实上的公平。而共产主义社会要追求的就是这种事实上的公平。

同样地,对于城市商业 MALL,形式上的公平一般是存在的,有充裕的空间和设施来满足常规消费者的需求,也有各种无障碍设施来满足残障等特殊人群的需

---

① 韩喜平,等. 马克思主义经典著作精选导读[M]. 长春:吉林大学出版社,2007:48-56.

求,这就是形式上的公平。而本质上来说,只有仔细研究特殊人群的需求本质与细节,进行合理的设置,才能真正接近和实现事实上的公平。

比如,在一般的 MALL 中,可以满足需要的无障碍设施,如果简单地移植到日本的 MALL 空间,则可能就不能满足当地老龄化所带来的超常比例的老年人的需求。同样,在日趋严重的老龄化时代,相应的服务设施却不够到位,可以看到上海商业 MALL 的发展还是更多地停留在形式公平的阶段,距离真正的事实上的公平还有很大的距离。

4.4.5　对特殊人群/需求体现公平

对于城市商业 MALL 这样复杂的对象,提供的服务和公共环境设施系统是否能达到事实上的公平,则需要更多地考虑消费者本身的差异。对于消费群体整体性的深入分析,前文对“人”的文化背景和消费心理的研究已经提供了很好的模型和标准;但是,容易出现不公平的,则更多是特殊的群体,比如残疾人、老年人等。现代的公共环境设施的设计和设置虽然还不能精细到对每一个特殊个体进行独立的设计,但是对于这些有代表性的特殊需求,如果可以满足,则是在现有阶段最大限度地体现了社会公平性。

可以说,按照马克思主义社会公平理论,需要将真正的公平施于人,而不仅仅是针对特殊需求人群。但是现阶段绝对的公平难以完全实现,需要体现公平,就需要针对容易出现不公平的群体。而特殊需求群体就是这样的群体,对于这些特殊需求、特殊人群的判定和设计,就是城市 MALL 商业空间公平性的计量尺度(见图 4 - 32)。

我们这里讨论的特殊需求的人群,一般可以分为两类:特殊人群(弱势群体)和临时性特殊需求人群。

(1)特殊人群(弱势群体)

①老年人。行为相对迟缓,辨别能力偏弱,身体承受负荷能力偏弱,体力偏弱。老年人同其他弱势群体最大的整体性区别是,老年人可能会出现较高的比例,这一般是因为地区或者社区老龄化的原因造成的。在后文的分析中,这会作为特殊的问题来探讨。

②残疾人。一般是指行动残疾(腿部残疾或者有伤病)和观察能力残疾(盲人)。除了本身的身体缺陷外,行动残疾人员一般身体承受负荷能力很弱,行动迟缓,体力较弱;而观察力残疾人员一般行动缓慢,观察能力完全丧失。

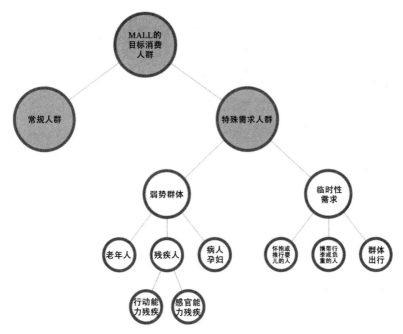

图4-32　MALL商业空间中特殊需求人群的分析图

(图片来源:作者绘制)

③病人/孕妇。以消费和休闲为主要行为目的的商业MALL,一般病人出现的概率不高,除了紧急医疗设施和机构外,一般不单独为病人做特殊的设置。但是孕妇却是经常能出现在商业MALL空间中的特殊人群。孕妇一般身体不宜承受负荷,体力偏弱,需要频繁地休息,且不易长期站立,随时有坐下休息的需求。

④婴幼儿也是特殊群体,但我们一般不直接把他们作为研究对象,而把他们的监护人(临时监护人)作为特殊人群来进行分析。

(2)特殊的需求(临时性)

消费者在商业MALL空间,因为空间和功能的复杂性,随时可能产生临时性的特殊需求。特殊需求的含义是,人群本身并不特殊,只是因为产生临时需求而使人群出现类似特殊人群的需求。这种临时性的特殊需求一般是行为人因为临时性的原因,行为能力较正常人差,比如负重或者拖行行李。

①常见的特殊需求,是携带行李的人群的快速通行需求。这种需求的出现一般是因为其所在的商业MALL建设在交通要道或者毗邻重要交通枢纽的缘故。人群本身行为无碍,只是因为携带行李,且需要快速赶往目的地,因此需要通过特殊的设计,方便他们的行为,且不影响正常的消费者。

②怀抱或者推行婴幼儿的人，他们本身行为能力都正常，但是因为有婴儿车或者怀抱负重，而导致行为缓慢，并可能因为怀中婴儿需要而产生临时的特殊需求，如哺乳。这一群体中的哺乳期妇女，本身因为身体原因，也可能是弱势群体，但并不是所有怀抱婴儿的人都是哺乳期妇女。

携带行李或者负重的人群，他们不仅行为能力受到一定的限制，而且一般有快速通行或者是有寄放行李的需求。

群体出行。比如全家出行或者结伴出行的人群。一般来说，这个人群的核心成员行为正常，但可能伴随老人、小孩（不作为个体分析，行为能力不自由的幼儿一般不独立行为），而且一般是休闲类消费行为。因此，一般行为较为缓慢，而且需要经常性的休息和餐饮消费。

特殊需求人群的需求类型对应如表4-6：

表4-6　特殊需求人群的需求类型表

特殊需求人群种类		弱势（需求）类型		
		行动能力缺陷	感官能力缺陷	其他需求
老年人		行动迟缓,力量衰弱	视力衰退	紧急医疗需求,可能使用轮椅临时休息
残疾人	行动能力缺陷	行动能力缺陷	正常	使用轮椅或者拐杖
	感官能力缺陷	受感官缺陷影响而偏弱	一般是视力、听力缺陷	
病人		一般行动能力偏弱,行动迟缓	正常,但反应可能偏慢	有传染疾病的可能,有紧急医疗需求
孕妇		行动能力弱,行动迟缓	正常	有紧急医疗需求
哺乳期妇女＋婴儿		行动能力弱,行动迟缓	正常	因怀抱婴儿,双手行为能力弱,有哺乳等育婴需求
怀抱或者推行婴儿的人		行动能力偏弱	正常	双手行为能力弱,可能有婴儿推车
携带行李或者负重的人群		行动能力弱	正常	双手使用受限,可能赶时间,需要快速通行
群体出行		整体行动能力偏弱	正常	因群体不同而出现如临时休息、餐饮等不同需求

4.5 "人—商业—环境—设施(服务)"的结构系统

4.5.1 锥形结构模型

客观地讲,MALL空间系统的基本构成元素是环境空间、商业和以公共设施为主的服务体系;但只包含这三者的MALL空间系统是不完整的,没有生命的。只有将消费者这一公共服务的主体加入综合考量,才能看到MALL商业空间这一有机系统的内部关系。

就如同分析,建筑空间、商业和公共设施只构成了一个平面化的体系,而加入目标消费人群的体系才是立体的。我们可以从下面的系统结构图看到各元素之间的关系。

4.5.1.1 "人—商业—环境—设施"系统结构分析

建筑空间、商业、公共设施(服务)、消费者是整个MALL商业空间系统的基本要素,而空间、商业、公共设施则构成了整个锥形系统的基础。

作为MALL空间中固有的存在,空间、商业和公共设施之间互相依存、互相补充、循环往复。

【空间—商业】作为最基本物质基础的建筑空间,为商业和所有服务设施的存在提供空间的支持;而MALL的商业系统及其子系统则赋予建筑空间不同的空间职能,比如商铺、餐饮空间等。

【空间—设施】建筑空间同样也为所有公共设施提供了存在空间,而公共空间的部分职能,为建筑空间的可识别性提供了有力的支持与补充(引导系统),并为建筑空间的美观的功能完善提供了支撑和提升。

【商业—设施】总的看,公共设施的存在为商业系统提供有力的补充和支持,但事实上,公共设施的存在是相对独立的。在MALL空间中,消费者享受的是一种随意自由的过程,这个过程是由一系列不同的消费娱乐活动线性串连而成的,核心商业和公共设施为消费者提供的服务不论大小,成串地出现在消费者活动的轨迹中,构成了MALL消费活动。商业和公共设施向消费者提供的服务其实是一种互为补充的关系,有主次,有先后,但并无重要次要之分。同时,商业定位为部分公共设施(如环境景观设施以及各种公共设施的形式)提供指导与定位。

空间、商业和公共设施互相依存、互相补充,但他们三者的本质职能并不为互相之间服务,而是服务于目标消费人群。客观上看,空间、商业和公共设施服务于消费者群体,整个服务的过程,是按照消费者的步行线路逐步展开的,这个服务的过程是单向的,也就是只服务于消费者的(工作人员使用服务应该被视作同消费者),消费者的行为和属性客观上不逆向作用于空间、商业和公共设施的设计和设定。

【空间 > 消费者】建筑空间根据目标消费群体进行定义,涉及建筑空间的主题、形式、功能设定等;但建筑空间提供的最基础的服务,是为消费者提供了进行消费娱乐活动的物理空间。这是 MALL 商业空间以及商业模式存在的最基本物理基础。

【商业 > 消费者】商业,包含各种商业形式,比如购物、餐饮、娱乐等,也包含部分公共设施所提供的商业服务,为消费者提供了最核心的消费服务。按照消费需求理论,这也是消费者进入 MALL 空间消费最基础和直接的需求。从消费者的观点上看,这些需求和服务是他们进入 MALL 空间的基本目的,有先后次序,也有主次;但所有完成的服务,都构成了消费者对 MALL 商业空间获得的消费体验的一部分,都影响消费者对 MALL 空间的主观判断,从这个意义上讲,这些服务并没有重要和不重要的区别。

【公共设施 > 消费者】公共设施为消费者提供的也是服务。从商业上看,部分公共设施提供的往往是次于标准商铺或者消费单元的商业服务,但是这些商业服务对消费者的消费体验而言同样重要。而更多的,公共设施的存在使消费者在 MALL 空间的消费休闲活动更加顺畅自由,为消费者提供更多深层次的服务,不论是感官上的还是心理上的。因此,MALL 空间的公共环境设施在整个消费活动过程中,关注得更多的是消费者的消费体验的过程,这对现代商业模式而言是至关重要的。

4.5.1.2 "人—商业—环境—设施" 系统的研究

(1)为处于 MALL 空间中的消费者提供所需的服务是整个 MALL 系统的基本职能,也是最核心职能

对于几乎所有的商业设施而言,向目标消费者或者目标消费群体提供所需的服务或者商品,都是其最核心的职能。部分公共设施的功能直接指向商业系统,比如指示系统和广告传播设施,直观上是直接服务于商业和品牌的,但本质上,这都是服务于消费者需求的一部分(见图 4 - 33)。

MALL 这一商业模式有其特殊性,消费者进入 MALL 空间,往往并不是单纯的购买某件商品或者享受单一的服务,而是享受 MALL 商业模式所创造的一种休闲生活方式或者是进行一系列关联复杂的服务系统。这是一种现代的、相对复杂而

图4-33 "人—商业—环境—设施"系统结构研究模型——扁平关系

（图片来源：作者拍摄）

多层次的需求，也正是因为现代 MALL 聚集、规模化的特点，才能满足这种消费需求。因此，消费者在 MALL 空间中进行休闲娱乐的整个过程中，都贯穿着 MALL 商业系统对其进行的服务。

（2）消费者在 MALL 空间中，最终消费体验的感受取决于建筑空间、商业、服务（含公共设施）三者品质的综合高度

从图可以看出，MALL 商业空间锥形系统为何出了一个锥形几何空间，这个空间的体量可以被看作消费者在 MALL 空间所获得的消费体验的总值。简单地看，消费者所获得的消费体验的高度，是建筑空间、商业和公共设施（服务）三者的综合高度（见图4-34）。

图4-34 "人—商业—环境—设施"系统结构模型——体系的质量和高度

（图片来源：作者绘制）

管理学中有一个著名的"木桶理论"①,是指用一个木桶来装水,如果组成木桶的木板参差不齐,那么它能盛下的水的容量不是由这个木桶中最长的木板来决定的,而是由这个木桶中最短的木板决定的,所以它又被称为"短板效应"。由此可见,在事物的发展过程中,"短板"的长度决定其整体发展程度。此种现象在管理学中通常被称为"木桶效应""木桶原理"或称"短板理论"。

锥形系统的高度,即消费者消费体验的高低,并不由锥形三根纵向轴线中最长的一根决定,而是由最短的一根决定。也就是说,在建筑空间、商业和公共设施中,只要有任何一个对消费者提供的服务偏低,则整个消费体验的高度就会被拉低,不论其他两者有多高。这也可以看出,作为基础元素的建筑空间、商业和公共设施三者是相互关联制约的,三者的规划和设计需要通盘考虑,协调搭配才能获得最优化的效果。

4.5.2　锥形系统的特点

从"人—商业—环境—设施"系统的基本理论中,我们可以推导出这个锥形系统的基本特点:

"人—商业—环境—设施"系统是由环境空间、商业、公共设施三者构成的基础,并定向服务于消费者的一个锥形系统,具有明显的系统方向性(见图4-35)。

由基本物质条件构成的"环境空间、商业、公共设施"基础使整个系统具备稳定性。

---

① 木桶原理(Cannikin Law),由美国管理学家劳伦斯·彼得(Laurence J. Peter)提出的,说的是由多块木板构成的木桶,其价值在于其盛水量的多少,但决定木桶盛水量多少的关键因素不是其最长的板块,而是其最短的板块。这就是说任何一个组织,可能面临的一个共同问题,即构成组织的各个部分往往是优劣不齐的,而劣势部分往往决定整个组织的水平。
劳伦斯·彼得(Laurence J. Peter, 1919.9—1990.1):美国著名的管理学家,现代层级组织学的奠基人,教育哲学博士。
参见:石磊. 木桶效应[M]. 北京:地震出版社,2004.

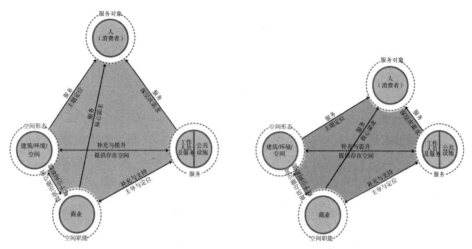

图 4-35 "人—商业—环境—设施"系统锥形结构研究模型——不同基准的体系质量

（图片来源：作者绘制）

4.5.2.1 锥形结构的方向性

这一点在前面已有论述，也就是在这个锥形系统中，作为基础的建筑空间、商业和公共设施都是为消费者群体服务的，这一方向不具有可逆性。也就是说，消费者客观上并不直接影响这个锥形系统结构，而建筑空间、商业和公共设施的设定和设计则必须以目标消费群体的特征为参考依据。

锥形结构的方向性决定了只有通过消费者的消费体验，才能有效地评价MALL 商业空间的整体品质，而不是单独地评价建筑的优劣、设施的好坏。

4.5.2.2 锥形结构的稳定性

"人—商业—环境—设施"系统锥形结构的方向性带来了系统的稳定性，也就是说，即使"环境空间、商业、公共设施"这一基础中的任何一项所进行的服务有所欠缺，也可以由系统其他部分来进行弥补，并不会导致系统的崩溃。差异是消费者对这个系统的体验和评价的差异，也就是图示中四面体的体积的差异。

对于同一个 MALL 商业系统而言，锥形系统的体积大小可以直接用来评价这个锥形系统的品质，但并不完全适用于不同锥形系统的评价比较，因为很多经营者正利用这种稳定性，构造不同评价风格的锥形系统，这在不同的功能空间中体现得尤为突出。

比如说机场候机厅和传统百货商店（见图 4-36），都是充满商业设施、公共服务设施、消费人群的场所。

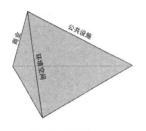
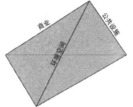
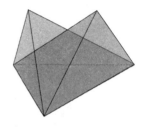

机场候机厅　　　　　传统百货商店　　　　用户体验比较

图4-36　"人—商业—环境—设施"
系统锥形结构研究模型——用户体验(体系质量)比较
(图片来源:作者绘制)

　　如果我们以现代MALL商业为基准核心(平衡锥形),则相比之下,传统百货商店以大量的营业店铺为核心,商业服务这根轴就比较长,而公共设施的服务功能作为补充和支持,对应的轴线比较短。而机场候机厅商业区则以和候机乘客的后继休息需求为核心,相应的公共指示设施、休息设施非常发达,公共设施轴线很长;而商业则作为补充出现,轴线短。这样的区别体现出来的是不一样的锥形评价系统,但并不意味着一种系统一定会优于另一种系统,而是经营者根据不同的需求倾向,将建筑空间、商业和公共设施三者之间的关系进行了适当的调整;消费者甚至会将这种不同的体验认为是同样质量级别的。

　　即使在同样类型的商业空间,比如MALL,也会出现类似的操作,用来营造别有新意的消费体验。当然,也有用来互相弥补缺陷的设计,比如在建筑空间比较复杂的商业MALL,或者类似集散枢纽车站之类对方向指示要求极高的场所,就会大力加强指示系统的设计和设置,以弥补空间本身的不足。这样的操作带来的依旧是系统的平衡稳定。

　　也有一些并不平衡的案例,给消费者带来的就是相对负面的体验。比如位于上海卢湾区的日月光中心,整个商业MALL呈环形布局,分支极多,线路复杂;但指示系统却非常欠缺,导致的直接结果就是,消费者很难在这个系统中顺畅地消费。日月光中心经营两年多,只有底楼和顶楼的餐饮区域还有人气,而一楼和中间楼层的商铺区域,都迟迟不能正常营业,常常是不停地开张、歇业。这种现象出现的原因,主要是因为MALL的整个系统设计不平衡、不稳定,无法给消费者带来舒适的消费体验(见图4-37)。

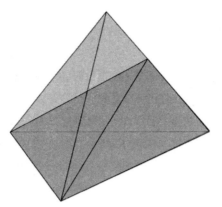

图4-37 "人—商业—环境—设施"
系统锥形结构研究模型——用户体验(体系质量)的高低

(图片来源:作者绘制)

第5章

公共环境设施在城市 MALL 商业空间中的系统分析

5.1 公共环境设施与人的行为

5.1.1 公共环境设施对消费者心理的影响

消费者在现代 MALL 空间进行消费活动时,会不停地与其中的各个元素进行接触,获得感知,不论是人、商业、空间环境还是公共设施。这种感知对消费者的消费心理影响巨大;而消费者进行消费活动、接受各种服务的质量,甚至消费的结果,都直接来自这些感知体验。因此,研究公共环境设施对消费者心理的影响,是公共环境设施设计、设置的重要参考标准来源。

公共环境设施影响消费者的方式有很多种,但对消费者心理影响的程度不同;而这多种影响方式既可能是从浅入深的立体影响,也可能是同时进行的。消费者由于各自文化背景、心理习惯的不同,会有选择性地接受这些影响,甚至对影响作出不同的判断,产生不同的结果。

一般来说,对消费者最直接的影响,是接触、注意和知觉;而通过消费者的知识和日常记忆,借助直接接触而产生的影响,是更深层次的影响;而积累多种的影响,会使客户形成相对成体系的感知体验,从更深的层次影响消费者的消费心理。

5.1.1.1 接触、注意和知觉

公共设施把信息植入同消费者的接触或者注意和知觉中去,使消费者通过这些感知,记住相关的信息,既可直接对消费者的心理和行为产生影响,也可以形成初步的启示,逐步形成更加深层次的影响。

而就接触、注意和知觉而言,我们也可以这样来看待:消费者通过各种可能的方式同公共设施产生接触,结合消费者自身的背景和经验,对其中的部分信息形成注意,并转化成属于自己的判断,也就是知觉。这是一个从浅入深的过程,尽管这个过程可能在一瞬间发生。

（1）接触

在消费者享受 MALL 消费服务的时候，会同很多设施产生直接的接触，比如栏杆的扶手、触摸指示屏等；也会在进行消费的时候产生各种各样的直接接触，比如购买服装时触摸服装的质感等。但这里所说的接触，包括同消费者直接的感知接触和刺激，比如触觉、视觉、听觉、嗅觉和味觉。而同消费者相对接触较为密集的是视觉、触觉和听觉，这也是公共设施对消费者服务的基础。

A. 视觉接触

视觉接触是同消费者接触最为频繁和密集的接触类型。

公共设施直接引起消费者视觉感知和形成刺激的主要因素是：①大小和形状；②质感和色彩；③距离和密度。

这些因素可能直接同消费者接触，也可能组合后同消费者接触；还会接触其他影响因素共同产生影响。比如消费者在一块标价牌上看到产品的价格，是一组数字标注，则这种视觉接触，首先是标价牌和数字的大小和相对关系、数字的形状和颜色；然后是数字本身对消费者的感知影响，这到底是多少价值；最后是消费者根据自身的经验形成判断，这是否符合自己的消费需求。也就是说，这一系列的接触感知过程，尽管是以视觉接触为主的，却体现在不同的影响层面上，多方位、分层次地对消费者产生整体的影响。

视觉接触很重要的一个特点和优势，就是传播范围广，并且可以同时对多个消费者通识发生作用；而比如触觉，只能作用于直接地接触当事人。这也是视觉接触类型的影响被广泛地应用于各种设施的原因。但正因为视觉接触传播广泛，也容易产生刺激的适应性，消费者可以选择性地注意部分信息而忽略其他，因此一些特殊的视觉因素，比如警示色，必须有限地使用，以避免在必要的时候产生适应性。

尽管视觉接触是最常见最密集的接触类型，但视觉接触并不是普遍适用所有消费者的；MALL 空间中会存在盲人消费者，视觉接触会完全失效；因此在一些必要的视觉接触位置，搭配基本的其他接触类型，如触觉和听觉，照顾盲人消费者。这也体现着其他接触类型的重要性。

视觉接触能为消费者提供的主要是视觉信息，保护了必要的消费相关信息外，也包括了直接或者间接的视觉审美，在多个层面上满足消费者的需求。

B. 听觉接触

声音是除视觉外的另一种感觉接触。

同视觉接触一样，听觉也有极广泛的接触范围，可以同时对大量消费者产生影响；相比视觉接触受视觉遮挡的影响，听觉影响受到的影响更小；而借助现代的扬声设施,听觉影响的有效范围被进一步放大。

决定声音是否能被听到的一个主要指标是听觉密度(Auditory Intensity)。消费者更容易听到高音量的音乐或者声音,还有纯粹的噪声。但是,引起注意并不一定是有效的接触,比如将公共广播中的人声加快一些,可能会使消费者产生更加强烈的刺激,但是会干扰消费者对信息的处理,甚至是消费者完全过滤这些信息。

因此,听觉接触同消费者的日常经验、经历的关系非常重要。

相比视觉接触,听觉接触也主要是向消费者提供信息。但是听觉接触的方式的弱点在于,不能使普通消费者同时分辨和接受多个听觉信息。而现代 MALL 空间,本来就是一个多种信息汇集的功能场所,消费者需要同时关注多个信息;因而听觉接触一般不能作为大量公共设施的主要信息传播途径。

当然,相比视觉接触,听觉接触对消费者形成的刺激具备较强的强制性。比如说,当消费者不愿意看某些视觉信息时,可以转移视线或者过滤信息,不关注;但听觉信息往往不容易被消费者自行过滤,因此听觉接触经常被用作部分紧急信息的发布,比如寻人启事或者灾难疏散等,因为这种信息有必要让消费者强制接受。

听觉接触也不是普适型的接触方式,它对听觉障碍者没有效力。

随着技术的发展和进步,听觉接触在公共设施领域的应用得到了很大的拓展。除了常规的信息传播,更被大量应用在人机交互界面,作为声音效果出现,是对触觉或者视觉接触的加强。但其实听觉能起到的作用远不止加强效果;它甚至可以起到对触觉结果的确认。特别是现在的大量触摸式处理,人在行为过程中无法获得机械式触觉开关同样的"确认"反馈,听觉接触在这时就起到了决定性的作用。

而消费者也可以自己决定音效的开关,以确保个人信息的私密。声音控制技术也开始逐渐被使用,相信会有更加广泛的用途。

C. 触觉接触

这里说的触觉不仅限于我们熟悉的双手对设施的触碰,还包括身体大多数部位同公共设施的接触。

我们在后文的研究中还将提到"肤觉",也就是针对皮肤的触觉及温度觉、痛觉的总称。但肤觉包含的只是皮肤的触觉,肤觉本身并不包含触觉。相反,我们这里说的触觉,是包含到肌肉、关节甚至内脏的接触刺激感觉;在宏观层面上,这种触觉,也包括人的皮肤、骨骼、关节、内脏等结构在同外界接触中所产生的所有感觉,包含温度觉和痛觉。

现代研究对触觉的了解要远小于视觉和听觉,但在对公共设施的研究中,触觉的意义非常重要,很重要的指标就是"舒适度"。但包括舒适度在内的触觉感知的标准,往往是因人而异的,比如人们对坐具软硬的喜好。

图 5-1　传统机械式电梯控制按钮上的盲文　　　图 5-2　传统机械式
ATM 机控制按钮上的盲文

　　一般来说,触觉接触是一对一的感知,也就是只有直接接触到接触面的消费者才能产生感知;正因如此,触觉感知的传播范围相对比视觉感知和听觉感知窄,不适合用作信息传播,但对于视觉和听觉有障碍的消费者,触觉接触的设计就成了必要的信息传播和功能执行途径,比如盲道和在电梯按钮上的盲文等。可以说,触觉对视觉障碍人群来说,有着至关重要的作用(见图 5-1、图 5-2)。

　　触觉接触会大量产生在各种公共设施的实际使用过程中,消费者对这个使用过程的体验和对接触产生的舒适感受的评价,直接影响到消费的结果。决定这种接触感受的直接因素来自接触面的材料特性(见图 5-3~图 5-6)。

图 5-3　传统 ATM 机　　　　图 5-4　阿联酋迪拜黄金 ATM
机械式触觉控制界面　　　　全触摸控制式控制界面

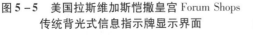

图 5-5　美国拉斯维加斯恺撒皇宫 Forum Shops　　图 5-6　郑州 New Mart 购物中心
传统背光式信息指示牌显示界面　　　　　自助式信息指标牌触摸式操控界面

　　(图片来源:作者自摄)　　　　　　　　　(图片来源:百度图库)

如果说视觉接触是消费者在 MALL 空间中最常见的接触方式,那么随着触控技术和人工智能技术的发展,越来越多的自助式设施在 MALL 空间中应用,不仅应用范围越来越广,而且触觉感受也从原先的简单按键形式逐渐转化到触摸式操作,而消费者也越来越对触感的细节品质有追求。这也可以看作从初级的需求逐渐提升到高阶的需求。

D. 嗅觉接触

嗅觉是人类的重要感知途径。但在公共设施的设计中,嗅觉并不常用,重要的原因是,消费者在辨别嗅觉气味方面的能力差异很大。整体来说,人类对嗅觉的辨识能力并不强,更不精确,而嗅觉传播具有较大的传播范围。如果贸然使用大量的嗅觉接触,非但不能达到预期的功能效果,还可能会使部分消费者产生不适甚至危险,比如过敏症患者和哮喘患者。

但是嗅觉会对人的生理和情绪产生奇妙的影响,比如百合香味能令人放松,还有些香味容易勾起人的食欲;因此,在严格的安全范围内,嗅觉也会被使用到公共设施或者相关的服务中去,比如在部分 MALL 空间中,会在新风系统中添加安全的香料,净化空气的同时,也能使消费者放松情绪。也有一些香水广告牌本身就能释放相应的香味,但这一般属于个别商家的行为,使用不当则容易产生适得其反的效果。

嗅觉接触在公共设施中的局部应用,一般满足的是人们一种特殊的审美需求。嗅觉接触对消费者也有一定的强制性。

E. 味觉接触

尽管很多消费者是因为对食品和饮料的味觉需求去 MALL 进行消费,但在公共设施的设计中,味觉接触的直接使用几乎没有,主要是出于公共卫生的考虑。

同嗅觉接触类似,人们对味觉接触的评价差异也非常大,但味觉接触一般来说是一对一的接触。

虽然在现代公共设施中,几乎没有直接使用味觉接触,但人们对味觉刺激的感受非常强烈,因此在设施中,往往会利用人们的这种知识和经验,把这种刺激视觉化或者听觉化,从而达到效果。比如在部分餐饮广告或者餐饮区域的公共设施,就经常使用能刺激人们食欲的颜色或者图片,有很好的辅助营销效果。

(2)注意

消费者同公共设施"接触",当接触对消费者所产生的刺激超过一定的"阀值",消费者会根据自身的习惯、需求等因素接受刺激、感知信息,这个过程就是"注意"。在现代 MALL 空间,消费者获取的信息量巨大,消费者对各种信息是有取舍的,只有当消费者感知到信息之后,才能进行判断或者进行其他更高层次的处理活动。

注意是多样的,对于信息传播类型的设施,希望尽快引起人们的注意,这种注意尝试用差异化的接触而获得,也就是通过设计使接触对消费者的刺激加强。也有些设施,却需要淡化这种注意,比如休息设施,使消费者获得更好的休息体验,但这其实也是一种注意。

注意的产生过程有三个关键的特性:

A. 选择性

消费者对接触产生刺激的过程是有选择性的,也就是原则上说,消费者自己决定关注哪些刺激对象。举例说,在 MALL 空间的交通核心区域,往往会有多种信息传播设施共存,比如路标、导购牌、广告牌、指示牌等,令人眼花缭乱。消费者一般无法同时查看所有的信息,也没有必要;消费者会根据自己的需要决定哪些信息和刺激是值得处理的或者都没有注意的必要。

公共设施的存在是为了满足人们 MALL 消费休闲生活的需要,但不能妨碍消费者的 MALL 生活,因此公共设施提供给消费者的各种接触刺激,会给予消费者充足接受选择的权利,而不是强迫接受,这也是听觉、嗅觉接触不被大量使用的原因之一。

B. 有限性

人的注意力是有限的。这种有限性有多层含义。

首先,人只能同时关注一定数量的对象刺激,而不是全部。尽管人对接触对象的刺激有自主的选择性,但当关注的对象数量超过人的处理极限时,就无法正常处理剩余部分,做出合适的判断。

其次,即使消费者可以同时关注多个对象,但当部分刺激对象对消费者有特殊的刺激时,或者这个刺激足够强时,消费者往往会只关注这个信息而把其他信息忽略掉或者主动地削弱其他信息。也就是,消费者对刺激的总容纳能力有一定的限度。比如消费者根据自身的需要看好几个广告牌,寻找自己需要的信息,但这时突然有寻人启事通过音响传播,会使消费者把注意力全部放到寻人广播上,而忽略广告牌。

最后,不同的消费者对各种信息分析和注意的能力是有不同的,因此,尽管很多的设施的标识都会出现在指示牌上,但是出现频率最高的往往是厕所、收银台这种最需要指示的信息,而诸如电梯、信息台等信息,则会出现频率低一些,以相对增强重要信息对消费者的刺激。

C. 可分解性

在对注意的有限性分析中,我们已经看到,消费者可以根据自己的需要,对自身的注意能力进行一定的调配,以满足同时服务于多个对象的需要,这就体现出了注意的可分解性。但之所以成为可分解性,而不是直接的分解性,是指消费者对自己注意力分解的能力并不是完全受自身控制的;商家和 MALL 空间的经营管理者,可以通过信息处理,在一定程度上影响消费者对注意力的分解,甚至支配消费者的注意力。但原则上,MALL 不应该过多干涉消费者本身的消费注意力,以营造自由惬意的消费环境,但是对于部分警示信息的发布,是有必要进行强制干预的。

(3)知觉

在消费者接触到的刺激积累到一定的程度后就会形成注意;当注意积累到一定程度后,消费者的心理活动就到了"知觉"的阶段。

知觉是获取信息后一种初阶的判断,是对感觉信息的组织、解释的过程。这种判断对于部分简单的信息或者功能传递可能就是结论和判断,比如人们对标识和部分指示的认知。当消费者在 MALL 空间中需要寻找厕所,就会在接受到指示牌的视觉接触后,立即根据自身的需求筛选有效的信息,形成注意,并对确认的信息形成知觉;一旦判定这种标志所代表的信息就是自己要寻找的厕所,则这一心理过程就结束了。知觉形成的判断一般是确认这种信息是否是自己需要的,但对于后续复杂的判断和行为,还有更多更深层次的影响因素。

对应五种不同的接触类型,消费者有对应的知觉,这是依靠日常的经验和经历积累而形成的。知觉是一种主观的判断,并不一定都是客观正确的,错觉也是一种知觉。关于知觉的特征,将在人机系统的章节中详细分析。

5.1.1.2 知识和记忆

消费者同公共设施接触后,比如说广告宣传设施,即使形成注意和知觉,也不一定就会形成消费或者行为决策;往往有更深层次的心理活动发生,此处发生多方面的影响因素,其中最主要的就是消费者的知识和记忆。

(1)知识的内容和结构

在现代 MALL 空间的整个系统中,消费者知识的内容指的是消费者在过去的生活中所学到、积累的认知成果、经验和思维概括的总和。人类知识的成分众多,人类倾向于运用自己的知识来指导自身的消费娱乐活动或者对相关的刺激进行判断;因此,在现代 MALL 空间,不论是商家还是 MALL 经营者,都试图通过营销活动或者一定的指引来传播自己的品牌或者需要传递的信息,同消费者固有的其他知识联系起来,甚至发展、增加和改变消费者的知识内容(见图 5 - 7、图 5 - 8)。

图 5－7 日本东京六本木新城指示牌,对商业功能结合地图进行的分色归类

图 5－8 美国拉斯维加斯恺撒皇宫 Forum Shops 指示牌,对商铺结合地图进行的分色归类

（图片来源:作者拍摄）

比如在 MALL 空间的标识系统的建立就是根据大多数人所共有的知识系统,创造和提炼的图形,可以激发人们的联想,达到信息认知的目的。但是,也有MALL 的经营者,为凸显自己 MALL 的独有特色和形象,将有自身特色的图形信息加入常规的标识信息系统,人们可以利用固有知识和联想,正常地使用这些标识,但也会同时受到商家的影响,从而逐步将这些新的图形概念形成自己新的知识和记忆,这就达到了 MALL 经营者的既定目标。如香港九龙仓集团时代广场图形概念的应用案例(见图 5－9)。

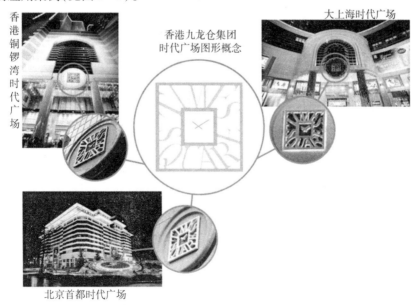

图 5－9 香港九龙仓集团时代广场图形概念的应用

（图片来源:作者整理）

人类的知识量巨大繁复,为了方便取用学得的知识,人们往往会对自身的知识进行组织和分类,这就是人的知识结构。人类的知识结构是人类对自己知识进行再加工的一个过程,不同的人对自己知识的分类有不同。而人类在进行这种知识处理的过程中,会形成处理知识信息的经验和习惯,这也是人类对信息进行判断的一种重要参照和依据。

这种依据不一定都是客观正确的,但对于消费者本身而言,很多瞬间的判断就依靠这些经验做出,因此,这种经验和习惯对于 MALL 的经营者来说极为重要,他们往往会根据消费者习惯的思路进行设施的补给和设置,并结合自身的需求对消费者的习惯进行一定的引导,从而达到营销的目的。比如在 MALL 空间,实际的店铺位置的分布和组合,以及在信息牌上对 MALL 功能区域的归类示意,都是基于人类的知识结构形成习惯进行的设计。

(2)记忆的类型和强化

知识本身是一种记忆的结果,在现代 MALL 空间,消费者的记忆不仅仅是消费者对于消费品、服务等的知识,还包括接受这些产品或者服务所积累的消费体验、消费经历等各种过程的经验集合。

比如说,消费者在一个 MALL 空间寻找一个品牌的某种商品,他除了知道这个品牌、这个产品的各种特性和服务效果外,还可能会回忆起以前购买这种商品的记忆,可能会想起曾经在什么地方、什么时间、什么原因以什么方式购买过这种商品,这种商品的价格如何,是否有过促销活动,是通过什么方式获得的这个产品的信息,等等,这都是记忆。人类的这类记忆在一定程度上会决定再次回想起这些记忆时的消费决策,因此,对于以信息传播、推介为目的的指示系统和广告传播设施来说,非常重要的就是唤醒消费者的过往的有益记忆,甚至创造这种记忆、强化记忆,达到营销的目的。

人类的记忆体系比知识体系更加复杂,我们一般可以把人类的记忆分为三个类型:

① 感官记忆

也就是人类的所有感官接触都能瞬间产生相应的刺激并形成记忆,这种记忆最为短暂,也可以称之为短暂感官记忆,这种记忆会自动记忆,身体的各个接触部位或者感官都会有一定的应激记忆;这种记忆会很快形成,也会很快消失。

感官记忆更接近一种无意识的记忆,但这种记忆同人类的知识或者其他刺激联系起来,就可能进一步被处理,会形成后面的短期记忆,或者足够强大或者多次重复积累时,会被强化形成一定知识或者经验,尽管这种经验客观上不一定是正确的。但是,如果消费者不对信息进行处理,就可能会丢失这种记忆。

感官记忆虽然短暂,但也会影响这个消费者后续的判断。

比如,人们多次的感官记忆会认为金属的坐面是冰冷的,木质的坐面是相对温暖的;在寒冷的冬天选择户外座椅时,往往会选择木质的坐面,尽管两者的温度可能是一样的。或者,一个消费者刚在户外抚摸过冰冷的金属扶手,当他回到温暖的室内时,也下意识地回避抚摸室内的金属扶手,这就是一种感官记忆决定行为结果的表现,尽管室内的金属扶手可能不是冰冷的。

人们的感官记忆也不局限于视觉和触觉,各个感知器官都能产生感官记忆。人们会对木材的表面肌理和颜色形成视觉记忆;对皮肤接触金属产生的冰凉感觉产生触觉记忆,也会对警笛产生的尖锐刺耳的呼啸声形成听觉记忆,对鲜花的香味产生嗅觉记忆,对辛辣的辣椒产生味觉记忆(见图 5 – 10)。

图 5 – 10　木纹的视觉记忆、尖叫的听觉记忆、鲜花的嗅觉记忆、
辣椒的味觉记忆。但这组图片本身,都是视觉记忆

(图片来源:新快网)

人们对感官记忆会有"联想"的能力;这可以被认为是感官记忆形成的一个"逆过程"。比如人们在看到黄色木纹的时候会联想到木材,尽管实物并不一定是木材;在听到尖锐的呼啸声的时候会认为是有紧急危险的情况发生。同时,人们会放大自己的联想范围,在感官记忆之间形成"跨越"。比如人们对鲜红色的辣椒的辣味记忆深刻;当再次看到菜肴中有鲜红色的成分的时候,会产生"跨越联想",会认为这个东西一定很辣。这种跨越,也是现代 MALL 空间中,很多色彩和表面处理使用的基础。

② 短期记忆

短期记忆是指人们运用已有的知识对获得的信息进行快速分析和处理的记忆。相对前面的感官记忆,短期记忆是相对主观理性的记忆过程,是一种主动的记忆,尽管时间可能也相对短暂。

比如,消费者在一台饮料售卖机前浏览所有饮料的价格,会主动地短暂记忆目光侦测到的每一个标价,并临时记住这个标价;结合自身的购买标准(希望购买相对便宜的饮料),当见到价格较低饮料的标价时,他会立刻抛弃前面的这个记忆,开始寻找下一个更低的价格。

在非记忆性的工作生活中,短期记忆是绝大多数信息的处理方式,对于商家和 MALL 经营者而言,如何针对自己的经营目标,强化消费者的短期记忆具有极为重要的意义。

通过研究和积累,尽管传达的是同一种信息,人们发现有很多种方式能够加强人类的短期记忆,比如重复、精加工,我们会在后面详细论述。

③ 长期记忆

长期记忆是指人们永久地储存起来的记忆。尽管长期记忆的获得方式可能是人们主动的行为,也可能是被动的接受(比如一些灾难性的记忆),但客观地讲,长期记忆行为本身都是人们主动存储起来的记忆,在后续可以主动地取出使用。

现代心理学研究一般把长期记忆分为两种主要的类型:自传记忆(autobiographical or episodic memory)和语义记忆(semantic memory)。

自传记忆,是我们对自己和自己过去的知识,包括过去的经验以及和这些经验相关的情感和感觉。这些记忆往往是感性的,主要涉及视觉形象,以及包含其他感官经验的视觉载体。

比如人们可能记住在品尝一种食品时的各种记忆:食品的图像、味道,进食时的心情,品尝第一口时的感觉,吃完后的饱胀感觉等;当这些感觉被以图形化的标识所代替时,比如这个食品的品牌图标,消费者随时会唤醒的这种记忆,从而激发起消费欲望。

语义记忆,是指消费者的记忆同具体的物体或者经验没有必然的关系。

还是举食品的例子,消费者可能会知道自己记忆中所喜欢的食品是热腾腾的、橘红色、有香味、有汁水的,但这些特征记忆是消费者对自身喜好的一种综合,但并不指向某一种特定的食品或者品牌。

④ 记忆的加强

有很多因素可以影响记忆,但对于 MALL 的经营者和商家而言,肯定是需要强化对他们的经营活动有利的记忆。通过一些过程,可以达到强化记忆的目的;可能是记忆本身的强化,也可能使记忆发生晋级,使感官记忆转化为短期记忆甚至长期记忆。

⑤ 组块

研究认为,绝大多数人能在短时间内保持的短期记忆不超过 7 个组块,一般是 3~4 个组块。组块可以认为是一个信息组,这样处理过的信息更加适合记忆。

因此,为了强化人们的记忆,设施的设计者或者营销人员,会将部分信息故意做成组块,便于消费者识别和记忆。

比如查询电话号码,会把区号、4 位号分开做成组块,放置于公共标识。

又比如,很多标识本身就是另一种形式的组块。人们会认为,最典型的休闲饮料是咖啡,咖啡一般是放在一个杯子一个碟子里面,还冒着热腾腾的气雾。于是杯子、碟子、气雾这三个元素被打包起来,做成一个图形标识,来强化人们的短期记忆,更能引起人们的注意并形成记忆,从而做出消费判断。图 5-11 日本东京六本木新城的垃圾桶,就巧妙地把几种常见的垃圾图形组合,形成了

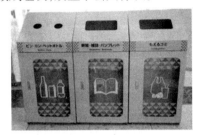

图 5-11　日本东京六本木新城
垃圾桶标识使用的图形组合
（图片来源:作者自摄）

新的图形标识,便于消费者理解和记忆。很明显,三种最常见的饮料瓶形状表示这里是放各种饮料瓶的;而纸袋、纸团、纸杯三者的组合表示这里是放废弃的纸制品的。

⑥ 重复

重复,就是人为地反复用同样的信息刺激消费者,从而强化人们的记忆。如果说组块减少了短期信息丢失的可能性,那么,重复则影响了短期记忆向长期记忆转化。这也是很多广告宣传性质的公共设施经常大量重复的原因。当然,这种重复并不只是单纯形式的重复,也包括指向同一目标的不同形式的重复,甚至包含了各种接触和刺激形式的重复,比如很多广告语的重复:第一,形式重复的刺激;第二,不同形式、同种类型的刺激重复;第三,不同类型的刺激重复。

⑦ 精加工

精加工是指对信息的深层次处理,这样很可能可以快速地将消费者本不熟悉的信息或者短期信息转化成长期记忆。

精加工经常是把先前的知识和人们过去的经验同传播的信息结合、联系起来,这样往往可以使原先很快就忘记的内容形成很好的长期记忆。但精加工对消费者本身是有一定的能力要求的,对信息精加工能力较差的人效果会比较差,比如老人和孩子。同时,精加工并不是对所有的消费者都会产生同样的效果,甚至对不同背景的人会产生截然不同的结果。这种问题常出现在消费广告中。

(3)提取和决策

不论是接触刺激形成感官记忆,还是强化记忆,最终的目的,都是使商家的经营管理目的同消费者的记忆建立关联或者说联想,在合适的场合将这种记忆提取出来,形成决策。这就是记忆的提取和决策。

将记忆提出去以后,消费者需要做的最后一步就是决策,也就是决定到底执行怎样的消费或者行为的判断。

① 提取

人们在记忆中储存了大量的信息,但是在某个特定的时间中,却只能提取其中的部分而不是全部。这个特定的时间,在现代 MALL 空间中,主要是经营者对消费者娱乐消费的激发时间点。

消费者进入 MALL,往往是带着一定既定的目的的,这种目的可以是一个具体的消费目的,也可以是一种休闲需要;但无论如何,都可能产生消费。经营者的目标,就是在合适的时间激发消费者的消费需求,同时又能维护消费者惬意舒适的娱乐心情。

因此,MALL 空间中,同消费者的记忆建立联系的联想主要是两类:对消费信息的推广和对指示信息的传播。对待这两种关联,经营者所要用的刺激和提取方式是不同的。

对于指示信息的传播,实现起来相对简单:经营者需要做的就是不断地强化记忆,通过反复的出现和提示,让消费者在需要的时候,可以随时把需要的这部分记忆提取出来。比如指示设施,需要让消费者在需要的时候就能从自身的记忆中反馈出,是否有满足自己需要的设施或者商铺、服务以及在哪里等信息。

对于消费信息的推广,最常见的类型就是广告。但同指示信息不同,尽管每一个商家都希望消费者尽可能地强化对自己商铺或者提供的服务的推广信息的记忆,但是对于 MALL 的经营者来说,这样却是不明智的。因为,过于强化一种记忆,往往会削弱对其他刺激的记忆,形成对其他消费推广信息的干扰和削弱。MALL 的经营者通常会与百货商店不同,他们希望消费者在 MALL 中穿行的过程中,形成一系列连贯的消费行为;但是如果又不加区分地将所有的推广信息一起呈现给消费者,往往会让这些信息互相削弱,甚至会影响消费者的记忆,形成错误的提取。

比如,在部分 MALL 空间中的指示牌,有些会在不同的区域都使用同样的整体指示地图,包括了各个区域、各个楼层甚至各个商铺的简单信息。但这样往往会让消费者非常难找到最适合自己的服务设施或者商铺(比如离自己最近),也很难对自己的区域位置同目标商铺之间的位置关系建立直观的概念,这种情况下,错误判断就经常发生：消费者在寻找目标的过程中迷路，消费者找到的商铺提供不了他所需要的正确服务，等等。

因此，现代 MALL 的经营者们更希望在合适的时候，消费者才对对应的消费信息形成记忆和关联，但一旦过了这个场合或者时间，经营者更希望消费者对新的消费推广信息形成新的刺激和记忆，甚至可以遗忘刚才经过的记忆。

对于需要分阶段提取的记忆，公共环境设施起了非常重要的作用，因为它们可以在空间和时间上被分阶段、分批次地设立，从而形成阶段性的刺激。还是拿刚才的信息指示牌做例子，在每一个区域的指示牌，往往出现一个简单的整齐区位图，来表示消费者现在处于的空间位置和整体功能空间的划分；再对消费者所在区域的具体区位、商铺信息进行罗列，让消费者明白，在自己现在适合的范围内，到底有没有自己需要的服务；如果没有，则可以在整体区位图上，找到自己所需要的功能区域。

② 决策

决策是对消费或者行为的最终判断，是消费者信息处理过程中最为关键核心的部分。

消费者决策的过程有些很快，瞬间完成；也有些可能会从接触到刺激甚至在开始本次 MALL 生活前就开始，一直持续到消费或者行为发生。整体地来看，消费者决策的过程，主要可以分为两种类型：基于消费者自身认知（不一定是客观正确的）的决策和基于消费者自身情感的决策。

A. 基于消费者自身认知的决策过程，往往包含三点：

第一，行为发生的可能性——以餐饮广告牌为例，消费者接触到这个视觉刺激的时候，会立即反应，自己是否需要用餐。这就是对自身用餐消费行为可能性的判断，这是相对初级的判断。

第二，行为结果的好坏或者是否合适——消费者会评估，如果执行自己倾向的消费，获得理想结果的概率是高还是低。还是拿餐馆举例，消费者看到一家餐厅指示牌或者广告牌，会评估自己去这家餐厅的用餐结果的好坏，菜品是否好、菜系是否是自己喜欢的口味、价格是否合适、优惠促销行为是否有吸引力等，甚至广告图片是否诱人，都会影响消费者对消费行为好坏的判断决策。

第三，关联行为的概率——消费者评估同时被提取出来的两个或者多个记忆之间关联行为的评估。比如消费者看到参观广告牌，也确认自己想用餐，这家餐馆的基本特性是符合自己需要的；但是，同时被提取出来的记忆还有近期同类餐馆中发生多起食品卫生事件。这两个记忆可能并不具有直接的关联，但消费者却有可能将两者联系起来，并对关联行为进行评估；很可能产生的判断是，消费者会认为这类餐馆都有食品卫生问题,最终对消费行为做出否定的决策。很多餐馆会在自己的招牌信息中出现禁烟信息,在一定程度上,也是希望用这种信息来回避不喜爱吸烟的消费者产生负面的关联决策。

当以上三个过程的结果都是肯定时,消费者往往就会做出肯定的判断。但是,这也不是绝对的,因为这仅是消费者基于自身认知进行的相对于消费者自身的判断,而另一个同时进行的判断决策过程——基于消费者自身情感的决策,同样具有强大的影响能力。

B. 基于消费者自身情感的决策,往往包括两点:

第一,消费者自身的特性——消费者本身的情感特性对决策有影响。消费者本身的心情、经历,可能同在 MALL 空间进行的行为和消费没有直接的关系,但他们会对消费的决策起很重要的作用。还是用餐的例子,消费者需要用餐,餐馆也是他的需求,没有其他负面联想;但是,消费者完全有可能因为自身情绪不好,放弃这次消费。消费者自身的情感,是非常主观和不可控的因素;但是 MALL 的经营者往往会在特定的功能区域营造较好的消费环境,让消费者有较好的消费心情。这对公共设施和环境空间而言,就是较高层次的对审美的需求;也因此,审美的"美",并不只是局限于美学范畴。

第二,消费者的任务/计划——不论餐馆有多适合,不论服装店的衣服有多适合,但如果消费者有明确的消费目标任务或者计划,那不论积累再多的刺激和记忆,都很难取代原先的计划或者任务,形成第一行为选择。

5.1.1.3 态度和情绪

消费者在 MALL 空间中获得不断的接触刺激,并积累大量的知识和经验,会对着进行的消费行为形成主观的态度,这种态度是趋于稳定的,会对后续的消费活动产生关键的影响;而叠加于态度之上的,是消费者进行活动时的即时情绪。这种情绪可能来自本次 MALL 消费活动之外,也可能是由 MALL 空间前期的体验获得。消费者行为时的态度和情绪相比接触、知识和记忆,是更加深层次的心理活动,在进行 MALL 规划及相关设施规划设计时也需要进行深入的考量。

(1)态度

简单地说,我们是否喜欢一个对象,对待一个问题持什么观点,对待人物有什么评价,对待行动或者行为有什么判断……总体的评估,就是人的态度。

人的态度既可以针对微观的事物或者行为,也可以是针对某事物整体的总评价。也就是说,在现代 MALL 空间中,消费者的态度可以是对一种商品、一种服务的评价,也可以是对大量同类商品或者服务的总和(比如品牌)的评价,更加可能是针对整个 MALL 消费体验的总评价。这种评价一旦产生,会直接决定是否还会有后续的消费活动或者后续消费活动的频率和规模。

人的态度在现代经济活动中极为重要,态度直接影响人的认知功能,也会影响人的主观情绪功能,而通过对人认知和情绪的影响,就会进一步影响人的行为。对 MALL 而言,态度就是消费者对以前或者当前进行的消费休闲活动的局部或者整体体验的总评价。比如消费者去哪里吃饭,这可能会受到消费者此前来消费获得的态度影响,也可能受到消费者本次消费前一路走来的其他活动的态度影响。

对于 MALL 的经营者而言,必须考虑营造优质、适宜的消费体验,影响消费者的态度。而态度一旦形成,是有一定持久性的,是不容易改变的。

态度是一种基于认知的理性心理活动。

(2)情绪

情绪,是人各种的感觉、思想和行为的一种综合的心理和生理状态,是对外界刺激所产生的心理反应,以及附带的生理反应,如高兴、悲伤、忧虑、恐惧、烦躁、急迫等。情绪是个人的主观体验和感受,常跟心情、气质、性格和性情有关。

情绪也是一种评估和评价,但与态度不同,情绪往往不是在进行一个行为或者有明确目的的评价,而是针对整个活动过程,或者是针对与目标活动相关的过程的评估。

举个例子说,如果一个消费者去一家餐馆用餐,获得了很好的消费体验,就会对这一行为形成比较正面的态度,可能会促使他下次选择同样的餐馆用餐。但是,当他下次去往这家餐馆前,在一家服装店有了一次不好的消费经历,形成了比较烦躁消极的情绪,就有可能使他随时取消后续准备进行的用餐消费活动或者选择其他餐馆。

人的情绪没有好坏之分,只有在对比目标行为时,有相对积极和消极的差异。人的情绪不会被消灭,但可以被疏导、引导或者适度控制。MALL 的经营者都希望消费者在 MALL 空间活动时都有相对积极的消费情绪,却无法左右在 MALL 空间和时间之外消费者所受到的刺激,无法保证消费者在进入 MALL 空间时都有积极的情绪。尽管在 MALL 空间中,消费者的情绪是相对较深层次的心理活动,但它却容易被各种接触刺激引导,比如事物的颜色、空间的尺度、设施的舒适度等。MALL 的经营者用各种的接触信息来影响消费者,希望能将消费者的情绪尽量向积极引导;也通过对消费者情绪的组织来合理规划消费者的消费情绪。比如,MALL 空间中各个功能区域的分布、消费者流线次序,都应充分考虑消费者在经历过一个消费活动后可能产生的情绪以及可能对下一个行为活动产生的影响。就像消费者在鳞次栉比的服装商铺间游走,可能会产生很高兴的情绪,但也可能会产生疲劳厌倦的情绪,因此合适的穿插饮料机或者快餐车,搭配一定的休息设施,即使消费者不进行餐饮消费或者休息,也会令消费者获得感官刺激的舒缓,抑制消极情绪的产生。

相对而言,情绪是独立于人的认知结构的心理活动。

(3)态度的情绪基础

情绪是独立于人的认知结构的心理活动,但是情绪会作用于人的认知结构。

在一定的时间内,人的精力很有限;人对于接触获得的信息的能力也很有限,而研究发现,人对于基于情绪的信息处理中投入的精力非常大,情绪对于建立有利的、持久的态度发挥着重要的作用;同样的受到情绪影响的态度,是很难用其他手段在短时间内改变的。

人的情绪可能从过往的回忆中获得,不同于记忆的提取,这是对提取后的记忆的放大和主观强化。比如,消费者在经过一家餐馆时,通过看餐牌,发现这家餐馆价格比较昂贵,可能不适合自己的消费能力,这是基于知识的理性判断而形成的态度;但是这时,广告画可能会唤醒他以往品尝类似食品的美妙感受,从而形成强烈的正面情绪,并导致个人态度的转变,形成消费。

当消费者对信息的判断卷入情绪时,会倾向于对其进行一般性的主观处理,而不是理性分析,这一过程被称为"情绪性反应",而不是认知性反应。通过情绪性反应而形成的态度就是基于情绪基础的态度,这种态度的形成往往很迅速,但在短时间内并不容易改变。但是,MALL消费空间的核心就是要引导消费,所谓引导消费,就是从有利的方面引导对于消费的情绪性反应,因此在MALL空间行动时,消费者随时都可能接受引导或者刺激,形成情绪性的态度。当然,尽管商家尽一切努力将这种情绪性的态度往有利的方面引导,但结果往往不一定完全符合预期,甚至很多信息源会互相影响,从而产生偏差。尽管这种偏差不一定都是负面的,但如何影响基于情绪的态度,是对消费心理研究的重要课题。

举个经常出现在MALL餐饮区域的例子:现在很多商家都通过营造消费者的焦虑情绪,来招揽客源。商家往往在餐馆门口设置等待区域,并刻意地形成消费等待人群;新来的消费者,可以感受到等待者在等待过程中产生的焦虑情绪,从而直观地认为这家餐馆的人气很旺,再顺势推导出这家餐馆的菜品很好、价廉物美、适合大众消费,尽管事实不一定如此。之后完全可能吸引更多的消费者驻足等待,参与餐饮消费。

这就是利用消费者焦虑情绪形成基于情绪的态度的典型案例。但是,这样的结果并不一定在每一个商家出现,同时,还有可能会产生信息交错和偏差。

比如,有一家或者几家店用这样的方式招揽客源,有很好的效果,在同一区域的其他几家餐馆,可能因为菜式、档次定位的差异,不宜用同样的方法招揽客源。

但如果也是用了一样的方法,却没有足够的人群驻足等待,就会形成反面的信息暗示:消费者会认为这里的菜不好,没有人气,从而更加不去消费。

(4)影响基于情绪的态度

从上面的分析中可以看到,基于情绪的态度对消费者的行为会有关键的作用,MALL 的商家可以通过一定的方式来影响消费者的情绪,从而达到自己的商业目的。

不管采取什么具体的手段,影响消费者的情绪最重要的途径,就是影响刺激消费者的信息源。而影响信息源最主要的方式是提升信息源的吸引力(attractiveness)和激发消费者的情感诉求(emotional appeals),比如焦虑和恐惧、希望和激动等。

提升信息源的吸引力,往往通过各种视觉刺激手段。同前面的视觉接触类似,也会运用色彩或者其他视觉元素,但是更关注对消费者心理的影响和结果,而不只是停留在刺激上。比如对餐饮区域空间色调的选择,如果只从视觉刺激的角度考虑,可能会选择明黄色;但从激发消费者对餐饮美食的吸引力的角度来看,则会选择更倾向于美食颜色的黄褐色。

而更重要的是,更深层次的影响消费者情绪的方式是激发消费者的情感诉求;最常见的手段就是通过营造合适的情境,让消费者产生相应的体验感受,从而使其围绕这种体验产生相应的情绪。比如上面提到的关于餐馆等待的焦虑情绪的例子。因此,现代 MALL 空间中对于消费者体验的营造极为重要,但这种体验并不一定只是"舒适、美好"等常规正面心态,还包括各种有利于经营目的的情绪引导。

很多公共环境设施在影响消费者基于情绪的态度中有重要的作用,比如说引进很多景观设施。很多商家为了营造一种高端、最贵的购物体验,除了在空间和店铺装饰上不惜血本外,还会引用一些特殊的景观设施,比如钢琴和相关的公共演奏。钢琴一向被认为是高雅音乐的代表,因此一些 MALL 商家会在一定的区域中央设置钢琴演奏台,架设价格高昂的钢琴,由演奏家现场演奏或者设置自动演奏,这样会引导消费者认同这一区域是相对高端、高雅的消费区域,会使消费者产生相应的消费欲望,刺激消费。

5.1.2 影响消费者心理和行为的环境设施设计要素

5.1.2.1 基于接触、注意和知觉等基本感知的要素

(1)形式

MALL 商业空间环境设施的形式,指的是设施的外观、风格和构造;在这里更加倾向于其风格(Style)。公共设施的形式多种多样,但不论形式如何,都是以不

影响设施的基本使用功能为先决条件的。在不影响使用功能的前提下,环境设施的形式设计有一定的自由度,影响环境设施的最主要因素是 MALL 的商业主题定位和主要目标消费群体的文化背景。

对于有不同文化背景和社会阶层的消费者来说,公共设施的不同形式对其产生的刺激存在大的差异:一般来说,消费者都会对同自身文化、社会背景相吻合的形式存在思维的连贯性,从而产生适应和舒适的感受;对同自身背景差异较大的形式,则容易产生较大的被刺激感。但是,这种刺激往往不是正面的,在引起注意的同时,往往容易使消费者产生不适应或者不满的情绪,因此在现代 MALL 商业空间,公共设施的主题和形式一般不会故意与目标消费群体的文化背景有重大的冲突。

除了形式本身,不同的环境设施的形式之间也有一定的一致性或者是连贯性,这会让 MALL 商业空间的主题或者文化背景更加突出,这也是现代 MALL 空间常用的方式,但并不绝对。一般来说,在同一 MALL 的同一功能区域,环境设施的形式有一定的一致性;而不同的功能区域之间,即使是同一种设施,但因为不同的使用定义和需求,经常会出现较大的差异。比如说,同样的坐具,在商铺的公共休息区域、餐饮区域、电影院等待区,就会有很大的差异。

后面将描述的尺度、颜色、质感等,原则上也属于形式的范畴,但因为这里更偏向于把形式定义为风格和外观,以上各项将作为独立要素分析。

(2)尺度

尺度是指 MALL 空间中环境设施的大小、比例特性,也指同一环境设施的不同部分,特别是同使用者直接相关的局部形态的尺寸。尺度是一个相对的概念,绝对的尺寸对研究的意义不大,更重要的是以下几个相对的尺度关系:

环境设施与商业环境空间的相对尺度关系(整体与局部)。

环境设施局部形态之间以及同整体的相对尺度关系(局部与局部,整体与局部)。

环境设施及其局部形态同使用者之间的相对尺度关系(整体/局部与人)。

不同的环境设施之间的相对尺度关系(设施之间)。

其中,环境设施及其局部形态同使用者之间的相对尺度关系,是决定环境设施绝对尺寸的最直接因素,而其他三种关系,也是以使用者/消费者的观察(心理感受、审美及视线参照)为基础参照的,也可以看作是环境设施同使用者相对尺度的一种深层次反馈。

我们在后续讨论公共设施同环境空间的关系时,对具体尺度问题进行分析。

（3）颜色

颜色是形式的一个重要组成部分，但同我们重点分析的风格相比，颜色并不完全属于风格。颜色对人的视觉有明显的刺激作用，也是很多消费人群文化背景的重要组成元素，对人的心理有重要的影响。

颜色是人类重要的记忆符号，在人的认知结构中，会有很多关于颜色的信息存在，合适的刺激，可以唤醒和提取这部分记忆，从而达到引发消费者消费决策的效果。比如黄色容易使人联想起营养丰富的蛋黄、奶油；橙色容易使人联想起水果和美味的食品；在餐饮功能区域中，这些颜色就经常被整体或者局部用于各种设施。

颜色也能影响人的情绪，比如红色能引起人的警觉，白色能让人有超脱世俗的感觉，深蓝色和黑灰色能形成神秘感。这些细节将在后续章节中详细论述。

（4）质感

质感是人的视觉和触觉对物体特质的综合感觉，简单地说，如物体软与硬、粗糙与光滑、透明与浑浊等；也可以是指直接反馈材料本身的特性，比如木材、钢铁、布等，其表面对人而言，有着完全不同的视觉和触觉感受。质感是环境设施形式的一个重要组成部分。

质感同颜色有一定的交集，比如组成木材质感的元素中，除了个人的触觉感受、纹路肌理，还有人们长期形成的对各种木材颜色的视觉印象。

（5）位置

位置是指环境设施所在的地方。

一般来说，位置既可以指环境设施在整个 MALL 空间或者局部功能空间中所处的坐标，也可以指环境设施所处的具体环境，比如挂墙式的垃圾桶和落地式的垃圾桶，反馈的就是同一种环境设施所处的不同位置。

这里分析研究的位置，对于信息中心之类的设施，主要是指前者，也就是其所处的坐标是体现其功能和作用的最关键因素；而比如垃圾桶、广告牌等，则两者兼具，因为对于这些设施，除了其绝对位置之外，其具体环境位置也会影响其功能和定义。

（6）密度（分布密度）

密度是描述环境设施在 MALL 商业空间分布数量和平均位置关系的因素。对消费者的直观感受而言，密度也是公共设施的尺度在时间层面的空间反馈。也就是说，当消费者产生需求时，最少花多少时间能到达相应的公共设施。

单纯的设施密度意义不大，其出现的位置也很重要。环境设施在一定区域可以均匀分布，比如坐具和路灯在步行道的分布密度。在不同的功能空间，设施的分布密度也可以不均匀，比如在餐饮区域和步行道的坐具的分布密度差异就很大。

有一些设施不存在分布密度问题,比如服务台、信息中心,其分布的位置才是最关键因素;也有一些设施,尽管看似均匀分布,但其分布的位置设定也极为重要,比如洗手间和收银台。

5.1.2.2 公共设施对消费者指示和记忆的作用

在现代 MALL 商业空间,环境设施依靠对消费者固有指示和记忆的提示,或者通过自身构建消费者对某种因素的记忆,可以对消费者产生一定的作用。这种作用的结果,在理想状态下,会对消费者后续的消费活动产生直接的影响;但这些作用也不都是直接针对消费行为的,也有很多是考虑到消费者在安全、消费舒适性方面的需求。

不同环境设施的不同作用,对消费者的指示和记忆产生的作用效果有强弱之分:一般来说,越倾向于消费性的作用越弱,而越倾向于安全性的作用效果越强。我们可以按照作用效果的强弱之分,来区分和分析公共设施对消费者指示和记忆的作用。但不论强弱,在 MALL 空间中,消费者的活动依然是一种轻松自由的行为过程,因此,这些作用总体上来说,都不具备严格意义上的强作用效果(见图5-12)。

图5-12 公共设施对消费者指示和记忆的作用示意图

(图片来源:作者绘制)

(1)传达和提示

传达,是指将功能和内容信息传递给目标人群。最直观的传达内容就是广告信息,所针对的目标人群是有相应消费需求或者可能性的消费者。但是传达的内容不仅局限于广告信息,事实上,各种公共设施都通过自身的形态语言,向消费者传达自身的功能和服务信息;而传达信息内容的也不只是广告信息,也包括下面要提到的关于指示和引导的信息,甚至警示约束信息。但不论怎样,环境设施都是通过传达的作用,将所需要表达的信息内容传递给目标人群,形成消费者新的记忆(见图5-13)。

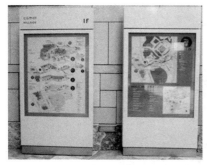

图 5 - 13　日本东京六本木　　　图 5 - 14　日本东京六本木新城
　　新城信息指示牌　　　　　分类垃圾桶上的图形化提示信息

(图片来源:作者自摄)

提示可以认为是一种特殊的传达,它本质的目的不是让消费者形成新的记忆,而是将消费者原有的记忆或者意向通过信息的传达唤醒。提示的方式非常多,不一定需要完整的信息内容,可以通过消费者记忆中的习惯形象或者思维模式进行操作。比如在分类垃圾桶上,我们可以看到有直接标注垃圾桶分类内容的文字的,但也能看到以鱼骨头图案来指代可降解垃圾,以电池图案来指代有污染的垃圾等(见图 5 - 14)。

当然,相对来说,直接的文字对消费者而言反而不容易判别;而有时用图案提示的方式进行对号入座,则是更加便捷和人性化的设计方式。

传达和提示都是在辅助消费层面上,对消费者进行信息传递和心理影响的方式,使用普遍。相对而言,这种心理影响是一种弱影响,对消费者的行为不存在严格的强制约束力,目的是促进消费,合理化 MALL 空间的消费行为管理。

(2)指示和引导

指示是指,对消费者在 MALL 空间中的消费或者行为目的,进行对象或者方位指引的作用。指示往往通过公共设施(常见的是指示设施和广告传播设施),唤醒或者创造消费者的记忆,从而达到促进消费,优化消费者行为的作用。

指示作用最常见的就是指示牌,往往是对 MALL 空间中的功能区域或者公共设施进行方向性的指引;但指示作用也常见于很多广告传播设施(见图 5 - 15)。

相比广告传播设施对消费区域或者商铺的传达作用,指示作用更加倾向于对具备特殊吸引力的行为(比如促销)或者商铺方位进行指引的作用。这类作用,比广告设施直接传达的广告信息更具有影响力;特别是方位指引,对消费者行为具备初步的约束力(见图 5 - 16)。

图 5 – 15　日本东京六本木新城墙面临示牌
图 5 – 16　上海五角场万达广场带有方位指引性制裁的墙面广告牌
（图片来源：作者自摄）

引导是由一系列的指示构成的连贯作用结果；引导的作用结果主要是对方位的指示，目标可能是公共设施、行动路线（如出入口、功能区域）或者目标商铺。这一系列的指示往往通过一系列的公共设施来实现，这个实现的过程就是创造消费者的临时记忆，并强化的过程。而这一系列的公共设施，常见的就是指示牌，比如我们可以在 MALL 空间中一路上都看到一系列公共厕所的指示牌。但是这一系列的公共设施，并不一定是同一种类，可能是同一目的的多种多个公共设施共同连贯作用才能达成，这在后续公共设施的组合中会深入讨论。同样的连续指示还常出现在重要的商业区域、升降机、餐饮、提款机等对象的指示中。

指示和引导都是针对消费者在 MALL 空间消费娱乐活动过程中，有目的的行为进行的作用。指示偏重于点，而引导偏重于连续性强化作用效果。指示和引导都是对消费者的行为具备初步约束力的作用，相比传达和提示，具备较强的约束力，但依然属于一种偏弱的作用（见图 5 – 17）。

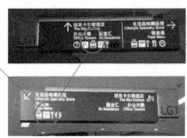

图 5 – 17　上海 IFC MALL LG1 楼层从停车场电梯进入后，对升降机的连续指示
（图片来源：作者自摄）

(3)警示和约束

警示和约束是公共设施对消费者心理和行为进行的相对较强的作用,但即便如此,也不会对消费者正常的消费娱乐活动产生负面的影响。警示和约束一般会采用多种手段,对消费者的视觉、听觉、触觉等多方面感官刺激;利用消费者对危险和警觉的指示和记忆进行心理行为作用。

警示是一种强化的提示,以阻止消费者部分不适宜的或者是可能产生危险的举动。警示作用在指示设施系统中,有专门的警示标志,一般是用警示色(如红色)和警示图案来唤醒消费者的相关知识和记忆(见图5-18)。

也有其他的警示方式。比如,在水族馆的玻璃幕墙前,为了避免消费者触碰甚至撞击玻璃幕墙而产生危险,往往会采用多种警示措施,最基本的是警示图标和文字。而当有消费者无视或者没有注意警示标志继续触碰玻璃幕墙,相关设施会从激光测试设备获取相关信息,从而发出灯光闪烁,强化警示效果。现在一些安全用品箱一般也会配置红色或者黄色的警示灯光。

图5-18 上海正大广场在消火栓和灭火器箱的封面指示上使用红色作为警示

警示作用也不仅限于警示设施,在部分特殊的公共设施或者公共设施的特殊部位上也有相应的警示作用。最常见的就是用电设备的电源开关和接口处的警示标志,以及可能产生危险的公共设施,比如太平斧一般会被漆成有警示作用的红色(见图5-19)。

图5-19 日本东京六本木新城的安全设施,消火栓、报警电话、灭火器箱和安全设施箱都使用红色报警灯光

(图片来源:作者自摄)

约束对消费者作用效果相对更强一些,对消费者的实际行为有一定实质性的制约作用,但这种制约作用不会是完全的制约,往往是一种特殊的引导,让消费者按照指定的方向或者范围进行活动,避免危险发生或者秩序紊乱。强约束设施如围栏和栏杆,弱约束设施如在售票处的围栏(见图5-20)。

5.1.2.3 基于消费者态度和情绪的要素

公共设施对于消费者态度和情绪的影响是更深层次的作用,在 MALL 商业空间中,这种影响作用对最终的消费有着重要的甚至直接的作用。公共设施的这些作用,往往是通过营造某种气氛或者氛围,引发消费者的心理变化,这种影响可能是快速的,也可

图5-20 上海 IFC MALL 百丽宫影城售票处的弱约束——临时性围栏
(图片来源:作者自摄)

能是渐进缓慢的。研究公共设施结合商业空间所营造的这些氛围的特性,是研究公共设施影响消费者态度和情绪的关键。

一般来说,这些氛围所营造出的结果,会对消费者形成巨大的吸引力,或者对消费者的行为进行潜移默化的规划,或者营造令消费者舒适的使用体验,从而达到促进消费的目的。而从作用效果来看,吸引力对消费者的态度和情绪有着快速的影响,行为规划则相对较慢;而使用体验则需要通过一系列的交互作用,才能形成稳定积极的记忆和心态。

(1)吸引力

在心理学体系中,吸引力是指能引导人们向一定方向前进的力量。

在广告传播设施中,吸引力的作用尤为明显。但这种吸引作用,往往集中于广告的内容,而不是设施本身。美女、名人、音乐、令人愉快舒适的图像、戏剧性等,都是形成高效的吸引力的常见因素。这些吸引力对于消费者心理的影响,最核心的就是引发联想。比如看到美女的化妆品海报就可以联想到化妆品的作用可以使女人如此美丽等,但吸引力的作用不止如此,它还可以增加广告的可信度和引导真实的购买。但这些更偏向于广告心理学的范畴,在本书中不作深入讨论。

我们这里讨论的公共设施的吸引力,更多的是倾向于吸引消费者使用这些公共设施的效果。尽管使用公共设施并不是 MALL 空间最基本的出发点,但是,通过消费者积极地按照 MALL 经营者的意愿和规划使用公共设施,能够形成良好的消费休闲氛围,从而营造 MALL 经营者所倡导的全新的消费方式,在根本上促进

消费(见图 5-21)。

图 5-21 英国伦敦 Westfield MALL 中富有吸引力的公共设施造型
(图片来源:作者自摄)

举例来说,在现代 MALL 空间中,很多公共休息设施出现了丰富的形态,甚至出现了不同的组合方式来创造不同的共享空间感觉。这种与常规不同的休息设施和休息氛围营造,并不只是为了美观和与众不同,而是创造了一种吸引力,让有疲劳感觉的消费者,愿意在此驻足休息。而有人信步而过,有人惬意休息,这样的场景,正是 MALL 经营者希望看到的 MALL 空间的消费生活方式,也是希望向所有消费者传播的信息;这种信息会对更多人产生吸引力,从而影响消费心态。

吸引力也表现为暗示。比如在餐饮空间暖色为主,色彩明亮会引发人的食欲;在酒吧区域的昏暗灯光搭配五光十色的霓虹会引发刺激和神秘感;在高档商品消费区域突出装修质感和珠光宝气的高贵气质;等等(见图 5-22)。

图 5-22 阿联酋迪拜 Dubai MALL 中 Gold Souk 不论室内空间还是公共设施,都充满了金黄色的光泽
(图片来源:作者自摄)

在大的层面上,MALL 空间的主题和公共设施的主题设计,也是一种吸引力:会使有共同兴趣或者爱好的消费者产生共鸣,或者因其特殊和与众不同,使消费者产生好奇心,产生进入 MALL 空间或者是消费的冲动。

(2)行为规划

消费者在 MALL 空间的消费行为的最终决定者是消费者本人,特别是当消费者对自身的消费活动有详细的规划时,则更加难以改变。而 MALL 的经营者通过规划各个功能区域的顺序,通过各种广告和刺激手段,影响甚至引导消费者的消费行为,甚至可以使消费者产生有利于消费的态度和情绪,最终决定消费行为。

在这个过程中,MALL空间的功能设施起到了非常重要的作用。

首先,公共环境设施,是MALL策划者进行消费者行为规划的直接执行者之一。比如广告传播设施,比如指示设施及其他公共服务设施,都直接或者间接地将消费者按照MALL策划者的计划指向消费区域,或者方便消费者在消费区域的消费行为。

但真正对消费者的心理进行潜移默化影响的,是这些无处不在的公共设施对消费潜意识的引导。

比如,在进入MALL空间时,最先出现的是MALL商家的各种活动信息,直接刺激消费者的消费欲望;配合信息指示牌和信息中心,让消费者可能出现的消费欲望立即落实到实际的商家位置;甚至还有自动取款设施和自助银行,便于消费者进行消费。

在经过一段密集的商铺之后,消费者可能会出现疲劳的情况,但这也是商机。MALL的策划者会在这里设置一片休息区域和休息设施,让消费者进行临时的休息;但是同时也提供自动售货设施、按摩服务设施和饮料吧、咖啡吧,为消费者提供便捷的临时服务,并且再次在这个空间设置广告传播设施和指示设置,为消费者的下一步消费行动进行规划。

不论是如何影响消费者的心理,规划消费者的行为,指示设施和广告传播设施都是其中的关键性设施。它们采用的方法,一般是通过接触对消费者形成刺激,形成感官记忆或者短期记忆;通过重复刺激形成长期记忆直至影响消费者的消费心态和情绪,形成消费。这种重复刺激我们在上文的"记忆强化"中有过讨论;这不一定是简单的形式重复,而且可能包括指向同一目标的不同形式的信息刺激甚至是不同类型的感官刺激方式。

(3)使用体验

使用体验是一种心理过程,是消费者通过在MALL空间中切实的消费行为、接受某种服务或者使用某种具体的设施,获得真实的感受和刺激,并在大脑记忆中留下深刻印象,使消费者可以随时回想起曾经亲身感受过的过程,并对未来的同类行为产生影响。

就某一种消费活动或者对某一具体的公共设施的使用而言,消费者通过切身体会所获得的结论、评价是在消费者心里留下最深印象的作用;尽管单次的使用体验未必会对本次使用的结果产生决定性影响,但对后续使用产生决定性影响,甚至会对其他消费者和可能的消费者产生影响。

尽管"使用体验"是一个相对较新的研究领域,但对消费者而言,它一直都存在,只是因为其是一种比较潜在的心理感受(甚至很多消费者本身都未必明确感知其存在),以往一般只对获得该体验的消费者本身产生影响。但是随着现代信息技术日益发展,"体验分享"通过互联网和基于现代通信技术的信息推送途径快速大范围地传播,从而对大量有相关消费需求或者使用需求的消费者产生了影响。很多消费者共享的使用体验,成了其他消费者进行消费或者使用的重要参照甚至决定性力量,这对 MALL 的经营者来说,就是最关键的消费心理影响因素,在后续消费者开始 MALL 消费之前的消费行为规划有着重要的影响,是绝对无法忽视的。

从消费者接受刺激到形成感受再到获得结论的这个过程,我们可以把使用体验的获得分成以下四个阶段:

第一,感官刺激。

即消费者刚开始接触消费对象(或者是消费过程、使用对象)所获得的刺激信息。这种感官刺激信息同前面的"接触"一样,包含所有可能的接触途径。

举个简单的例子说,在消费者使用电子导购牌时,他首先已经通过视觉接触了这个导购牌的大致概况和功能分布,然后又通过视觉接触了导购牌的信息交互界面,再用手通过触觉接触了操作界面,随后通过听觉和视觉感知了交互界面提供的信息反馈。这整个初步接触的过程就是感官刺激阶段。

感官刺激阶段是非常重要的使用体验阶段,在这个阶段会直接获得一部分使用体验,当这种使用体验为负面时,消费者可能会随时停止继续使用,即使这个阶段只进行到最远端的视觉接触。

第二,功能体验。

功能体验阶段是指消费者通过消费活动或者使用公共设施,在获得其功能(服务)的过程中,所积累和获得的对设施功能的心理评价。简单地说,就是消费者在使用该公共设施的过程中,对设施功能的直接评价,是否满足了消费者的需要。

对整个使用过程而言,功能体验依然是整体体验评价中相对初步的评价;但因为消费者的需求非常广泛,每个人的差异巨大;要满足不同类型的需求本身也很不容易做到。比如信息牌,因为不同文化背景的人有不同的观看图片和文字信息的习惯,还有不同的语言背景和不同的认知习惯,导致不同的人会对同一个信息牌的功能有不同的使用体验。

第三,使用感受。

同样是在使用过程中获得的感受和评价,"功能体验"是消费者对设施功能是否能满足需求这一结论的直接评价;而"使用感受"是消费者对使用过程心理感受的深层次评价,是对消费者获得服务功能过程的好坏、舒适与否、方便与否等指标进行的主观评价。

比如消费者可能从信息牌上获得了他想要知道的足够的相关信息,但是由于操作过程比较烦琐,甚至容易出错,使他认为获得这个功能的过程体验不好,不便捷,从而使整个使用体验趋于负面。

而使用感受也可能来自最初的感官刺激。比如消费者通过自己操作,获得了所需要的信息,但是可能感觉金属的按键太冰冷,所需要的压力太大,依然会得到不舒适的体验结论。

使用感受是比较深层次的使用体验阶段,也是最重要的体验阶段之一。

第四,内容信息。

消费者在使用某些公共设施的过程中,会从设施中获得信息,比如广告传播设施、信息指示系统等。消费者获得的这些信息的内容,是否满足了他的需求,信息反馈是否便捷,会使消费者对信息和内容产生使用体验。

这种内容或者信息的交换,可以是大篇幅的文字或者图像,也可以是一个简单的按钮图形。消费者对公共设施提供的内容和信息获得的使用体验,是一种"软"层面上的使用体验。我们一般把消费者在对内容信息角度进行的使用体验,进行独立的研究,把这方面归结到"人机界面"的研究范畴。但在一些研究中,人机界面不仅限于此,也包括人机交互的硬件领域研究,也即是人机工程部分,我们将在下面对这两方面内容做独立的研究和分析。

尽管我们将消费者的使用体验划分成了一定的阶段,但是,使用体验是一个整体的心理感受和评价的过程,这个过程往往极为苛刻,在任何一个阶段所产生的负面影响都有可能使整个使用体验产生负面评价。因此,在现代 MALL 空间的公共设施设计过程中,每一个细节都需要严格把控,设计师和 MALL 策划人员,也往往在设计的过程中,增加了"模拟体验"的设计过程,以获得最佳的设计结果。

5.1.3 人—机系统

人—机系统(Man – Machine Systems)(以下简称"人机系统")是指,人和机器、设施等为完成某项任务或者达成某种功能而组成的系统。机器和设备可以帮助人们完成任务,但进行操作的主体是人。机器和设备如果可以适合人的生理机能和心理特征,不但可以高效、安全、完善地完成任务,还可以使操作者在操作过程中愉悦舒适。

人—机系统可以很简单,也可以比较复杂。最简单的比如,消费者在 MALL 空间扶着走廊的扶手,则人和扶手就构成了最简单的人机系统;而消费者使用电子信息屏幕进行信息交互,则是一个相对复杂的人机系统。但是,不管怎样,现代

MALL 是让消费者进行休闲消费的空间,因此,"简单便捷"是人机系统设计的基本要求,没有理由让来 MALL 进行消费的人像学开汽车或者飞机一样,临时学习非常复杂的人机系统操作。

人机系统在功能上帮助消费者达成需求。在 MALL 空间中,成功的"帮助"可以让消费者获得非常愉悦的心情和很高的体验评价,从而直接影响消费者的消费行为。

在人机系统中,并不只是有人和机器,相关的环境也很重要。比如当我们在下面章节中要讨论操作者的安全性和私密性等心理感受时,除了分析操作者的心理特征和机器设备的响应保护设计,还要考虑进行人机操作所处的环境位置,这对消费者的安全心理起着关键的作用。

对人机系统的研究,是进行 MALL 空间公共设施研究的基本组成部分,而对人体测量数据的研究则是人机系统研究的基础。

5.1.3.1　人体测量学

人类对自身身体结构的研究历史悠久,现代人体测量学是人类学的一个分支,是用测量和观察的方法描述人类体质特征状况的学科。

对人类身体数据的研究需要大量的积累;而且不同的种族、人群、时代,数据会有较大的差异。因此,在进行人体测量学的研究中的数据积累是一种长期分类别的详尽积累。

我们可以把人体测量分为两类,即人体的构造尺寸和功能尺寸。在现代人体测量学的研究中,还有针对消费者行为反应时间、行动速度、注意力范围、受力反馈的研究等更深层次的测量,但我们这里暂时先讨论人体几何结构直接体现的测量尺寸,随后再进行对更深层次的研究。这种对人体几何结构的测量尺寸的研究,会直接影响到相匹配的公共设施的整体和局部尺寸的设计。

(1)人体的构造尺寸

人体的构造尺寸,是静态的人体几何尺寸,一般是人体处于固定或者相对稳定的状态下测量人的整体或者局部获得的人体本身的数据。这里说的固定状态或者相对稳定状态,可以是人体在生理结构允许的范围内的各种动作状态,比如坐姿、站姿或者任何一种静态的工作姿态。测量的对象可以是身高、坐高,局部如臂长、手掌的大小、手指的尺寸等。

人体构造尺寸在人机系统中,同与人有接触(含直接的触觉接触,但也可以包括部分视觉接触,比如广告牌的高度同人体的高度的关系设计)的设施有很大的关系,为公共设施的设计提供最基本的参考。

(2)人体的功能尺寸

人体的功能尺寸,是动态的尺寸,一般不是人体本身的几何尺寸,而是人在进行某种功能活动或者特定行为时,人体所能达到的空间范围的几何尺寸。尽管人体的功能尺寸是人体在动作状态的尺寸,但我们的测量不可能针对动作中人体的每一个细节,而一般是针对某一个动作的极限静态位置或者特定的位置做出测量,从而获得一组数据范围或者特定数据。

比如我们可以测量人体从平躺到完全正坐的数据,获得人体坐姿的范围数据;但平躺不适于 MALL 公共空间的休息,而正坐可能不是最舒适的坐姿。因此,我们还需要研究在什么姿势下,人体的坐姿是人体主观感受最舒适的,而对这个状态下人体数据的测量对于 MALL 空间的坐具设计更加重要。

人体的功能尺寸其实也包含一些非直观几何数据,比如人的视力范围。人在集中注意力的状态下,什么视觉距离是最适合观察而不会使人过于疲劳的;或者人在一定的观察距离上,能够分辨的最合适物体尺度等。这对公共设施的尺度、人机界面和信息的尺度设计非常重要;我们将在人的感知系统中详细分析。

相对人体的构造尺寸而言,人体的功能尺寸在 MALL 空间的公共设施设计中有着更加广泛的使用范围,因为大多数情况下都不会保持静态姿势。而现代MALL 空间对消费者行为模式的定义,也决定了对"最舒适"状态的人体功能尺寸的研究是最重要的研究。

(3)人体测量尺寸的差异

人体测量的复杂除了来自大量的数据采集和积累,更来自人体尺寸的差异。

人的个体与个体之间总是存在着大量的测量数据差异,研究者首先需要寻找的,就是针对这些都不相同的大量数据的统计方法。简单的平均数据显然不合理,因为这很明显只代表着了其中一部分人的数据,而其他人就被忽视了。比如最简单的人的身高,如果把一个国家或者地区所有人的身高进行平均,我们会惊讶地发现所获的数据要比我们理解的身高矮很多,这是因为有很多儿童的身高数据的原因。合理的做法应该是找到合适的研究对象或者群体,也就是对人群进行合理分类,再对这个类别内的数据进行采集和统计。

而对于测量尺寸差异性的分析则是进行对象分类的很有效的方法。我们可以看到以下几种差异是决定人体测量尺寸差异的最主要因素。

① 种族差异

不同的种族,由于遗传等因素的影响,人体尺寸的差异明显。

② 地域差异

不同的地区,因为地理环境、生活习惯、饮食结构等差异,形成明显的人体测量尺寸差异。地域和种族在一定程度上,是互相影响的因素。在针对特定区域规划的 MALL 空间中,必须要充分考虑到其影响区域内的人群的地域和种族差异。

③ 性别差异

在 MALL 空间中,有很多设施专为女性设立,比如母婴室、女厕所,其相关的尺度必须以女性的数据为参照;反之,男性亦然。但是,也有一些设施,男女性都有较高的使用频率,但不可能同时使男性或者女性都能以最舒适的状态使用,此时,一般会照顾身材相对较矮的女性使用尺寸,比如信息牌的视高。

④ 世代差异

人类在不停地进化。特别是近 100 年来,随着科技的爆炸式发展,人们的营养结构、生活方式和锻炼,使人体的身高有很大的增长。比如现代中国的每一代人,身高都有明显提高。世代差异尽管很明显,但是世代差异在现代 MALL 空间公共设施尺度设计中却不容易体现,这是因为 MALL 在规划建设时,就会设定特定的目标人群。但是,可发展和延续性也是 MALL 重要的特征,因此人体测量尺寸的世代差异是需要更多被关注的因素。

⑤ 年龄差异

儿童和成年人,体型差异巨大。在现代 MALL 空间中,有专属儿童的活动区域和相关设施,必须要更多地参照不同区域儿童的体型特征。但相对于成年人,儿童的体型是在生长的不确定状态中,同时,未成年人对部分行为并不能有自主能力,因此,需要充分地考虑什么设施可以给未成年人自主使用,什么设施必须由其监护人辅导使用。

也有些设施会出现成年人和未成年人同时使用的情况,则必须进行不同适应高度的设计。比如男洗手间小便斗的设计,一般会独立设置一个或者几个未成年人使用的较矮便斗;公用饮水器,也会设置成成年人高度和未成年人高度并存。

⑥ 职业差异

人的职业会造成人体的部分差异,比如篮球运动员的身高会明显高于普通人。但人的职业产生的人体差异,对现代 MALL 空间公共设施设计的影响并不明显;而职业会造成人的生活和行为习惯有明显的差异,从而影响相应设施的设计。

5.1.3.2 人的感知系统及其特性

(1)人的感知

人的感知系统可以看作人体测量学的一种延伸。与测量人体的几何结构和动作的几何范围不同,对感知系统研究是针对人的感觉器官功能范围和特性进行的测量和研究,最终目的是使人获得心理的舒适和愉悦。

人的感觉,指的是人脑对作用于感觉器官的刺激和信息做出的整体判断和反映。我们在分析公共设施对消费者"接触"时,曾详细分析了人体感觉器官对于外部刺激的最初反应;并分析了这些刺激在一定条件下可以转化为"注意"和"知觉"。这个过程就是人初步的感知过程。

人的感知系统也是基于人的视觉、听觉、触觉、味觉、嗅觉这五种最基础的感觉器官。人接受外界刺激和信息的过程就是感觉;人对感觉形成初步的注意和判断以及后续更详细完整的反应的过程就是知觉。

消费者在 MALL 空间的行为中,感觉和知觉是紧密联系的,其作用于反馈也是一气呵成连贯发生的,因此,心理学中把二者称为"感知"。人体参与感知的各个器官和系统组成了人体的感知系统。

① 感觉

感觉是人们接受刺激和信息的过程,是人们认识事物和自身状态的开端。感觉无时无刻地在参与人的心理活动,是人心理活动最基础的素材和参照。人的感觉最主要就是视觉、听觉、触觉、嗅觉、味觉这五感,人的五感功能和有效范围各不相同,我们后续会详细分析。人的五感是获取信息的器官,但它们不直接对这些信息做出判断,而是要将信息传递回大脑,产生知觉,并做出判断、组织行为。

对于感觉器官而言,最重要的测量参数就是其功能范围。但是感觉器官的功能范围并不只是其感知距离,还包括很多测量因素,比如对于视觉而言,除了视觉范围,还有视觉对于光线的适应范围、对色彩的分辨范围等。

感觉器官的直接使用者是拥有这些感觉器官的人本身,而个人在长久使用器官的过程中会形成相对固定的方式,这就是习惯。每个人的习惯本来是各不相同的,但是随着社会化的进程发展,人们将一些常用的感官刺激进行了一些定义,并将之体现在相应的工具和器具上;当这些具有人类有意定义的工具再被大量人使用时,这些使用者不得不遵守这些定义,才能正常使用,而当这些人再形成习惯时,这种习惯就逐步变成了大众普遍适应和认同的习惯。我们在人类使用感官习惯的分析中,指的就是这种具有一定普遍性的习惯。这种习惯是进行 MALL 空间的公共设施设计、对使用者的行为进行规划的基础。

我们将重点研究同公共设施设计规划直接相关的视觉、听觉和肤觉,嗅觉和味觉的相关内容已经在"接触"的章节中做过论述。

A. 视觉的功能范围和视觉习惯

(a)视野

视觉功能范围的最基本因素就是视野。视野是指人的头部和眼球固定不动的前提下,眼睛观看正前方的物体所能看得见的空间范围。因测量和表达方便,可以把人的垂直方向的视野和水平方向的视野分开分析。

（b）视距

我们一般把人眼在其观察方向同看得到的目标物体之间的距离称作视距。在现代 MALL 空间中,我们说的视距,是指人眼在观察方向上同观察面的合理距离,最常用于界定人机界面同操作者眼睛之间的距离。

（c）明暗适应

人的眼睛从暗的地方到亮的地方,或者从亮的地方到暗的地方,都需要一定的视觉适应时间。在正常环境中,人暗适应(从亮到暗)的时间大致是 10 至 40 秒;这个适应时间要远高于明适应(从暗到亮)的时间。在人机系统中,我们也会对操作界面的亮度进行合理的要求,在环境设计中,会避免环境的明暗有骤然的变化,就是考虑到人眼的明暗适应。

（d）色彩分辨能力和色视野

人的眼睛对各种颜色的刺激反应能力不同,人眼对某些颜色或者颜色的搭配的反应更加敏感。为了让人机界面能更适于人眼分辨,我们通常会选择人眼分辨能力较强的颜色搭配。

人对不同颜色的视野也有不同。人眼对白色的视野最大,对黄色、蓝色、红色的色视野依次减小,对绿色的视野最小。人眼的色视野特性,是科学选择人机界面色彩的重要参考依据。

（e）细节分辨能力

正常视力的人的视角超过 150 度,但是人眼分辨细节的能力并不是均等的。和相机一样,人眼中间分辨细节的能力强于边缘部分,所以当一个人看到感兴趣的目标的时候会不自觉地把头或者眼睛转过来,让自己视网膜的中心对准目标。

人眼的细节分辨能力,在进行人机界面设计时,是文字、细节设计的重要参照。

（f）视觉习惯

人眼有很多视觉习惯,特别是在进行阅读和仔细观察状态时。人的视觉习惯从本质上说,是人的大脑形成的行为习惯。人眼的视觉习惯并不代表所有人,但在进行 MALL 空间设施的视觉交互界面的设计时,必须要考虑到多数人的视觉习惯,才可以使多数人获得视觉的舒适。

第一,大多数人在进行横向阅读时习惯视线从左到右,从上到下,顺时针运动。

第二,人眼的视觉热点是"F"型的布局,也就是左上限观察最优先;换行阅读时,依然是视觉热点,但比第一行要差一些;都会优先阅读左边部分,而对右下限观察相对较差。

第三,人眼的"好奇心"很强,特别的、不同于常规的视觉元素,会优先吸引视线。

第四,人眼和大脑的辨别能力,水平方向比垂直方向快很多。

第五,人眼对直线和折线轮廓有"柔化"的认知习惯,但人眼对直线或者折线轮廓比曲线轮廓更加敏感。

第六,人眼辨认颜色的优先顺序一般是红色、绿色、黄色和白色。

B. 听觉的功能范围和听觉习惯

听觉,是声波作用于听觉器官,使其感受细胞处于兴奋并引起听神经的冲动以至于传入信息,经各级听觉中枢分析后引起的震生感。听觉是仅次于视觉的重要感觉通道。它在人的生活中起着重大的作用。同光线的直线传播不同,声波是以波的形式传播,形成一个有效声场,在这个声场内,正常的人耳没有明显的盲区。

(a)听阈

在十分安静的情况下,人在某个频率刚能听到的最小声强的声音为听阈。

人耳能感受的声波频率范围是 16 ~ 20000 赫兹,1000 ~ 3000 赫兹时最为敏感,这恰巧是包含大部分人讲话模式的声音以及婴儿啼哭的音调的频率范围。不过,不同年龄的人,其听觉范围也不相同。例如:小孩子能听到30000 ~ 40000 赫兹的声波,50 岁以上的人只能听到13000 赫兹的声波。

(b)听觉响应时间

人的神经系统对两次声音的间隔响应为 0.1 秒,间隔少于 0.1 秒时,听觉神经不能区别。

(c)音色

日常所说的长波是指频率低的声音,短波指频率高的声音。由单一频率的正弦波引起的声音是纯音,但大多数声音是许多频率与振幅的混合物。混合音的复合程序与组成形式构成声音的质量特征,称音色。音色是人能够区分发自不同声源的同一个音高的主要依据,如男声、女声、钢琴声、提琴声表演同一个曲调,听起来各不相同。

(d)听觉的特征和习惯

第一,同一个音源发出的声音到达双耳的时间、响度和声音品质是不相同的,这种差别能使人分辨声源的位置。但是当声源在室内经过多次反射,连续传入人耳,人会无法分辨,但这样就形成了声音的混响。

第二,两个声音到达人耳,如果两个声音强度相差较大,则只能感受到其中的一个较强的声音,这种现象叫作声音的掩蔽。比如在 MALL 空间,有时会用音响系统发出的声音来掩蔽顾客的喧闹和嘈杂,就是利用了声音的掩蔽效应。

第三,人耳对中音频段感受到的声音响度较大,且较平坦。高音频段感受到的声音响度随频率的升高逐渐减弱,低音频段在 80 赫兹以下急剧减弱,我们把低音频段的急剧减弱称为低频"迟钝"现象。

C. 肤觉

肤觉是皮肤受到物理或化学刺激所产生的触觉、温度觉和痛觉等皮肤感觉的总称。皮肤是人体最大面积的结构之一,具有调节体温的机制,并负担着分泌、排泄等功能;同时,其产生的接触感觉、温度冷热、疼痛感等感觉,对消费者的情绪发展有重要的作用。

(a)触觉的功能和应用

人体皮肤的触觉是人们获得外界信息和刺激的重要途径。人脑通过对触觉经验的积累,获得了很多重要的能力,在实际的公共设施设计中,有广泛的应用:

第一,通过对动作时间的经验累积,人们可以通过触摸物体,判断物体的长度;通过各方向长度的估算,粗略判断物体的面积和体量。

第二,人们可以通过触摸物体,判断物体的形状和包括表面质感、表面温度等在内的物理特性,并联系视觉经验,判断物体的材料。

第三,通过以上两个触摸经验,人们可以进一步创造、传递和获得信息。

比如说盲文就是通过人的触觉感知创造的信息传播方式,为失明和视觉障碍人士提供了重要帮助;而在盲道、楼梯台阶边缘提示等设计中,则是利用了跟盲文类似的方式。同样地,人机界面、按钮的形态语义设计,则是针对广泛使用者的应用。

但触觉在 MALL 空间公共设施人机系统中的应用不仅限于此。设计者往往利用皮肤对触觉刺激的位置、受力强度、作用时间、作用频率等辨别能力的研究,来完善人机操作界面的设计,如按钮(实体或者软件)、操作杆等。这样的设计改善,可以提高人机界面的使用舒适度和友好性,创造良好的使用体验。

(b)温度觉及其特性

人的皮肤上存在众多的温点和冷点,当热刺激或者冷刺激作用于它们时,人体就会产生温觉或者冷觉,统称为温度觉。温度觉是皮肤获得外部信息的重要途径。

温度觉可以调节和保持人体温度的稳定和正常的生理机能,比如出汗。人对温度觉有很强的适应性,比如将手放进 35℃ 的水里,最初会产生温觉,但是过一会儿之后,就逐渐感觉不到这种刺激。

人体内温度约 37℃,皮肤表面温度略低,不同的部位有不同的温度。但这些部位都不会感觉到冷或者热,是因为他们对自己的温度产生了适应,这个主观感觉温度称为"生理零度"。

一般当温度高于45℃时,人体就会产生烫觉,但人体感觉到"烫"的温度也受到实际的环境温度影响。当环境温度在 20～25℃时,烫觉的感受范围大致是 40～46℃。

在现代 MALL 空间,空调和通风系统同人体的温度觉关系重大。不同的材料对温度的传导特性有很大不同,因此尽管 MALL 空间室内温度相对稳定,人体对金属材料也会感觉更加"冰冷"一些;而对于木材或者布艺表面会感觉更加"温暖"一些。而在开放空间或者室外空间,这种因为温差而产生的传导会更加明显。因此,根据不同的需要,设定合适的接触面材料,对人的使用感受有一定的影响。

(c)痛觉

痛觉是人体产生的危险信号,会动员集体进行防卫。但痛觉并不只属于肤觉,视觉、听觉等感觉,当接受的刺激超过一定的范围时,也会使人产生痛觉;而人的情绪、心理活动等超出常规感觉的存在,也会产生痛觉。我们这里讨论的,是人体皮肤组织产生的痛觉,但皮肤痛觉的产生,其实同人体的内部组织器官、人的神经系统和大脑都有密切关系。

人体不同部位对痛觉的感受性有不同,但是一般来说,作为最常用的人机系统操作器官——人的指尖,是痛觉比较敏感的部位,因此在进行人机系统的研究中,痛觉是重要的研究方向。

在人机系统的设计中,凡是直接或者有可能直接接触人体皮肤的部位,都应该保持无刺伤危险,比如操作界面、扶手、桌面边缘、开关等。

而人体对痛觉有一定的经验积累和记忆,这种记忆往往容易同产生痛觉的物体或者特征对其他感官的刺激产生联想,比如视觉。因此在进行设施设计的时候,对于一些禁止直接接触的设施,往往会利用这种联想进行交互界面或者是图形指示的设计。

② 知觉

在前文研究公共设施对消费者心理的影响中,我们讨论过知觉。在消费者接触到的刺激积累到一定的程度后就会形成注意;当注意积累到一定程度后,消费者的心理活动就到了"知觉"的阶段。结合"感觉",知觉就是人脑对作用于人的感觉器官的事物的整体反映,感觉同知觉是一个连贯的过程,两者构成了人体的感知系统。人们在形成对事物的判断即知觉时,有以下基本特征:

A. 整体性

人们会把有许多不同属性、不同形式的部分所组成的对象,看作一个整体或者一个整体系统。

在 MALL 空间中,消费者往往会对一个功能区域或者一组设施做整体的评判,比如餐饮区域。在 MALL 的集中餐饮区,如果消费者在其中一家餐馆或者店铺的餐饮消费时形成了很不好的印象,就有可能对整体餐饮区域形成不好的印象;在其中一家餐馆的消费远超个人的心理价位之后,会觉得整个餐饮区域的服务都比自己的目标价位高。消费者的这种整体判断,会对 MALL 的经营形成关键的影响,这也是 MALL 的经营者必须严格管控每一个局部和细节的原因。

公共设施也是一样,在一个区域,放置不同形式的座椅,以不同的摆放方式,再配以绿化、垃圾桶等辅助设施,消费者会把整个相关区域当作是一个整体,即休息区域。

人们对获得的信息作整体性反应,与人本身的社会经验、阅历,以及对这个信息接触的程度都有关系,并没有非常稳定的客观衡量标准或者阈值。但人们的这种感知特性,在进行公共设施的规划和设计中非常常用。就像刚才例子中的休息区域,就没有必要再用固定的隔离设施来划分这个区域;通过一定的组合排布,人们自然会把这个区域当作是一个整体(见图 5 - 23)。

图 5 - 23　日本东京六本木新城公共空间通过桌椅的摆放,形成了相对独立的空间区域

(图片来源:作者自摄)

B. 选择性

选择性是相对于整体性存在的。也就是说,在一定的情况下,人们也会把某个对象从背景或者群体中区分出来。

这是一个相对主观的过程,影响人们反应的因素,除了类似整体性的经验、阅历等,还包含了消费者在接受信息时的主观情绪。研究表明,在消费者情绪状态好时,选择性就很敏锐、很广泛,往往能在复杂的背景中选出自己所需要的部分;但是在心情焦躁烦闷时,选择性就很迟钝,甚至对某些目标信息视而不见。这也就造成了同一种刺激信息,不同的人来接受,会有不同的结果。

人们感知能力选择性特征,往往能营造差异巨大的戏剧性的效果,被广泛用于各种宣传信息的规划设计中。

C. 理解性

人们会用以往的知识、记忆来理解当前的对象,即使这种记忆同现实的接触并不完全吻合。这可以被看作一种记忆的提取,但在进行公共设施设计的过程中,并不只是为单纯地提取这种记忆,而是希望通过唤醒消费者熟悉的知识或者记忆,联想起与这种知识或者记忆相关的正面属性或者体验。

这种特性在现代的人机界面,特别是软件界面中非常常用。我们经常把虚拟的按钮设计成水晶糖果的颜色和质感,消费者在使用的过程中,对于这种视觉效果,会有非常舒适的联想。而很多仿古或者主题性的设计,其实也是利用了人们知觉的理解性特征。

D. 恒定性

目标对象在一定范围内发生变化,而人们的知觉印象有时会保持相对不变,这就是知觉的恒定性特征。产生这一特征的基础,是人们对感知的对象具备一定的认知经验和记忆;当刺激和感知重复发生时,消费者会简单地提取原先的记忆,产生相同的判断。

知觉的恒定性,是消费者生活或者使用习惯的一种体现。MALL 的规划者,通过调研这种习惯及其允许接受变化的范围,可以获得进行规划设计的变化"度"。在这个可接受范围内进行的设计,可以让消费者获得行为和心理感受的连贯性和舒适性。

E. 错觉

错觉是在特定条件下产生的对客观事物的歪曲知觉。

错觉又叫错误知觉,是指不符合客观实际的知觉,包括几何图形错觉(高估错觉、对比错觉、线条干扰错觉)、时间错觉、运动错觉、空间错觉以及光渗错觉、整体影响部分的错觉、声音方位错觉、形重错觉、触觉错觉等。

错觉是对客观事物的一种不正确的、歪曲的知觉。错觉可以发生在视觉方面,也可以发生在其他知觉方面。如当听到的声音音量发生变化时,人们会认为音源的位置和距离发生了变化,这是声音范围错觉;当你掂量一千克棉花和一千克铁块时,你会感到铁块重,这是形重错觉;当你坐在正在开着的火车上,看车窗外的树木时,会以为树木在移动,这是运动错觉;等等。

人们的错觉,有一些是病理的,需要接受治疗。但也有一些是行为和心理习惯造成的,这种错觉不一定导致不好的结果,相反,错觉会形成令人惊奇的效果,在室内设计和设施设计中应用非常广泛。

比如,合理地使用镜面,会让人产生大空间的错觉。这种错觉,可以在相对拥挤狭小的空间中,营造相对宽松的空间感受,这在洗手间、拥挤的餐厅等空间经常使用(见图 5 – 24)。

(2)人体反应时间、操作反应速度和操作力度

前文在进行公共设施对消费者心理的影响中,我们讨论过人的感知系统获得刺激形成以及和心理影响的过程,人获得这些信息和刺激是需要一定时间的,这

个时间就是人体的反应时间。刺激时间长、频率高,必然有利于消费者记忆和反馈,但是 MALL 空间中有大量的设施和信息,消费者获得刺激、转换刺激会非常频繁,而如果刺激停留时间过短,就无法达成预设的刺激效果,因此在进行相关设施设计的过程中,必须要参考人体接受刺激的感觉器官的反应时间,比如广告页面的切换速度。

图 5 – 24　上海 IFC MALL 洗手间
对镜面的运用
(图片来源:作者自摄)

而人需要一定的时间来判断和决策,下面进行什么样的行为动作或者不进行动作反应,但这个时间是人主观决策的时间,可长可短,不易做详细的测算。

在人做出决策后,大脑支配身体器官作出行为反应,有些动作是在公共设施设计者计划范围内进行的,比如说按操作按钮、点击触摸屏等。在 MALL 空间中,人们使用公共设施必然以方便舒适为基本原则,尽可能不要让消费者出现烦琐的操作,不要让消费者因使用设施而疲劳,因此操作的过程需要尽可能的简洁快速。对机器或者设施而言,在接受操作者动作信号的过程中,也有判别的条件,需要配合人体的实际操作速度。人体实际的操作速度是有限的,而且不同的人也有差异(见图 5 – 25)。

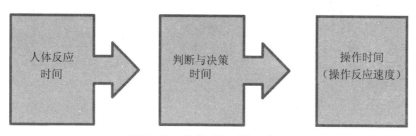

图 5 – 25　人体时间反应示意图
(图片来源:作者绘制)

与人体操作的反应时间相对应,人在进行操作时,可使用的力量是有限的,而且不同人之间的差异较大,为了不使操作给人带来疲劳,就要研究人体使用力量的科学,以之为参照进行设计。

① 人体反应时间

人体的感觉器官在受到外界刺激后到明显地开始反应的时间称为人体反应时间。

人体的反应时间各不相同,同一个人在不同状态下的反应时间也不相同。一般来说,老年人的反应时间相对较慢;而同一个人,疲劳会大大增加其反应时间。

从人的生理机能上看,可以把人体的反应时间做如下细分:第一,刺激使感受器产生了兴奋,其冲动传递到感觉神经元的时间;第二,神经冲动经感觉神经传至大脑皮质的感觉中枢和运动中枢,从那里经运动神经到效应器官的时间;第三,效应器接受冲动后开始效应活动的时间。

一般人体的最快整体反应时间应该在 0.2 秒以上,经过训练的运动员应该也不会低于 0.1 秒。具体来说,一般人的视觉简单反应时间为 0.2 ~ 0.25 秒,听觉的反应时间为 0.12 ~ 0.15 秒(听觉反应时间比视觉更快,这也是运动比赛发令用听觉刺激的原因)。

由于人的神经传递速度一般有 0.5 秒左右的不应期,所以在进行需要人操作互动的设施设计时,需要感觉指导的间断操作间隙期(比如简单的敲击键盘或者重复按单一的按钮)一般应大于 0.5 秒,复杂的选择性反应时间(比如在电梯厅选择楼层,并按楼层按钮)一般达 1 ~ 3 秒,需要复杂判断和认识的操作反应时间则更长。

② 操作反应速度

人体操作反应速度,是人体反应时间的一个反馈。单位时间内完成动作数量多则动作速度快,否则为慢。对于重复的动作,我们可以认为是人体在第一个动作完成后,接收到下一个动作指令(这个指令的下达速度非常快,一般受主观因素影响较少)后进行下一个动作所需要的最快时间。

人体的反应速度是有限的,不同的人反应速度不同;人操作的反应速度一般会随着人体的年龄的增长而慢慢放缓。

它还与许多其他客观因素有关,就操纵器来说,其形状、位置、式样、大小、操作方向以及用力情况等,都会影响操纵速度。人的手指敲击的速度为 1.5 ~ 5 次每秒,最大可达 5 ~ 14 次每秒。人手作水平 135°(相当于水平时钟面 1 点半钟的方向)或 315°(相当于 7 点半钟的方向)方向的运动速度最快,且手抖动次数最少;而其他方向的动作速度就稍慢。右手向前运动推东西的速度,比从右向左的运动速度要快,而从左向右的运动速度则更慢。

人体操作的反应速度及对其有影响的客观因素,是进行公共设施和人机交互系统设计的重要参照。

③ 操作力度

操作力度是指用力的度,即用力的层次;使出的力量大,即力度大,使出的力量小,即力度小。

(3)操作者的学习

消费者在 MALL 空间有使用公共设施的需求。大部分公共设施会提供给消费者最简单直接的服务,但也有部分公共设施的使用具有一定的复杂性,而且不像正式购买的消费品,有严谨的说明书指导,需要消费者通过日常的经验或者通过一定的指示来临时学习使用方法。这个过程就是消费者使用公共设施的学习。

① 学习的定义和分解

在教育心理学上,学习是指学习者因实践经验而引起的行为、能力和心理倾向的比较持久的变化。学习定义分解如下:

第一,学习表现为个体行为或行为潜能的变化(或内隐或外显)——在 MALL 空间中,表现为从不会使用公共设施到完全掌握使用方法的变化;

第二,学习所引起的行为或行为潜能的变化是相对持久的——在 MALL 空间中,消费者一旦学会使用这种公共设施,在下一次继续使用同一种设施或者类似设施的时候,不用再重复学习,而是相对稳定地掌握了使用方法;

第三,学习所引起的行为或行为潜能的变化是因经验的获得而产生的——在 MALL 空间中,消费者会因为重复使用或者重复进行类似操作而积累经验,因此在复杂的公共设施设计中,把复杂的操作转化为一定的"重复",可以使消费者在操作的过程中进行学习,从而使操作技巧熟练;

第四,学习是人对环境的适应现象——在 MALL 空间中,消费者使用公共设施的过程,也就是人机系统互相适应的过程。对于设计者而言,现代公共设施本身还不普遍具备"学习"的能力,因此必须通过调研和分析,让设计最大范围地适应消费者;而消费者本身的个体差异性决定了公共设施设计者所决定的通用数据并不能精确地适合所有人,消费者必须通过学习和调整去适应公共设施。在这个设计过程中,设计师最需要考虑的,就是怎样让这个学习和适应的过程尽可能地简化、便捷化,甚至让消费者感觉不到它的存在;以及怎样在学习的过程中,让消费者尽可能地保持舒适的感觉和轻松的心态。

② 适合学习的公共设施设计原则

消费者在使用复杂的公共设施的过程中,会有自我学习的过程,但是消费者来 MALL 空间的目的却不是学习。学习使用这些公共设施的目的是使其在 MALL 空间的消费行为更加顺利方便,因此,学习的过程也应尽可能地简单方便,而不应使消费者有无法学习或者错误学习的可能;不必要学习或者让消费者感觉不到学习的过程,则是 MALL 的策划者比较期待出现的结果。

从对学习过程的分解中,我们可以看到,在涉及相对复杂的人机互动的公共设施设计中,应注意以下几个原则,才可能使学习的过程尽可能地简单方便:

第一,统一化。

类似的或者同一系统的公共设施应该尽可能地让消费者感觉到统一性或者一致性,避免使用的紊乱或者多次学习,这会大大增加消费者行为的负担和不舒适感。

比如同样涉及操作界面的设施,都出现了电子显示屏,消费者往往会认为应该是类似的操作;而事实上有的采用触摸屏,有的采用选择按键,还有的综合使用,这样就会使消费者的使用过程非常容易出错,必须不停地去学习和适应新的设施。

又比如空间的指示系统,不论是站立式的还是悬挂式的,应尽可能地采用统一的视觉体系。因为消费者在初次进入 MALL 时,是在学习和适应这套指示系统,但如果视觉效果不停地变化,往往会使消费者的判断出现误差。

第二,重复简单动作替代复杂动作。

消费者在 MALL 空间中针对公共设施的学习不是他们来 MALL 空间的目的,复杂的学习和适应过程会让人觉得烦躁和不舒适,但有些设施现阶段确实有一定的使用复杂性,这就需要尽可能地简化消费者的学习过程。

简化的方式并不一定是将学习和使用的过程缩短,而是简化操作的复杂程度,用尽可能简单、机械的动作来替代复杂的动作;把适应的过程交给大脑,而不是人的身体,减少身体负担,避免疲劳。在这个过程中,甚至有可能在实质上让一些使用过程复杂化。

最常用的方式就是重复动作,人的学习过程很简单,而且在不停地重复中,可以增加人的熟练程度。类似计算机鼠标的使用,人的身体的直接动作就是重复的双击,却可以完成各种复杂的内容。

在公共设施中常用的重复动作,如电子指示牌触摸显示屏的点击动作。

第三,简化流程。

电子触摸屏式的指示牌,给人示范直观、简单的使用过程,人们需要做的就是通过点击输入分类目标,获得结果;而传统的指示牌,则需要寻找分类指示牌、目测寻找楼层指示牌、目测搜索位置,甚至需要通过步行找到商铺附近的指示牌再做进一步的搜索。

电子指示牌更像是一个问路系统,只要告知目标即可获得结果,使用者需要付出的,只是简单的学习使用过程,但是在这个学习过程中,因为操作界面很友好,选择过程简单舒适,非但不会造成疲劳的感觉,还会增加好感。

5.1.3.3 MALL 空间中人的常用动作和动作管理

(1)MALL 空间中人的常用动作

① 行走

行走,或者说步行是正常消费者在 MALL 空间中最常用的动作。人们靠步行到达目标地点;在步行的过程中,浏览商品和店铺,与同伴交谈;步行本身也是一种休闲方式。

步速(Walking Velocity),是指行步的速度,也就是单位时间内的行走距离。正常成年人一般的步速是 1.5 米每秒。

步频(Stride Frequency),是指正常成年人单位时间内行走的步数,正常成年人的一般步频是 95~125 步每分钟。

步幅(Step Length),是指正常成年人行走时左右足跟或者足尖先后着地的两点的纵向直线距离,正常成年人的步幅一般是 50~80 厘米。

跨步长(Stride Length),指正常成年人行走时同一侧足跟或者足尖先后着地的两点的纵向直线距离,相当于左右两个步幅相加。人的左右脚步略有差异,但成年人的正常跨步长大概是两倍步幅,也就是 100~160 厘米。

在 MALL 空间中,消费者的行走可以分为常规行走、顾盼、攀登三种常见状态。

常规行走一般是指向行走目标前行的动作,也可以是按照指示进行的有方向性的行进。平均步速与正常步速相近,步幅和步频均适中。

顾盼,是指在行进的过程中,浏览视线范围内的事物。这种浏览可能是没有明确目的的走马观花,也可能是寻找目标事物。因为要顾及浏览的需要,所以人在顾盼行走状态下,步速和步幅都要小一些。

在 MALL 空间中的攀登,指的是步行上下楼梯。

消费者行走的特性,同许多公共设施的设置有很大关系。比如指示牌的分布频率。

② 站姿

这里指的站姿是消费者在 MALL 空间停止行走,但处于直立的状态。这种状态不是指正站姿,因为人在休闲状态很少出现很正式的正站姿。消费者呈现站姿的目的一般是:

A. 驻足观望、交谈,一般呈现比较放松的站姿。

B. 短暂的休息、上下电梯等,一般会呈现倚靠或者扶立的状态。

C. 付费、查询等功能性活动,呈现的是比较放松的站姿或者支撑站立状态(如消费者操作互动指示牌、付费、服务台查询)。

③ 坐姿

在 MALL 空间,正常消费者出现的坐姿一般可以分两类:

休息坐姿,身体处于相对放松状态,姿势有一定的随意性;如果有靠背会使休息更加舒适。

用餐坐姿,尽管也是相对自由的状态,却需要一定的人机工学尺度来确保用餐的舒适。

而其他如正坐姿等,在 MALL 空间很少出现。

(2)动作的习惯顺序

消费者行为动作具备一定的习惯性。习惯性体现在动作的轨迹、幅度等指标上,但动作的习惯性对于不同的人存在很大的不确定性,很难普遍地对这些不确定的需求进行规划。但是,对公共环境设施的设计开发而言,影响较大的是左右手问题和动作的顺序。这些问题会在以下涉及的动作领域体现。

涉及消费者动作习惯的公共设施及其用途主要体现在以下几方面:

① 观察

比如对指示牌以及出现在他观察范围内的各种信息的观察。消费者往往会先观察近处的、自己有明确需求的、视觉信息明显的对象。而观察顺序按照日常的阅读习惯,会有从左到右的顺序,但这不是左右手问题。对此,公共设施的信息面一般会把主要信息用字号加大、颜色加深、增加灯光等视觉处理手法来加强;同时对于多个信息源,会按照其重要性从左到右地排列。

②借力

左右手问题在消费者向公共设施借力时体现得尤为明显。比如在 MALL 空间行动的老人、拖行李的人,需要扶手上下坡道;而坡道一边靠墙边设置,以避免影响交通,因此不是左右对称的。这样就有可能出现消费者习惯的一侧没有借力对象。对于这种情况,MALL 空间及公共设施一般采用的方法是对称设置多个借力对象。

③硬件操作/软件操作

这类动作一般是指消费者同公共环境设施的细节互动,常见的设施如自购售货机、ATM、信息查询设施的互动操作界面等。

这类操作中,消费者的行为动作的顺序一般是在公共设施的引导下进行的,不论是软件界面引导还是实体图形界面引导,在动作顺序上基本一致,公共环境设施的设计者需要考虑的是怎样的动作流程更加省力和快捷,在此不做深入讨论。

但这类动作也有左右手习惯性的问题,从现有的设施情况看,传统机械式的接触界面大多是按照右手习惯进行设计的,软件界面也是如此。但是很多智能终端已经可以人为设定左右手习惯,因此,尽管现在我们的软件界面调研中还没有发现进行左右手选择设定的情况,但这应该是可以逐步实现的,这也是公平性的一个重要体现。

(3)费力与疲劳

消费者在MALL空间的行为目的本身就是休闲与消费,而不是太多的消耗体力;同时MALL的聚集性特性,也使MALL的经营者更希望把消费人群尽可能多地留在MALL空间内,而不是过早地因疲劳而离开。因此,对消费者动作和行为的费力和疲劳的考虑对于MALL和MALL空间的公共设施而言很重要。

费力和疲劳是不同的概念。

费力是指在动作行为中消耗了较多的力量。费力缺乏严格的数据化参照,但消费者一般会跟自己常规的行为习惯做对比,比如正常上楼梯和拖着箱子上楼梯就有很明显的费力差别。

而疲劳则是指消费者的行为动作的反馈积累,是消费者的一种主观不适应,是在相同条件下,继续进行原有动作的不适应。疲劳的标准因人而异,其来源可能是消费者自身消耗过多体力,也可能是空间或者设施设计的不合理导致体力消耗过度。老人、小孩、病人等弱势人群更容易出现疲劳。

公共环境设施对于消费者费力和疲劳的应对主要分为两个方面:

①通过设计减少费力情况出现

很多公共设施的出现本身就是为了减少人群的费力情况而设计的,比如坡道、扶手、电梯等,也包括一些自动售货/服务设施和自助查询终端,因为这样可以设置更多的终端,避免消费人群为达到目的走更远的距离和排队。

另一方面,对于互动操作界面和流程的优化,也可以帮助消费者更加方便地获得设施的服务,避免费力。比如使用触摸式界面会比机械式界面更加省力。

②提供休息恢复精力

消费者在MALL空间消费休闲,消耗体力是必然的。MALL除了在源头上尽可能减少消费者的体力消耗外,更通过很多设施的设置,来帮助消费者进行及时的休息,恢复精力。比如休息区、坐具、按摩设施和商业等,也包括很多环境景观设施、通风设施、饮料和水的补给设施。不论是优美的环境景观、新鲜的空气,还是水的补给,都对恢复疲劳有很大帮助。

5.1.3.4 人机界面

人机界面(Human Machine Interaction,简称HMI),又称用户界面或使用者界面,是人与操作对象之间信息传递、交互的媒介和对话接口,实现信息在操作对象内部的形式与人类可以接受的形式之间的转换。凡参与人机信息交流的领域都存在着人机界面,但确认人机界面的关键不在于有信息界面(人的信息获得),而在于对象对人给出的信息有互动反馈。理论上说,如门把手、开关按钮等最简单的设备,也可以看作人机界面,因为它们对于人所下达的行为指令(扭动开关、按按键)给出了明确的"打开"或者是"按键触发"等信息反馈。但现在更多的人机界面是用来描述较为复杂的机械交互界面或者是信息化的触摸界面。

在 MALL 空间的公共环境设施系统中,有很多存在人机界面的设施。所有的自助服务设施,都存在人机界面;而人机界面对于这些设施而言,也是体现其服务质量的最重要因素(见图 5 - 26)。

图 5 - 26　上海正大广场大量触摸式人机界面的公共设施

(图片来源:作者自摄)

影响人机界面效果的设计因素有很多,上面讨论的对于消费者动作的习惯、顺序、省力等问题,其实都在人机界面的设计中有很重要的作用,但鉴于本书主要研究整体设施系统及 MALL 商业系统,这里不详细深入;但值得一提的是,人机界面的"友好"。

不论是传统的机械式人机界面还是最新的信息化触摸式屏幕界面,都存在界面友好的问题。"友好"反馈的获得最终都是消费者,但是不同的公共环境设施,使用者获得的感官途径是不一样的。最基本的开关等界面,其"友好"感觉直接来源于消费者的触觉,感觉接触面适合人手的形态和使用习惯,力度大小也合适。而复杂的机械式界面或者触摸式界面,其"友好"感觉会来自忍受的接触触觉、视觉接触界面和听觉反馈等多个接触方式。

当代对人机工程学的研究对触觉接触界面的"友好"反馈有很多的深入;而听觉很多情况下是对人机双方行为进行的"确认"。视觉界面的友好涉及面则非常广泛,既需要获得消费者舒适的视觉接触,也需要在一定程度上体现 MALL 整体商业形式和主题。

5.1.4　公共设施影响消费者心理和行为的立体系统

上面的章节中,我们按照公共设施对消费者影响力和影响角度的不同,分析了公共设施与人的行为,特别是同消费相关的行为之间的关系。但事实上,在现代 MALL 空间中,消费者的行为受多方面因素的影响,而商业、建筑空间、公共设施对消费者的影响是一个整体的综合系统,即使单独拿出公共设施来分析,也是一个立体的影响系统,对消费者的心理影响也是立体的。

而我们对于这个立体系统的观点还不仅限于设施对于消费者;事实上,不同的设施之间、设施同环境之间也都在互相影响。最明显的问题就是集中出现的设施之间会出现互相遮挡的结果,对于商家而言,这些设施之间有主次之分;对于消费者而言,也需要判断哪些信息才是自己最需要的,或者全部都不需要。

我们可以通过下面的简单示意图来看在 MALL 空间中,各种设施和商业空间对消费者形成影响的立体系统(见图 5 - 27)。

图 5 - 27　上海 IFC MALL 某局部空间,公共环境设施系统对消费者的立体性影响

(图片来源:作者自摄)

5.1.4.1　同时性

公共设施对消费者心理和行为的影响具有同时性,这种同时性体现在两个层面:

（1）多种设施会同时对消费者的感官产生作用

在消费者感官所触及的 MALL 空间系统中,对消费者的主观感受而言,商业店铺、各种公共设施会组合出现,它们对消费者的感官产生作用是同时的,或者是几乎同时的。

举个最简单的例子,在消费者的目击范围内,一般会同时呈现大量的元素,不论是公共设施还是商业设施,还是其他不相关的元素。在消费者的感官范围内出现过多的刺激元素对 MALL 空间的经营者来说是不愿意看到的,因为这样会影响消费者对这些刺激信息的分析判断。因此,在 MALL 商业空间,特别是一些关键的空间节点,有必要通过对公共设施以及其他元素的主动合理配置,来梳理消费者接收刺激信息的先后次序和主次(见图 5-28)。

图 5-28　上海 IFC MALL 某区域公共环境设施对消费者心理影响的主次性分析
——以远端的电子广告墙为消费者观察行为的直接目的
（图片来源:作者自摄）

通过这样的调整,公共设施对消费者感官的作用会产生层次,这在后文中会详细讨论;但也有一些设置故意将一定数量的公共设施在同一接收平面内密集出现,为的是加强某种公共设施的刺激,从而提升刺激等级,并不是扰乱消费者的感知。

（2）公共设施会同时对消费者的多个感官产生作用

上面的情况是多种信息同时刺激消费者的感官,另外的情况就是多种设施或者同一种设施会同时刺激消费者的不同感官。

就多种设施而言,比如消费者可以在 MALL 空间中听广播的同时,接收沿路的视觉刺激信息。就同一种设施而言,比如部分互动式的信息指示牌,消费者在接收视觉信息的同时,还有听觉信息,甚至可以进行触觉的交互。还有一些在不经意间接收到的刺激,比如消费者一边浏览一边扶着栏杆行走等。这种同时刺激消费者多个感官的情况还是非常频繁出现的。

这些对多重感官的刺激,往往是经过精心设计和配置的,这样的刺激结果往往不会互相干涉,不会影响设计者对信息主次的安排。但不排除可能出现的密集刺激情况,若出现这些情况,则同上面的情况一样,需要进行规划设计。

5.1.4.2 层次性

MALL 商业空间及其公共环境设施系统对消费者心理和行为影响是分层次的,这种层次既体现在设施系统的远近、主次层次性,也体现在受到影响的消费者的主观反馈的层次性。公共环境设施对消费者心理和行为影响的层次性是基于同时性的,也就是说尽管多种公共设施可能同时对消费者的感官产生刺激,但是消费者主观上,对这些刺激所产生的心理作用是分层次的,是有主次的。

这种层次性既来自消费者主观的行为习惯,也来自消费者当时的行为目的;消费者在有明确的行为目的时,其行为对象给予的刺激一般是最主要的,而靠近主要刺激对象的其他刺激对象,会因为距离消费者本人的关注视野较近,而提高其刺激的等级;远离主要刺激的对象,其主次性一般偏低。但是这种主次性却不一定是正确的或者是合适的。规划合理的公共环境设施体系,会客观地引导消费者心理对这些刺激的层次,将消费者最需要感知和反应的信息有限传递给消费人群。但总之,消费者直接而明确的行为目的是影响公共设施对消费者心理影响的最关键因素。

公共环境设施对消费者影响的层次性,来自 MALL 经营者的设计和设置;消费者主观反馈的层次性来自消费者的主观行为习惯和即时需求。将这两者统一起来,不论对消费者还是对 MALL 的经营者,都是完美的体验反馈,这也是对公共环境设施的设计和设置非常高的要求。

5.2 环境设施与环境空间

5.2.1 公共设施同环境空间的基本关系

公共设施的基本属性,如形式、风格、尺度、体量、颜色、质感、分布密度、位置等,都是指公共设施在环境空间中显示出来的感知特性,因此,公共设施的这些基本属性,同公共空间的对应属性之间的关系,就是这两者的基本关系。

我们在上文中探讨影响消费者心理和行为的设施属性中,就这些特性本身及其同人的心理行为之间的关系做过探讨;这里则重点分析这些属性同环境空间的关系。

从设计原则上看,公共设施作为公共环境空间的有机组成部分之一,应该与环境空间保持统一性和匹配性。但统一和匹配不意味着相同,我们将在下文中探讨公共设施同环境空间有机结合的方式。

5.2.1.1 形式与风格

从环境空间的角度来看,公共环境设施的形式与风格同 MALL 空间整体的形式和风格有很强的关联,这些形式与风格同商业定位和商业主题也有密切的联系。

(1)形式

一般来说,形式更多的是指公共环境设施的形态和形态关系,而不包含其尺度和材质。但是,形式却不只是形态,而是各种细节形态呈现给观察者的一种整体印象,这种印象也是不可脱离尺度和材质的。

形式给人的印象并没有完全统一的规则,却有印象的深浅区别。一般给人印象深刻的形式,会被认为形式感强烈。主题明显、同其他类型差异大或者紧跟最新潮风格的形式会给人留下较深的印象。

(2)风格

风格是众多形态元素聚合在一起,形成的有特色的特征总结。风格在很大程度上体现着公共环境设施的主题,而这种主题一般同 MALL 的室内空间设计主题、商业主题相一致。

风格不同于形式,一般有统一认同的归纳和分类;但是风格的划分方式也存在很大的区别。比如:

按照时间远近来分,可以分为古典式、现代式、未来主义、后现代风格等;

按照地域及民族风格来分,可以分为波西米亚风格、地中海式、东南亚风格、欧式、日式、中国传统式、法式等;

也可按照风格给人的直观感受来分：简约风格、复古风格、清新风格等。

公共环境设施风格的区别同其品质的高低优劣没有直接关系；不同风格的公共环境设施是否能同环境空间和商业的主题风格相融恰，才是决定公共环境设施视觉品质的关键。

5.2.1.2 尺度和体量

（1）尺度

尺度是一个特定物体所呈现出来的大小、比例的特性。尺度更多的是针对空间中点、线感知测量。

现代数学和物理学对尺度有了规范的定义，但是在环境空间中，尺度还是基于人们的经验、情绪的重要心理度量。物体的形态本来没有绝对的尺度概念，等比缩放一个物体，它的形态关系是不变的；但是当把这个物体放置于特定的环境中或者同特定的物体（包括与它本身相同的物体）做衡量时，尺度就有了绝对重要的意义。因此，在 MALL 商业空间，所有公共设施的尺度，都有两个最重要的参考对象：使用者和环境空间。而 MALL 空间的公共设施的设计关于尺度的标准，就是使人（消费者/使用者）在对公共设施与环境空间的比较中获得与其经验相一致的感受。另外，从匹配性和一致性的角度，公共设施之间的参照也很重要。

在对尺度的把握中，尽管从大原则上来说，设施的尺度与空间尺度要比较统一和匹配，但是，人是判断的主体，其标准往往存在多种可能性，不能一概而论。常见的尺度标准有两个：人体尺度和超人体尺度。

人体尺度——使人感到舒适自然的尺度标准，这与人体工程学和测量学有很重要的关系。

超人体尺度——超乎人体或者自然的虚拟夸张的尺度标准。这种夸张的尺度绝对值一般来说不会小于正常的人体尺度，因为不论如何夸张和虚拟，小于人体尺度的尺度往往会造成使用者的不舒适感，对于以使用功能为主的公共设施来说，这肯定是不可取的。因为与人的常规感知经验不吻合，超人体尺度往往会造成特定环境中某种戏剧性的效果或者刺激性的作用（比如强烈的视觉刺激），能形成重要的视觉或者感知焦点，对环境空间来说，是非常有效的点缀。但作为整体来说，对于使用者直接接触使用的公共设施，超人体尺度还是应该谨慎使用（见图5 - 29、图5 - 30）。

图 5 – 29（左） 上海悦达 889 广场的人体尺度的坐具

图 5 – 30（右） 上海悦达 889 广场的超人体尺度的坐具

（图片来源：作者自摄）

（2）高度

高度是物体或者其局部在空间中的相对高度。一般来说，高度是相对于地平面、人体或者其他具体的参照对象而言的。

高度是尺度指标中重要且最常用的一个。因为按照一般人的经验，高度是用来判断空间和物体尺度的最直接视觉参考来源；同时，当人们把对象的尺度同自身进行比较时，因为无法看到自身的具体尺寸，因此，"视高"的比较就成了重要的比较依据，而对象的高度也可以最方便自然地同人的视线高度进行比较。对于需要人进行直接操作或者观察的公共设施对象，其高度的参照指标则直接就是使用者的视线高度，或者叫"眼高"。

人根据自己的经验，在自身度量范围内的高度变化相当敏感，从脚底（或者是地平面）往上度量，一般可以分为五个层次（见表 5 – 1）。

表 5 – 1　人体高度变化对应的公共环境设施

层次	离地高度（厘米）	对应人体位置	可参照的公共环境设施
1	15	脚踝	台阶的踏步、地坪灯、踢脚护栏等
2	50	膝盖	简易的隔离围栏、景观或雕塑隔离圈等
3	90	腰际	道路栏杆、扶手、垃圾桶、装饰花容器等
4	160 ~ 170	视线高度	门牌、标志牌、指示牌、产品陈列架等
5	220	人伸手可及的高度	景观灯具、广告牌等

作为一种重要的尺度，高度也没有绝对的标准。相对高度的变化意味着空间作用范围的变化。比如说人眼对指示牌的观察，会随着视距的变化有不同的习惯和需求，这也是指示牌以不同的形式出现在人不同高度位置的原因。在远距离观察时，悬挂在空间顶部的指示牌正好在人视觉高度的位置；而当人走近的时候，则

不愿意再抬头仰望远超人习惯视觉范围外的东西,此时放置在近处的落地指示牌和墙面指示牌就起到了作用。

(3)体量

尺度的度量主要是针对空间中物体对象的点(相对位置)、线方面的感知测量;这种测量是没有体量、体积概念的。而体量则更多的是针对空间中物体的体积、容量的感知以及平面遮蔽范围的体现,也就是针对体和面的度量。

如果说,尺度概念主要是在空间中的感知概念,那体量,除了对于空间尺度的经验感知外,还意味着空间界面的张力与对峙程度。在公共设施所在的 MALL 空间,相应的空间只有一个,观察者(消费者)本身也身居其中。对观察者的感受而言,如果对象物体的体量扩大,意味着这个物体对空间的主导性和限定性增加,反之亦然;而同样的变化,对这个空间而言,则是相反的,也就是当物体体量越大,空间本身对观察者产生的空间主导性就会降低,消费者会有空间不足、压抑甚至不舒适的感觉。这就是空间对峙的概念。因此,在对公共环境设施体量的控制中,需要充分考虑与其所在的空间的体量对比关系,避免造成空间的局促和紧张。

这种空间的对峙,也体现在"面"的概念上。比如广告牌或者指示牌所在的墙面,设施本身所在的面积同基层面积本身会产生"面"上的对峙,其结果同空间类似;但是,因为观察者本身毕竟不直接在这个面上,因此即使产生与消费者视觉经验不相符合的情况,也不会有太强烈的压抑感觉。相反,也有很多设计师利用这一特性,扩大这种对峙,甚至将整个墙面全都用作设施界面。这样也能产生非常独特的效果。

公共设施的体量是一个视觉概念,与实际的物理容积并不是直接画等号,尽管这种物理容积除了视觉还可以用触觉来感知。这种特性是设计师可以利用的,常见于对设施材料的选择上。透明材料因为具有视觉穿透性,因此即使空间体量较大,也能尽可能地降低视觉的空间冲突。这种应用,大到建筑,小到公共设施甚至平面处理上都常使用。

5.2.1.3 颜色与质感

(1)颜色

颜色是公共环境设施的重要视觉元素,对其视觉风格和主题的形成有重要的作用。

MALL 空间的公共环境设施用来体现颜色的方式很多,比如材料本体的颜色、表面涂层的颜色、灯光的颜色。颜色也是设施外观材质的重要构成元素之一。

颜色除了基本的视觉元素之外,更重要的是对消费者的心理有一定的影响和暗示作用,同时也有一定的文化寓意,都是设计和使用者需要注意的因素,也是在环境空间中需要注意和整体协调的地方。

例举几种常见颜色的心理效应和文化寓意(见表5-2)。

表5-2　几种常见颜色的心理效应和文化寓意

颜色	心理效应	文化寓意	常用设施或在MALL空间的用途
红色	有活力	热情、喜气、吉祥	节庆展示设施、广告设施、环境雕塑
	危险、警示	视觉压力	消防水龙、消防斧、警钟、报警灯
	辛辣	中国川菜	川湘菜馆装饰及相关设施
黄色/金黄色	光明、纯洁、蛋黄、奶油	尊贵、优雅	高档表面处理、蛋糕店
	衰败、病弱、生病	——	污染警示、对环境有污染的垃圾桶
橙色	营养、香甜	富有活力	餐饮店及相关设施
绿色	平衡心境	清新、希望、春天、健康	健身机构、SPA会馆、儿童教育机构
黑色	高贵、霸气	——	高档店铺装饰
	不可征服,压迫感	庄重、神秘感	纪念场所、会场
白色	无情、无瑕	纯洁、科技感	电子产品店铺装饰
金属银色	冰冷、无情、距离感	科技感、现代感、神秘感	追求现代感的店铺装修、各种体现现代感的公共设施

(2)质感

质感是指公共环境设施表面所体现出的材料的真实感。

视觉和触觉对不同物态如固态、液态、气态的特质有不同的感觉。在造型艺术中把对不同物象用不同技巧所表现把握的真实感称为质感;而对于公共环境设施,类似的表现手法也有应用。因此,在MALL空间的公共环境设施,虽然不一定直接使用真实的材料,但是同样是依靠视觉和触觉的质感,来体现空间和设施的形式与风格。

同颜色一样,不同的质感也会对消费者形成不同的心理感受,简单列举部分(如表5-3):

表 5 - 3 不同的质感也会对消费者形成不同的心理感受

质感	心理效应/文化效应	常用公共环境设施在 MALL 空间的用途
木材	自然、环保、亲切、安全无毒	追求环保、自然的品牌空间装饰、店招
石材	自然、朴实、稳固	公共座椅、隔离设施、空间墙面装饰
钢材/不锈钢	科技感、冰冷、距离感、现代感	各种现代公共设施、科技产品品牌室内装饰、店招
布艺/棉/麻	自然、环保、柔软、温暖	服饰店铺室内
玻璃	通透、现代感、脆、距离感	指示牌、橱窗

5.2.1.4 密度与位置

(1)密度

密度是指在单位空间内分布的公共设施的数量,是描述环境设施在 MALL 商业空间分布数量和平均位置关系的因素。这里说的单位空间,可以是一定的立体空间,可以是一定的面积,也可以是一定的线性距离。

由以上定义可以看出,在一定的空间范围内,公共设施的分布密度同其数量密切相关。同时,公共设施的分布并不一定是均匀的,而消费者感知范围内能接触到的公共设施也不一定是全部,因此给人真正直观的密度感受的因素还有公共设施的间距。

图 5 - 31 香港时代广场　图 5 - 32 香港 IFC MALL　图 5 - 33 日本六本木新城
　成组设置的垃圾桶　　　成组设置的广告牌　　　成组设置的自动玩具售卖机

(图片来源:作者自摄)

对消费者的直观感受而言,密度也是公共设施的尺度在时间层面的空间反馈。也就是说,当消费者产生需求时,最少花多少时间能到达相应的公共设施。这个概念在指示系统、辅助照明系统的设置中有重要的意义。

(2)数量

在 MALL 环境空间,某些公共环境设施随着其数量的增加,其数量或者密度会成为这个设施在环境空间中的重要感知特征,比如说 MALL 空间中成组摆放的垃圾桶、广告设施牌、装饰灯柱,还有成组放置的装饰盆栽,还有距离极其接近的自动提款机、自动售货机等,在空间中的人们会主观地认为这样一定数量的公共设施是一个整体,而其群体形态也成了让人们感知最为深刻的特征(见图 5-31 ~图 5-33)。

同时,相同的或者是类似的公共设施重复出现,会产生空间"限定"的作用,从而影响环境空间的形态。最常见的就是隔离设施(见图 5-34),不论是固定式的还是半固定式的,甚至是临时的,都采用了以阵列一定数量的独立设施来达到限定空间的作用。

图 5-34　英国伦敦 Westfield MALL 户外的隔离设施

(图片来源:作者自摄)

公共设施数量增加的另一个重要功能就是"引导",特别是以线性分布的公共设施。在 MALL 空间中,隔离设施在起到空间限定作用的同时,也有引导路线的功能;而沿路分布的灯柱、指示牌,都能有效地起到引导消费者行动方向的作用。

MALL 商业空间中,我们对公共设施数量的研究也不仅限于相同的设施,同类的甚至异类的公共设施的数量增加,在一定情况下也对空间形态和功能产生影响。比如指示系统中有各种类型的指示设施,不论是悬挂式的、落地的还是附于墙壁上的,当这些设施按照一定的规则分布,也就是数量增加时,就会起到有效的引导作用(见图 5 - 35)。

图 5 - 35 上海港汇恒隆广场步行道墙面上有引导作用的广告牌阵列

(图片来源:作者自摄)

(3)间距

间距是指在一定的空间中,公共设施间的相对距离,间接体现的是公共环境设施的分布密度。

(4)位置

指公共环境设施的具体设立位置。不同的公共设施,在环境空间的位置有较大差异。比如指示设施,一般依墙或天花板而立,较少出现在道路中央,避免影响交通;广告设施常出现在墙面或者靠墙而立,虽然视觉效果明显,但也需要避免影响交通;主要的信息中心会在交通交汇的中心设立,以便被各路人流看到并易于到达;坐具可以靠墙设立,也可以作为隔离设施在道路中央规则摆放。

5.2.2 公共设施与环境空间的结合

本章节将讨论公共环境设施同环境空间的结合关系,基础是公共环境同环境空间的物理结合方式。归纳结合关系如表 5 - 4:

表5-4　公共环境设施同环境空间的结合关系

组合方式	组合方式细分	图示	与空间关系	利弊简析	常见的公共环境设施
靠墙式	落地靠墙,凸出墙面		靠墙而立,依托墙面,避免破坏空间和交通	可移动,对空间影响不大,体量较大时会形成一定的交通流线干扰;但在相同视觉面积下,不易引起注意	指示牌、广告牌、部分临时售货亭、垃圾桶、景观设施、灯具等
	嵌入墙体		嵌入墙体,对空间和交通完全没影响	不影响空间和交通,但不可移动,应用范围有限	ATM、墙面广告和指示、电子信息牌、嵌入式垃圾桶等
	墙面悬挂		固定于墙面,对交通无影响,空间上形成凸起,易引起注意	完全不影响交通,同时可以在空间上形成视觉关注;但因为其固定关系,一般也不可移动,应用有限	指示牌、店招、广告灯箱、灯具等
悬挂式	紧靠顶棚悬挂		固定于顶棚,刚性固定,对空间和交通无影响,易受关注	完全不影响交通,压低空间,对视觉形成关注,但不可移动,应用范围有限	指示牌、店招、灯具、警示灯等
	空间悬垂		刚性或柔性固定。固定于顶棚或者空间立柱,遮挡和分割空间,一般位置较高	对空间有较大影响,容易形成视觉关注;除非必要,一般设置在较高空间,避免影响交通	广告布、顶棚装饰雕塑等
地面中央式			四周不靠墙或者临近墙面,分割空间、阻隔交通	对空间有较大影响,除非明确用于分隔空间和交通,或者用于形成空间的标志物	信息中心、主要景观雕塑、用于分割空间的售货亭、隔离设施等

5.2.3　视觉与心理的需求

5.2.3.1　领域、私密性和安全感

（1）领域性心理

领域性行为原是动物在环境中为取得食物、繁衍生息等的一种适应生存的行为方式。人类固然与动物有本质区别,但在室内环境中的生活、行为活动,也总是力求不被外界干扰或妨碍。不同的活动有其必需的生理和心理范围与领域,人们不希望活动空间轻易地被外来的人与物打破,这就是人们的领域性心理。

室内环境中个人空间常需与人际交流、接触时所需的距离通盘考虑。人际接触根据不同的接触对象和不同的场合,在距离上各有差异。赫尔以动物的环境和行为的研究经验为基础,提出了人际距离的概念,根据人际关系的密切程度、行为特征确定人际距离,并将人际距离划分为密切距离、人体距离、社会距离、公众距离。

每类距离中,根据不同的行为性质再分为接近相与远方相。例如在密切距离

中,亲密、对对方有可嗅觉和辐射热感觉为接近相;可与对方接触握手为远方相。当然基于民族、宗教信仰、性别、职业和文化程度等因素,人际距离也会有所不同。

基于这样一种心理因素,当人们处于不同的环境中时,个人的空间距离会有非常明显的变化。比如在车站、医院、商场等公共场所,当人们感到其个人领域空间受到侵犯时,会尽可能地远离他人,因而这种空间的设计通常都会将尺度放大,这也是 MALL 空间普遍会将公共人群聚集的空间处理得比较开阔的原因。

而一些区域,如等待区域,或者是休息区域,要尽量避免让人面对面或是近距离接触,因此在 MALL 空间的公共座椅有时一大组出现,但消费者却是背对着休息。

但对于另一种常见的需要休息的区域——机场候机厅,有些座椅就处理成互不干扰的完全同一朝向;但也有一些考虑到同行旅客的互相交流需要,既可以做到部分人群互相交流,又不对其他人群造成影响。

(2)私密性心理

如果说领域性主要在于空间范围,则私密性更涉及在相应空间范围内包括视线、声音等方面的隔绝要求。

日常生活中人们会非常明显地观察到,在公共场所内,有机会先挑选座位的人,总愿意选择相对独立的位置,因为这些位置受干扰的可能性相对较低。同样情况也见之于就餐人对餐厅中餐桌座位的挑选,通常人们最不愿意选择近门处及人流频繁通过处的座位,餐厅中靠墙卡座的设置,由于在室内空间中形成更多的"尽端",也就更符合散客就餐时有一定私密性的心理需求。

(3)安全性心理

人的心理普遍都有可依托的安全感的需求,活动在室内空间的人们,从心理感受来说,并不是越开阔、越宽广越好,人们通常在大型室内空间中更倾向于有所"依托"的物体。

在火车站和地铁车站的候车厅或站台上,人们并不较多地停留在最容易上车的地方,而是愿意待在柱子边,人群相对散落地汇集在厅内、站台上的柱子附近,适当地与人流通道保持距离。在柱边人们感到有了"依托",更具安全感。

同样的原因,在 MALL 的休息区域,也常有围栏、雕塑、绿化等设施出现,从而形成消费者的依托对象,增强在公共空间休息的消费者的安全性心理。

(4)从众与趋光心理

跟随主要群体的从众心理和趋光心理,是大多数动物的行为本能;人类在这方面也体现出相似的心理特征。从众心理与趋光心理本质上是人群安全性心理的一种延伸。

从一些公共场所内发生的非常事故中观察到,紧急情况时人们往往会盲目跟从人群中几个领头急速跑动的人的去向,不管其去向是否是安全疏散口。当火警或烟雾开始弥漫时,人们无心注视标志及文字的内容,甚至对此缺乏信赖,往往是更为直觉地跟着几个领头的人跑动,以致成为整个人群的流向。上述情况即属从众心理。同时,人们在室内空间中流动时,具有从暗处往较明亮处流动的趋向,紧急情况时语言引导会优于文字引导。

上述心理和行为现象提示设计者在创造公共场所室内环境时,首先应注意空间与照明等的导向,标志与文字的引导固然也很重要,但从紧急情况时的心理与行为来看,对空间、照明、音响等需予以高度重视。

5.2.3.2 空间形状的心理需求

由各个界面围合而成的室内空间,其形状特征常会使活动于其中的人们产生不同的心理感受。

著名建筑师贝聿铭先生曾对他的作品——具有三角形斜向空间的华盛顿艺术馆新馆有很好的论述,他认为三角形、多灭点的斜向空间常给人以动态和富有变化的心理感受。当今室内设计中采用不规则空间形态的案例也在不断增多,这也是人们力求变化、调节情绪的一种心理需求(见图5-36、图5-37)。

图5-36(左) 英国伦敦　　　图5-37(右) 上海正大广场
Westfield 自由空间形态　　　　　自由空间形态

自由曲线/曲面形成的空间,则会带给消费者空间的引导性,以及休闲、放松的心理感受。而当空间由完全自由的形态或者形式构成,比如水墙,甚至是不停变换的水景时,其产生的亲和力和放松心理则更加强烈。从我们的调研中确实发现,带有水族馆的水墙是常用的空间自由形态(见图5-38~5-40)。

图 5 –38（左）　阿联酋 Dubai MALL 带水族馆的水墙

图 5 –39（中）　阿联酋帆船酒店（阿拉伯塔酒店，BurjAl Arab）电动扶梯旁带水族馆的水墙

图 5 –40（右）　美国拉斯维加斯恺撒皇宫 Forum Shops "亚特兰蒂斯的呼唤" 带水族馆的水墙

（图片来源：作者自摄）

5.3　环境设施与 MALL 商业

从广义上说，MALL 空间的环境设施都是 MALL 这种商业形态或者说综合商业设施的一部分，环境设施一直都在参与着 MALL 空间进行的各种商业行为和活动；环境设施是 MALL 商业活动的必要补充和支持，我们可以按照公共设施参与MALL 商业活动的程度，从另一个角度来看待公共设施在 MALL 商业空间所起的作用（见图 5 –41）。

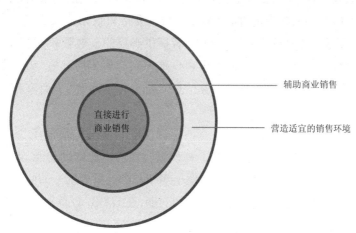

图 5 –41　商业销售与销售环境的关系示意图

（图片来源：作者绘制）

5.3.1 直接进行商业销售

尽管商业销售是 MALL 的核心职能,每一个 MALL 商业都针对自身的定位详尽地安排各种商业单元;但是进入 MALL 的消费者各有不同,即使确实就是 MALL 商业所定位的目标消费群体,也有可能产生不同于 MALL 定义的消费需求。

MALL 的定位往往不会很低,鉴于 MALL 的地产和金融属性,MALL 的商业成本相对较高;而消费者部分消费需求是临时性的,比如临时的饮水、简餐或者纪念品,消费者也不愿意在这些临时性的需求上做过多的花费;消费者的这些需求是 MALL 休闲活动的一部分,从一定程度上说也是对消费者最终消费目的的支持,MALL 的经营者有必要尽量满足。但如果用独立商铺的形式,势必会有过高的运营成本,而且不具备变动的灵活性,因此,部分公共设施就成了合理的选择。这部分公共设施直接参与商业销售,直接向消费者销售商品或者服务;但是相对于标准的商铺,这类公共设施所销售的商品一般处于次级地位。

比如 MALL 空间的售卖亭、流动饮料车、各种自动售货设施等,这类直接进行商业销售的公共设施是参与 MALL 商业销售程度最深的公共设施,它们提供的服务和商品,是对 MALL 商业销售的直接的、必不可少的补充。

5.3.2 辅助商业销售

还有一类公共设施,它们也参与 MALL 空间的销售活动,甚至在销售活动中必不可少,如收银台(主要为商家提供收银结账服务),它们虽不是销售环节中买卖双方中的任何一方,却为销售活动提供必要的支持和服务。

类似的设施还有自动提款机(为消费者提供必要的金融服务)、服务台(为消费者提供必要的售后服务,为商家提供客户维护)、广告传播设施(为商家提供广告宣传服务、为消费者提供商品和服务信息)、部分指示系统(为商家和消费者公共服务)等。

可以看出,这类设施的服务对象有消费者或者商家或者兼而有之;但总的来说,是为 MALL 空间的大量商家提供了一种综合性的商业辅助功能,大大地降低了平摊到每个商家的使用和维护成本,便于 MALL 的经营者统一的商业管理和运作;同时为消费者提供了便利。这种服务和功能,在 MALL 的商业互动中,也是必不可少的。

5.3.3 营造适宜的销售环境

除了以上两种参与 MALL 商业销售过程的公共设施,其余的公共设施的功能都可以笼统地归结为用于营造适宜的销售环境,这也是很多公共设施被称为环境设施的原因。但是,也有一些公共设施在参与销售和优化环境两方面都有重要的职能,比如指示系统;而因为指示的直接目的是引导消费活动,因此我们将它们归结在辅助商业销售的职能中。

公共设施营造销售环境,根据消费者对销售环境的不同级别需求,可以被分为三个主要的类型:

A. 基础商业空间构建和安全保障。比如隔离设施和安全系统等。

B. 满足消费者基本的行为需求。比如公共卫生系统、休息设施等。

C. 营造舒适、美观的消费环境。比如景观设施等。

从宏观上讲,所有的公共设施都承担着营造商业销售环境的功能,都需要满足消费者对舒适和审美的需求。但景观设施是唯一直接且只承担这一功能的设施。

5.4　设施的组合(设施与设施)

公共设施在 MALL 空间中不是单独或者独立存在的。大量的公共设施以各种方式存在于 MALL 空间中,形成了一个综合的公共设施系统,为消费者的消费休闲活动提供完整的支持和服务。因此,从整体上看,不同公共设施在 MALL 空间中本来就是以组合的方式出现的。

不同的公共设施因为不同的需求而被赋予了不同的功能,在 MALL 空间发挥不同的作用;但是,消费者在 MALL 空间中的很多需求并不能单纯地依靠一个设施就完成,而需要一系列的公共设施共同发挥作用,从而形成了公共设施的组合。而很多商家也通过公共设施的组合来达成他们的目的。

5.4.1　设施组合的原因

我们可以这样总结这些需求的特征,也就是公共设施组合的原因,首先是消费者方面的需求特征。

5.4.1.1 复杂需求

消费者在 MALL 空间中的部分需求比较复杂。

比如消费者需要在 MALL 空间中寻找适合自己的消费对象,但有时消费者自己在进入 MALL 空间的时候,并不清楚自己寻找的具体对象,只是存在需求。那么,他首先需要通过商场导购信息牌获得各种商业信息,确定自己的目标对象;对于一些不清楚的消费信息,需要通过广告设施或者电子信息牌获得;然后通过指示牌查找和引导具体的方位;消费完后需要向服务中心索取消费凭证和支付停车费用。这些需求总体上来说,就是消费者确定消费目标并进行消费的过程,对于很多消费者来说,他有这种明确的消费需求,但需要迅速地确认具体的消费目标并获得服务。如果上面涉及的这些公共设施无规律地分散开,则消费者的消费过程会变得非常烦琐。针对这种复杂的综合需求,最好的办法,就是把相应的公共设施在关键位置(如MALL 的进口或者交通汇集处)进行组合设计(见图 5 –42)。

图 5 –42　香港 IFC MALL 自动扶梯旁的公共设施组合,包含了纸质宣传架、
电子信息牌、航班查询器、广告牌等多种功能
(图片来源:作者自摄)

我们可以看到,在很多 MALL 的入口处,以信息中心为核心,分散着广告牌、指示牌、电子信息牌,正是这种为复杂需求而设立的公共设施组合。

5.4.1.2 持续需求

消费者有时的需求目的很简单或者很单纯,也很方便地找到了提供相应服务的公共设施,但是这个服务的过程会持续一段时间,而公共设施不能随便移位,就需要持续地出现相同或者类似功能的设施,从而形成公共设施的组合(见图 5 –43)。比如寻找洗手间,可能消费者所在的位置距离洗手间比较远,而且方位上并不直接,尽管消费者能抬头看到悬挂式的指示牌,但单靠这一块指示牌无法把消费者直接指引至洗手间,需要通过设立在各个关键路口的一系列指示牌引导消费者的方向。

地下停车场墙面指示

沿路顶棚悬挂式指示

至营业地下二层电梯内部指示指示

上海IFc MALL百丽宫影城大堂

沿路落地式指示

沿路墙面指示

沿路悬挂式指示

沿路悬挂式指示　　沿路落地式及电子式指示　　沿路落地式指示

图5−43　上海 IFC MALL,从地下停车场起,通往百丽宫影城沿路的一系列指示设施,
针对的就是消费者持续性的方位指示需求

（图片来源:作者自摄）

5.4.1.3　同时满足不同的消费者需求

如果把洗手间看作一个公共设施,那么就必须在相邻或者相近区域同时设置男用、女用洗手间和母婴室,以满足男性、女性和婴幼儿的需求。而在同样的男用洗手间,也需要设置成年人用的小便器和儿童用的小便器,以同时满足不同身高的消费者需求。相同的情况还出现在自动饮水器、座椅等设施中。这些公共设施都有可能同时被多人使用,但使用者的需求有差异且不能兼顾,这时就必须为这些不同的需求,将不同配置的公共设施进行组合(见图5−44)。

5.4.1.4　满足消费者更高层次的需求

从前面的消费者需求分析中,我们可以看到,消费者在 MALL 空间除了常规的消费需求,还存在更高层次的对于尊重和审美的需求,这种需求距离直接的消费最远,却直接营造着 MALL 空间的消费档次和人文消费环境。有很多公共设施就是为了满足这种更高层次的需求而存在的,比如环境景观设施也包括对公共设施的较高层次设计美学需求,而很多非环境景观设施也具备相当高的美学功能。而对于这些设施和他们的组合设置,目标也是为了形成更好的视觉和环境感受效果,满足这种审美和尊重的需求。

上面的这些特征和原因,对于公共设施或者公共设施组合来说,有时会同时存在。而对于商家而言,也有他们的需求。

(1)增加和强化信息

对于商家而言,都希望尽可能多地向消费者提供消费信息,增强对消费者的感官刺激,强化信息记忆。商家采用的方法,除了采用更加具有视觉吸引力的内容设计外,最常用的就是大量重复刺激信息,通过重复刺激达到加强记忆的目的。这种重复就是一种组合,但基于这种目的的组合并不只是一味地重复,也有用多种广告传播设施组合传播的方式(见图 5 - 45)。

(2)分散信息量

商家希望尽可能多地传递有效信息,而消费者在 MALL 空间消费时,需要的信息量也很大;但消费者同时能接受的信息是很有限的,如果超过消费者的承受范围,很多信息非但不能达到服务的目的,还会使消费者产生厌烦的情绪。因此,将这些信息分散开,分层次地呈现给消费者,是一种比较常见的做法。

这种分散并不是减少了信息量,而是将单一时间传递给消费者的信息量减少;而消费者在行进中或者目光浏览的同时,其聚焦中心本身就在发生变化,从而可以选择性地获取其他信息(见图 5 - 46)。

图 5 - 44 美国拉斯维加斯恺撒皇宫 Forum Shops 的公共饮水器,有不同高度的设计,适合不同的人群

(图片来源:作者拍摄)

图 5 - 45 上海正大广场电子式墙面广告牌,通过重复的方式,强化推广信息

(图片来源:作者拍摄)

比如在交通交会处,经常可以看到顶棚有悬挂式指示牌,路边有落地式指示牌、电梯口和电梯内还有悬挂式或者壁挂式指示牌,墙面还有指示路标。因为在重要的交通路口,商家想传递给消费者的信息很多,有服务设施的信息,有商铺的广告和指示等,但如果集中出现,势必需要巨大的显示面积,而消费者也不容易迅速从中找到自己真正需要的内容。而通过合理的分类处理,将这些信息按照一定的次序呈现给消费者,可以让消费者更加方便地接受。

图 5 - 46　上海长风景畔广场对各楼层的信息指示进行分解处理,分置于成组排列的指示牌上

同时,通过合理的分类处理,消费者可以逐步形成获取信息的规则,比如服务设施的信息都悬挂于楼层顶棚,楼层功能分布信息都立于各个电梯口,方位导向牌都立于交会路口等,更方便消费人群根据需要选择性获取信息(见图 5 - 47)。

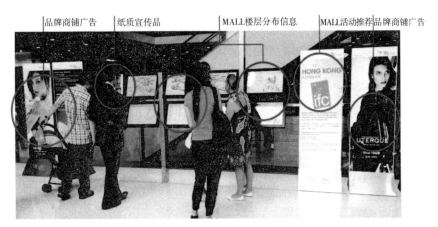

图 5 - 47　中国香港 IFC MALL 指示/广告系统对信息的分散,其信息包含了品牌店铺广告、楼层指示、MALL 活动推荐等,适合不同需求的人选择性获取

5.4.2　公共设施组合的基本方式

5.4.2.1　一体化

如图 5 - 48、图 5 - 49,严格地说,这不能属于公共设施的组合,而是应该划归为一种新的公共设施。但从设计思想上说,这是一种满足多种需求的组合方式,这多种需求是相关的,可以看作一种综合的复杂功能(丢弃废物),因此,我们也可以在这里对最为紧密的一种组合方式进行分析。这种一体化的方式,在一定程度

上说,合并的各项功能的重要性是相对并列的,并不能简单地说哪一种更加重要。

类似的范例还有组合式儿童游乐器械,也经常将多重娱乐功能组合为一体(见图5-50)。

图5-48 上海长风景畔广场带灭烟斗的垃圾桶

图5-49 上海港汇恒隆广场带灭烟斗的垃圾桶

另外还有一种一体化的方式,一般是在基础功能上,合并其他功能(主要是广告和指示);基础功能为主,叠加的广告为附加功能。比如增加广告内容的电子指示牌、表面印了广告的饮料机等。这种合并,其实并没有减少独立广告设施的数量,相反是增加了广告的传播点(见图5-51~图5-53)。

对于这种一体化方式,我们原则上还是以这种设施的基本功能来对其进行分类。

图5-50 上海长风景畔广场儿童娱乐组合器械

图5-51 东京六本木新城户外部分,广告旗与指示牌的组合

图5-52 伦敦 Westfield MALL 户外,广告旗与路灯的组合

图5-53 伦敦 Westfield MALL 户外照明灯具与指示牌的组合

(图片来源:作者自摄)

5.4.2.2 重复

重复是一种形式,将统一或者成系列的设施,按照一定的规律重复排列。

重复组合一般意味着信息量或者提供的服务反复出现,对消费者的感官有强烈持续的刺激作用,可以满足消费者持续性的需求,也可以让经营者的宣传信息得以强化(见图 5 - 54)。

最常见的重复是在一定的方向上进行阵列,比如阵列的广告旗。

但重复并不意味着一成不变,即使完全相同的元素,也可以通过摆放设置创造出不同的形式,甚至满足不同的需要。对于重复的广告牌,形式是重复的,但内容不一定重复;这在本质上是对信息内容的分散,供消费者选择性获取。

图 5 - 54　上海港汇恒隆广场步行道顶棚阵列的广告旗

(图片来源:作者自摄)

再比如下图 5 - 55 所示这种座椅,通过摆放,不但创造了多种不同的形式,同时,也营造着不同的休息氛围,满足不同需求的消费者。

直线型

独立绕柱大环型

重复环型组合

双曲线型

加长独立曲线型

图 5 - 55　上海正大广场通过相同的座椅单元,摆放出不同的组合形式,既丰富了空间形式,也体现着不同的需求类型

(图片来源:作者自摄)

还有的重复,设施形式上是简单的重复,但内容有不同的变化;这也是不同的消费需求造成的,但总体看,还是相同的指示设施(见图5-56~图5-58)

图5-56(左)　香港 IFC MALL 形式一致,但规格有差异的悬挂式指示设施组,本质上也是公共设施的重复组合方式
图5-57(右)　香港 IFC MALL 形式一致、规格差异的景观花盆

(图片来源:作者自摄)

除了形式完全相同的重复,还有成系列化的设施的重复。这样的重复,除了在形式上更加活泼之外,也有部分分散信息量的作用(见图5-58)。

图5-58　东京六本木新城对广告牌的重复,分散了广告信息,便于根据需求选择

(图片来源:作者自摄)

5.4.2.3 主次结合

这里说的主次结合,一般是一组设施,有不同的功能,通过组合来完成比较复杂的需求。比如前面提及的餐饮区或者休息区的设施组合。在部分景观设施的处理中,也经常采用这样的方式,某种程度上说,消费者对于审美和更高层次的需求,也是复杂的需求(见图5-59)。

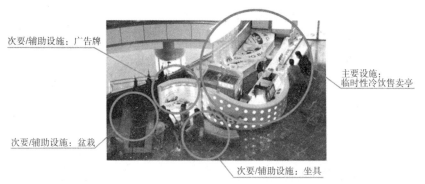

次要/辅助设施：广告牌

次要/辅助设施：盆栽

主要设施：
临时性冷饮售卖亭

次要/辅助设施：坐具

图 5 − 59　上海正大广场围绕冷饮售卖设施，有坐具、广告牌、盆栽，

不远处还有垃圾桶，这属于主次结合的组合方式，本质上代表的也是需求的主次结合

（图片来源：作者自摄）

5.5　环境设施与城市 MALL 商业空间中相对独立功能模块

　　与传统商业形态不同，MALL 是一种多种商业元素聚合发展的多功能形态，其中很多元素，如各种店铺、餐馆、电影院、超市等，都可以独立成为一个商业系统。依靠 MALL 的聚集效应，多种商业元素的集合，可以互相带来更多的有效客源，增强竞争力。

　　但是，在 MALL 中出现的这些商业元素，同传统的独立存在，也有一定的不同；这些不同同时也带来了相应的公共设施的区分化。比如，同样是休息座椅，在同一个 MALL 商业空间，在电影院的等候区域、在餐厅的休息区域和在普通商业公共区域，会完全不同。这种不同，有其内在的商业和需求考量，这些设施和独立商业元素形成了一个独立的小商业系统，或者称之为子商业系统；同时，在成熟的 MALL 商业模式下，子商业系统与整体系统之间有着紧密的联系；而自系统下的公共设施也同大系统中的设施形成有机的协调和关联。

　　同时，与独立的商业形式不同，在子商业形式下的设施系统，存在着一定的公用性、共享性，这样可以最大限度地节约资源，也方便消费者使用。

　　而我们在这里分析的独立模块也不仅是能够完全独立存在的商业模块，对于部分辅助性的功能模块，比如卫生间，在 MALL 商业模式下和其他传统商业模式下，也有不同，这也带来了相应的公共设施的不同。

　　总之，在这个子系统构成大 MALL 系统下的公共设施，同传统商业中存在的公共设施有一定的联系和区别，分析这种区别，可以更加深入地了解 MALL 商业模式和其中的公共设施系统的独特特征。

5.5.1 MALL 商业空间中的相对独立功能模块

对于 MALL 商业模式下的独立功能模块,我们不再深入分析其独立功能本身,而是更着重分析这些子系统同其他子系统、同公共 MALL 空间、同传统商业模式的区别以及对应的公共设施设计、设置的区别。

我们重点分析的是购物、餐饮、娱乐(以电影院为例)这三种独立商业模块以及公共厕所这个辅助功能模块。

5.5.1.1 购物

就商业 MALL 本身而言,购物是几乎所有商业 MALL 的基本功能,但这里讨论的独立商业功能区域的"购物"并不是指常规的 MALL 空间中的购物区域或者商铺,而是指"店中店"的概念。

简单来说,MALL 商业空间中的独立购物空间包括置于该 MALL 空间中的超市、百货商店、主题类商店等。

超市——例如上海港汇恒隆广场的 City Super、上海国金中心的 Ole'、上海正大广场的易初莲花超市等。

百货商店——对于大型的商业 MALL 而言,置于其中的精品百货商店并不少见,例如香港时代广场中的连卡佛、五角场万达广场的巴黎春天百货、港汇广场的富安百货(改建前)等。

主题类商业——儿童主题商店比如汤姆熊、玩具反斗城、宝大祥儿童用品商店,运动商城比如名店运动城、迪卡侬,餐饮大排档如大食代、食通天等。

我们也可以简单地把这类置于 MALL 商业空间内的购物商业看作一间普通的商铺;而事实上,当我们研究 MALL 本身的商业模式和其中的公共环境设施时,同时比较这些店中店内部的对应模式和公共环境设施,其意义并不大。因为在这些店中店中,公共环境设施同 MALL 空间的关系并不大,而同这个店中店本身的关系却非常密切。如果要研究这些公共设施,则需要深入研究店中店本身,这同我们的研究定位并不一致;而店中店同 MALL 本身也不存在可比较性,店中店往往可以比较完整地保存自身的定位、主题和形象,并不一定要同 MALL 保持一致。

我们研究 MALL 空间的独立购物空间,是要关注在 MALL 空间中,与这些店中店紧密相关的过渡空间的指示引导设施及其他辅助设施。

在下面独立空间的研究中,其研究的目的也是类似的,但结果并不完全一致,主要是因为这些独立商业空间功能不同。

5.5.1.2 餐饮

这里指的餐饮,可以指在 MALL 空间中的所有餐饮商铺,不论是简单的小型快餐店、饮料店还是高档的美食中心(见图 5 - 60)。

有一些 MALL 会将餐饮区域独立出来,不论是高档餐饮区还是集中的餐饮大排档,这样可以使消费者在需要用餐的时候有更多的选择,更加方便;我们甚至可以把这种集中起来的餐饮区域看成一个独立的餐饮 MALL,是整个商业 MALL 的一个组件。

在很多特大型的 MALL 中这种方式很常见,这样为在大空间中创造了商业的集中性。

也有很多规模不是很大的高档 MALL 采用这种集中的方式,比如有独立的餐饮楼层,这样可以避免消费者在不同的消费区域消费造成视觉、味觉等宣传的紊乱。

在相对独立的餐饮区域,一般会有独立的餐饮指示设施作为引导,还配有各种宣传甚至独立的形象。在餐饮区域,相比相对简单的独立购物空间,餐饮商铺或者空间有着明显的功能性差异。除了常规的指示和引导设施,一般还会有迎宾台、公共菜单、等候区域以及相应的隔离设施、座椅,户外就餐区域及相应的设施等。这些公共设施往往同所在的餐饮店铺本身的形象和定位保持一致,但同时,因为它们大量在 MALL 的空间内出现,也就需要关注这些设施同公共环境之间的关系。

我们可以用 MALL 空间同餐饮空间这两者之间的平衡关系来分析这个结合区域的公共环境设施:倾向于 MALL 商业空间的设施如隔离设施、绿化、公共菜单,倾向于餐饮空间的设施如户外就餐设施(餐台及座椅、遮阳伞等)、等候座椅、迎宾台(见图 5 - 60)。

5.5.1.3 电影院/剧场

剧场、音乐厅、会展中心、电影院等以公共演艺活动为主要用途的内部商业空间在 MALL 空间非常常见,甚至在同一个 MALL 中存在多个这样的区域,是商业MALL 空间功能的重要组成部分。同上面的分析一样,我们并不详细分析电影院/剧场之类公共空间内部的公共设施,但是会关注同 MALL 空间相结合的区域里的公共设施(见图 5 - 61)。

盆栽

遮阳伞+桌椅

遮阳伞+桌椅

垃圾桶

景观雕塑

上海港汇恒隆广场步行天街兰桂坊

落地灯具

公共座椅/隔离设施

隔离设施/绿化

景观雕塑

景观雕塑

广告牌/指示牌

盆栽/隔离设施

指示牌

景观灯具

图 5 – 60 上海港汇恒隆广场 1 楼美食区"步行街—兰桂坊"公共环境设施系统

(图片来源:作者自摄)

一般来说,这一区域出现的公共设施,如售票亭、服务台、小卖部、广告架、宣传资料取阅架、等候座椅等,会同这些剧场本身保持一致,但这并不绝对。相反,从调研情况来看,定位越高的商业 MALL,其中电影院/剧场等空间的公共设施同 MALL 本身的一致性越高,这同上面提到的店中店模式有较大不同(见图 5 – 62 ~ 图 5 – 64)。

落地式广告牌　饮料/爆米花售卖处　移动式广告　售票处

电子取票机　上海IFC MALL百丽宫影城售票区域　临时隔离设施

电子信息牌/广告牌　垃圾桶　电子式广告牌　顶棚悬挂式广告

图 5 - 61　上海 IFC MALL 百丽宫影城售票区域

（图片来源：作者自摄）

部分电影院还会根据空间需要，将一些功能区域分开处理，不同的区域都有对应功能的公共设施，来确保功能的执行。

图 5 - 62（左）、5 - 63（中）、5 - 64（右）　上海 IFC MALL 百丽宫影城售票区域、
等候区、观影区

（图片来源：作者自摄）

5.5.1.4 公共厕所

公共厕所本身可以被认为是一种出现在 MALL 空间中的公共设施，事实上大多数 MALL 也确实如此，公共厕所中的装饰风格、公共设施的选用与整体 MALL 的一致性也很高。原因是上面提到的独立商业元素的经营者一般是承包者，而公共厕所的经营管理者则是 MALL 的所有者或管理者。但我们也看到了例外的情况,也就是设置了相对独立的休息区域作为从公共 MALL 空间去往公共厕所的引导过渡空间,这个空间本身也有具体的功能和大量有明确需求的公共设施。

如:美国拉斯维加斯恺撒皇宫 Forum Shops 的公共厕所等候休息区域,独立于 MALL 公共空间,主要为等候者服务,也可用于游客休息;其公共厕所内部设施罗列,主题风格同 MALL 整体一致(见图 5 - 65、图 5 - 66)。

图 5 - 65　Forum Shops 的公共厕所前等候休息区域

(图片来源:作者自摄)

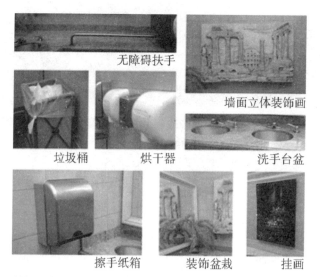

图 5 - 66　美国拉斯维加斯恺撒皇宫 Forum Shops 的公共厕所内部区域及其相关公共设施

(图片来源:作者自摄)

5.5.2 独立模块与整体 MALL 的关系

商业 MALL 空间的独立功能模块的存在有其必然性,同 MALL 密不可分,对 MALL 本身的经营具有重要的意义。

5.5.2.1 独立模块存在的形式

现代 MALL 的聚集效应,使大量的商业业态集中到 MALL 空间,这些商业一般都会接受 MALL 的统一管理。但也有一些模块,自身系统成熟,拥有独立的经营管理方式,甚至有下属品牌和子系统。它们的存在,主要是以下形式:

(1)保留知名商业品牌,维护固定需求

主要是大中型商业零售,比如百货商店、主题百货商店、超市等。

这些大中型零售商业一般品牌成熟,有非常精准的商业定位,拥有固定的目标消费人群。而 MALL 本身如果要重新定义这部分需求和品牌,需要花很长时间和很大投入才可能获得类似的认同,因此不如直接将这些大型商业业态引入 MALL 的系统。在 MALL 的大系统中,这些独立商业依然以本身的品牌进行宣传和营销,以维护固定的需求人群,同 MALL 之间形成了稳固的互相补充的关系,可谓相辅相成。这些独立的商业模块,即使不在 MALL 空间中,也依然有独立存在的可能。

常见的这类商业如表 5-5:

表 5-5　独立模块类型与代表性商业(1)

独立模块类型		代表性商业范例
大中型综合零售		连卡佛、巴黎春天、富安百货
主题百货商店	儿童主题	汤姆熊、玩具反斗城、宝大祥
	家居主题	特力屋、无印良品
	运动主题	名店运动城、迪卡侬
	数码产品/家电	百思买、国美、苏宁、Target、Radioshake
	钟表主题	亨得利、时间廊
超市/便利店		City Super、Ole'、联华、全家

比如在香港各大高档商业 MALL 中都常见的独立百货店连卡佛,创立于 1850 年,目前其战略定位为占据城市中心的黄金地段,在香港中环的 IFC MALL、金钟的太古广场、铜锣湾的时代广场、尖沙咀的广东道,上海和北京的时代广场都有独立经营区域。

连卡佛可谓是香港老资格的高档百货,其独特的产品定位、服务和环境是品牌的核心。对于香港人,尤其是香港中产阶级,从小到大受的教育告诉他们,作为中产乃至更高阶层,就该去连卡佛购物。去连卡佛的目的,不仅是购物,更是消费者对自我阶层的认同。连卡佛依靠长期与众不同的礼宾服务、专属的个人形象顾问以及化妆品礼宾服务,稳固了大批中高档消费群体,这也是连卡佛被大量高档MALL接受并主推的主要原因。

(2)较高独立性的大型场地空间需求

主要是对场地空间有较大需求,如滑雪场、电影院、大型中高档餐饮等。

这类商业一般是独立经营主题,但是对空间场地的要求比较高,从其功能上讲,需要相对独立的运营空间以确保其正常工作。最常见的就是电影院和中高档餐厅,其实它们本身同加盟 MALL 的其他零售品牌没有本质上的区别,只是空间和规模庞大,功能复杂,因此其内部的公共环境设施是相对自成体系的。

近年一些大型运动设施/商业也开始出现在 MALL 空间,比如 Dubai MALL 中的奥运级别滑雪场。还有一些以商业经营为目的的较大型儿童运动设施组合,也可以看作是这一类型,这在国内很常见。

还有就是大型娱乐设施,比如卡拉 OK、健身房,甚至赌场。电影院也可以归纳到这个范畴。另外如宾馆、酒店、写字楼,理论上也在这个范畴,但是体系差异较大,我们不再做引申研究。

这类商业一般都具备自己独立的运营品牌,使用的公共环境设施一般同自身的形象或者主题一致,有别于 MALL 本身的公共环境设施体系。而这类商业一般也可以脱离 MALL 独立运行,其同第一类的差异主要在于:第一类中的商业主要是多种品牌的聚合体,而本类别则一般是单一品牌。尽管这个类型中绝大多数的运营都同 MALL 本身统一,但也有例外,比如电影院和娱乐机构的营业时间一般就同 MALL 本身有差异(见表 5-6)。

表 5-6 独立模块类型与代表性商业(2)

独立模块类型		代表性商业范例
餐厅		俏江南、苏浙汇
娱乐设施	电影院	百丽宫影城、永华电影城、星美电影城、柯达影城
	滑雪场/游乐设施	Ski Dubai、探险公园、Ice Rink
	赌场	Planet Hollywood、Caesars Palace、MGM
	卡拉 OK/娱乐城	钱柜、好乐迪
	健身房	威尔士、一兆韦德、力美健、舒适堡
	儿童娱乐中心	爱乐游、乐之翼

续表

独立模块类型		代表性商业范例
文化类设施	画廊/艺术中心	森美术馆
	展览馆/会议中心	上海 IFC 国金中心

（3）MALL 空间内的聚集形态

主要是快速餐饮。

同上面讨论的中高档餐厅不同,这些餐饮机构一般不具备脱离 MALL 独立经营的可能,规模普遍很小,属于快速餐饮的范畴。也不同于 MALL 空间的常规餐饮店铺,这里的对象是大量的快速餐饮店,在 MALL 的统一经营管理下形成的"美食街""美食城"。该主题的大中型经营综合体,主要是为解决在 MALL 中的消费群体的快速餐饮需求。

也有一些快速餐饮以综合品牌方式出现,比如食通天、大食代等,但其实这些品牌更接近于上面(1)中讨论的主题类独立商业(见图 5 - 67 ~ 图 5 - 69)。

图 5 - 67（左）　杭州万象城大食代美食广场
图 5 - 68（中）　大连天兴罗斯福店食通天美食广场
图 5 - 69（右）　南京弘阳广场食星级美食广场

（4）MALL 的重要功能补充

主要是 MALL 的重要功能设施,比如公共厕所、停车场等。

这个类型的独立功能模块,本身可以被看作一种公共设施,比如公共厕所或者停车场,但它们的定位不是商业,而是服务于消费人群的功能设施。把它们罗列在这里的原因是他们所占空间较庞大,或者是其内部功能体系较复杂,其内部的公共设施已经形成了一个以这个独立功能为核心的独立体系,其内部的设施体系有别于 MALL 整体的公共环境设施体系。

5.5.2.2　独立模块运作的特点

在上面对独立功能模块表现形式的讨论中,除了第四类,其他都具备一定的运营管理独立性,即使是快速餐饮同样由 MALL 来经营,也是独立的管理体系。

这些模块运行虽然独立,与整体 MALL 有很大的联系,其运作特点如下:

(1)独立经营/独立运作

也就是这些独立模块运行具备自身的独立性,不论是管理团队/人员,还是管理方法。

这些独立性更影响着其内部的公共环境设施的独立性。在独立功能模块内部的公共环境设施一般不同于 MALL 公共空间,而是采用符合自身品牌、目标群体需求的设施体系,不论是外观形式上,还是种类、分布、数量上,都有较大区别。

(2)整体管控

独立模块运行的独立性并没有影响 MALL 对其的整体管控。除了少数几个特殊的类型,因消费需求的差异而采用不同的营业时间外(如电影院和娱乐城),其他模块,不论是否是商业目的,都采用同整体 MALL 一致的营业时间,并接受 MALL 整体的经营管理规则管束。

(3)整体引导和宣传

MALL 对独立功能模块的整体控制还体现在对以营业为主要目的的独立模块的引导和宣传上。MALL 对这些营业类独立模块,在 MALL 的公共空间和平台进行宣传和推广,在 MALL 的指示系统中,对这些独立模块进行指示。

独立模块往往具备集中度较高的客户群,也相对更加稳定和高效,因此这些独立经营的模块也成了 MALL 招揽客户和稳定消费群体的重要手段。

5.5.2.3 独立模块对 MALL 的作用

从上面的分析中,我们可以看到这些独立模块对整体 MALL 的重要作用,这也是独立模块存在的基本原因。

(1)对于关键商业领域和需求的强化应对

比如高档的百货商店、餐厅,这些 MALL 本就具备的功能,通过引入这些高档稳定的品牌,可以更好地满足现有领域的需求,起到强化应对和提升品质的作用。

(2)对现有商业的补充

电影院、娱乐设施、公共厕所和停车场,这些都是 MALL 所必要的(或者是非常重要的)功能模块,他们的存在是对 MALL 商业有效的补充。

(3)保留品牌,稳固既有消费群体

独立模块有助于保留一些既有的知名商业品牌,不论是百货商店还是独立商业,稳固不同的消费群体,对整体 MALL 的消费群体的营造都有重要的作用。

5.5.3　公共环境设施对于独立模块和整体 MALL 的关联

对于独立模块而言,公共环境设施依然有非常重要的应用空间。而且,在独立功能模块内部,依然存在着相对独立的类似 MALL 一样的公共环境设施系统,鉴于研究范围,我们不再深入讨论。但还有一部分公共环境设施,它们基本出现在 MALL 公共空间内部,属于 MALL 公共环境设施体系,却对 MALL 内部的独立功能模块起着非常重要的作用。我们罗列并归纳其功能类型如下:

(1)引导

这部分设施主要是信息知识系统,但也包含部分带有引导信息的广告传播设施。

它们主要的功能是将有需求的人群引导至独立功能模块所在的位置。这些设施的指示信息,有一部分是独立直接的引导,也有一部分是通过信息的标注进行引导。

(2)广告

起到对独立功能模块广告作用的公共环境设施,基本都属于广告传播设施,其宣传对象是上述分类中的经营类模块,不包含如公共厕所等服务型模块(见图5-70、图5-71)。

图 5-70(左)　香港中环 IFC MALL 公共空间对连卡佛的墙面广告

图 5-71(右)　香港中环 IFC MALL 公共空间对四季酒店的墙面广告

(图片来源:作者自摄)

(3)分界

这部分设施一般出现在 MALL 空间内独立功能模块与公共区域的分界处,用于标识区域的分界,因此一般可以归纳入信息指示系统,但有些也会有广告的功能(见图5-72)。

图5-72　香港中环 IFC MALL 中连卡佛百货商店
同公共商业空间的指示牌,也起分界作用

(图片来源:作者自摄)

第 6 章

当前国外与上海具代表性 MALL 商业空间的
公共环境设施系统的比较研究

6.1 比较研究的目的和意义

比较研究法（Comparative Analysis），是重要研究方法。古罗马著名学者塔西陀曾说："要想认识自己，就要把自己同别人进行比较。"比较是认识事物的基础，是人类认识、区别和确定事物异同关系最常用的思维方法。比较研究法现已被广泛运用于科学研究的各个领域。

《牛津高级英汉双解辞典》中对比较研究法的定义是：比较研究法就是对物与物之间和人与人之间的相似性或相异程度的研究与判断的方法。比较研究法通过对事物间差异性的比较，研究其差异形成的原因，从而探知事物本质的规律，对事物本质的研究有重要的意义。

在对当代商业 MALL 及相应的公共环境设施的了解中，我们看到各种不同的 MALL 空间中，或者不同的公共空间中，存在的公共环境设施形式迥异，即使是同一种公共环境设施也有很大的不同。为什么在不同的功能空间有不同的公共设施？为什么在类似的功能空间也有不同的公共设施？在什么情况下该用什么公共设施？光靠针对目标公共空间的公共环境设施的研究，很难取得规律性的和本质上的结论，公共设施的类型、空间的种类、需求的种类非常繁多，而比较研究法在这种情况下就有很好的使用价值。

首先，比较研究法就是研究事物差异性的方法，对我们的目标研究对象——形式差异巨大的公共环境设施来说非常适合。

其次，比较研究法可以在众多纷繁的差异中，寻找本质上的规律，与本书的研究目的也非常一致。

因此，我们希望通过对多个不同商业 MALL 空间的公共环境设施的比较研究，并结合我们建立的"商业—环境空间—公共环境设施—人"系统模型，来研究公共环境设施设计和设置的合理规则,为国内的研究和应用领域,特别是上海本地 MALL 空间公共环境设施系统的改进提高建立研究基础。

6.2　比较研究对象的选择

6.2.1　比较研究对象选择的基础条件

比较研究法是根据一定的标准,对两个或两个以上有联系的事物进行考察,寻找其异同,探求普遍规律与特殊规律的方法。但比较研究法不是简单的罗列和差异寻找,而是基于一定科学严谨的规则和基础,简述如下:

(1)同一性

所谓同一性,是指进行比较研究的对象必须是同一范畴、同一标准、同一类事物,或者说比较研究的对象必须有一定的相似性和关联性。而对差异性的比较研究,就是基于同一性这一基础的,否则,完全没有相同点的比较,其差异性也就失去了存在的基础。

马克思曾说,正是因为倍尔西阿尼是一位歌唱家而且人们把她同其他歌唱家相比较,人们根据他们的耳朵的正常组织和音乐修养做了评比,所以他们能够认识倍尔西阿尼的无比性。倍尔西阿尼的歌唱不能与青蛙的鸣叫相比,虽然这里也可能有比较,但只是人与一般青蛙之间的比较,而不是倍尔西阿尼与某只唯一的青蛙之间的比较。只有在第一种情况下才谈得上个人与个人之间的比较,在第二种情况下,只是他们的种族特性或类别特性的比较。

同一性是进行比较研究最重要的基础,因此,我们在对 MALL 商业空间公共环境设施系统进行比较研究时,我们将有类似的城市和地域特征,作为同一性的范畴基础。

(2)双(多)边性

比较只有在两个或两个以上事物之间才可能发生。换言之,比较的对象必须要两个以上。当然,比较研究还要求从不同的角度对两个被比较的对象进行分析比较。

对于较为复杂的研究对象,如果只选取两个或者较小对象进行比较,一般只能获得较小范围内的特征和规律,因此往往需要选较多基于一定共性的对象进行比较研究,才能获得普遍性的规律。对现代城市商业 MALL 空间的公共环境设施的研究也属于这种情况。

(3)可比性

可比性是指被比较的对象之间具有一定的内在联系,具有某些本质上而不是表面上的共性。为了保证可比性,必须注意概念的统一。也就是说,研究对象本质上必须是相同或者同类的。有部分研究对象,看上去有一定的相似性,但本质上差异巨大,如果强行将这些对象归为同类研究,那研究结果就与事实相去甚远了。

6.2.2　本书比较对象的选择标准

公共环境设施的应用范围十分广泛,只要有公共人群出现的场合都可以使用。而常见的公共场合种类也很多,比如广场、商店、机场、车站、道路等。但本书的研究对象是现代城市 MALL 商业空间的公共环境设施,这个定义首先确定了研究对象,我们用于比较研究的对象应该是不同的 MALL 空间的公共环境设施系统。因此,我们的选择范围是不同的 MALL,确定 MALL 之后,MALL 空间内的所有公共环境设施组成的系统就是我们的比较对象。

而对于 MALL 的选择,从研究对象来看,有两个需要明确的基础条件:MALL 类型选择和 MALL 所在城市/区域的选择。

6.2.2.1 MALL 的类型选择必须是现代城市综合性商业 MALL

从前面对现代 MALL 的初步研究中可以看到,现代 MALL 的类型很多,规模差异很大;很多新概念的商业模式也提炼部分 MALL 的元素,冠之以 MALL 的名称。因此,对于这些 MALL,我们也应该有区别地选择。

首先,我们的选择对象应该是在现代大城市中的 MALL,而不是郊区型或者是局部社区型的。郊区型的 MALL 普遍规模庞大,来这里购物的消费者同在城市中购物的消费者的购物消费目的差异很大,行为方式也有差异,因此对于公共环境设施的选定和设置同城市中 MALL 的差异很大。

比如郊区型 MALL,户外空间占很大的比例,停车场一般设立在地面,较少有地下营业面积,因此地面的交通指示、照明和遮阳防雨设施比较发达。而在常见的都市型 MALL,一般以室内营业空间为主,以便消费者自由活动;出现的室外步行街或者半室外的开敞空间也并不是商业空间的主体,因此,现代都市型 MALL 多以建筑室内统一布置的照明设施为主,地面灯具主要以景观形式为目的,一般不会设置遮阳防雨的环境设施,指示系统的设计在 MALL 的室内空间同户外空间是有很大差别的。

而一些社区型 MALL 的规模则相对较小,提供的商业服务业以满足小范围内人群的日常生活为主,也不是我们要研究的目标对象。

其次,选择比较的对象应该是商业型 MALL。

现代城市 MALL 的形式发展很快,形式多样。我们的研究对象是商业型的 MALL,一般是统一策划经营的,其公众形象以提供商品销售或者商业服务为主要形式。

　　而 MALL 的另外两种特殊形式:商业步行街和文化艺术工坊,其地产属性和行政规划属性强烈,则不在我们的研究范围内。

　　商业步行街,如南京路步行街,也是现在流行的商业形式之一,从宏观的角度看,也具备现代 MALL 的特征,可以归入现代城市 MALL 的范畴。但是 MALL 的经营者一般是政府,其规划经营具有很强的政策属性;而其经营内容尽管也是以商业零售为主,但是其公众形象展示以及游客和市民休闲的目的很强,因此其空间的形象和公共环境设施的主题设计,同政策的导向有很大关系,并不适合完全地同其他商业 MALL 简单对比。

　　文化艺术工坊,如上海的新天地、田子坊,北京的 798 等。这类新型的商业形式也如雨后春笋般在现代大城市快速涌现,宏观上也可以属于现代城市 MALL,或者是其衍生类型;但在本质上,这些商业形式的地产属性强烈,一般是由地产开发商统一进行地产开发和主题策划。正如其名称,这些 MALL 的基础定位是对文化或者现代艺术的集中展示和交流,理论上说,相关的商业销售则为其次;而实际的经营中,对商铺租赁者的选择,也不完全是出于商业目的的考量,而是以其文化和艺术价值为主要参考标准,这同我们研究的城市商业 MALL 确实有很大的差别。其商业经营部分,除了简单的零售业,酒吧、餐厅、画廊、音乐厅等业态出现比例很高;而相关的公共环境设施,其艺术和文化特征也很强烈,主观特征明显,并不是完全处于针对消费者的服务。因此我们也不把这种商业形式作为比较研究的对象。

　　再次,选择比较的对象应该是综合性商业 MALL。

　　我们的比较研究对象是综合性的商业 MALL,而不是针对某一商品类型或者特定小众人群的商业 MALL。

　　现代的很多新型商业形式,往往学习 MALL 的集中效应,将很多类似的店铺集中起来,供消费者自由选择,具备了 MALL 的形式。比如以销售体育用品和体育周边产品为主的迪卡侬,以销售儿童用品为主的宝大祥,以儿童玩具为主的玩具反斗城,以家居建材销售为主的红星美凯龙,以家具软装销售为主的宜家家居,以餐饮美食为主的大食代,等等,都具有 MALL 的形式,但因为其销售商品和定位是针对特别的目标人群,店铺和经营方式的设置有其特殊性,其公共环境设施的设定也有较大差异,在比较研究中出现的差异性很难放在同一个比较基础上考量,因此,这类商业形式也不在我们的比较研究对象的选择范围内。

　　我们的研究对象会定位于提供综合性商品销售和商业服务的 MALL,也就是综合型商业 MALL;其目标消费人群有普遍性,而不是特定群体。

　　6.2.2.2 MALL 所在城市/区域的选择

　　按照上面所讨论的标准,我们要进行比较研究的对象是在现代城市区域的综合性商业 MALL 里的公共环境设施系统;但可以看出,在城市和区域的选择范围上,还是有很大空间的。全世界的城市很多,大小不一,其经济、文化、历史差异很大,人均结构更是不同,这都会影响研究结果;而我们也不太可能在全球如此众多的城市中做研究对象的删选。

结合本书的研究目的,是为以上海为代表的国内核心城市提供有实际意义的研究成果,因此同上海城市定位有相似性的城市,是我们的选择对象。

上海是世界上规模最大、人口最多的城市之一,也是中国的经济中心,重要的国际经济和金融中心,城市职能众多,如交通、文化、工业、贸易、航运等,都在国内乃至世界上占有重要的地位。上海城市人口数量大,同时会展业和旅游业发达,城市流动人口数量较大,是一个多元化综合性的大城市。

参考上海市的城市定位,我们可以设定用于比较的 MALL 所在的城市选择标准:

A. 城市规模庞大,人口众多;

B. 国际性城市,经济发达;

C. 对内、对外经济文化交流发达,为多元化综合性城市。

6.2.3　本书比较研究对象的选定

按照以上的选择标准,我们选定以下 MALL 作为比较研究对象:

第一,大陆境外的 MALL 共计 5 家。

(1)伦敦韦斯特菲尔德购物中心(Westfield London)

伦敦是国际大都会,沿海城市,重要的国际金融中心、经济中心、文化中心和科技中心,同上海城市定位有可比性。Westfield 购物中心位于伦敦城市西部,是伦敦的新城区中心区。Westfield 购物中心是国际知名的综合性大型商业 MALL,同选择标准相一致,有很高的研究价值。

(2)日本东京六本木新城(Roppongi Hills Town)

同样,东京也是国际顶级的大都会城市,沿海,重要的国际金融中心、经济中心、文化中心和科技中心,是世界上人口密度最大的城市,经济旅游都极为发达,且同上海一样位于亚洲东部,具有很高的可比性。六本木新城位于现代东京的繁华区域,是久负盛名的综合性大型商业 MALL,且其不断发展更新的理念,使其具有旺盛的生命力。

(3)阿联酋迪拜购物中心(Dubai MALL)

从全球经济角度来看,迪拜或许还不能与伦敦、东京和上海同日而语,但是依靠中东地区发达的能源产业和本地的港口位置,迪拜成了中东地区最重要的经济、金融和能源期货中心,其经济地位对全球都极为重要。同时,依靠奢华而发达的旅游产业、顶级的会展业,迪拜尽管城市规模不及以上几个城市,但局部看,丝毫不比以上城市逊色。Dubai MALL 更是号称全世界最大、最奢华的购物中心;且同很多超大型购物中心不同,Dubai MALL 的规模不是简单的堆砌,确实是云集了全球最知名的品牌、最好的休闲娱乐设施,同其他商业 MALL 有很高的比较价值。

(4)香港国际金融中心(IFC MALL HK)

香港是国际知名的经济、金融中心,航运、旅游和会展中心,同上海同被誉为东方之珠,交相辉映,上演着东亚精彩的双城奇迹。IFC MALL HK 位于香港中环,是香港重要的经济、行政和办公中心,也是重要的交通中心。IFC MALL HK 是香港知名的购物中心,同上海国金中心是同一家开发商,也正好是绝好的对比对象。

(5)另附录一家作为参考:拉斯维加斯恺撒皇宫罗马市集购物中心(Caesars Palace Forum Shops)

拉斯维加斯同以上城市不同,并不是综合性的大城市,而是一种特殊类型的代表。拉斯维加斯以其博彩产业闻名全球,是典型的内陆城市,会展业和旅游业也很发达;博彩、会展和旅游业带来的巨大高端客流,使其成为世界知名的购物天堂,商贸发达。恺撒皇宫是拉斯维加斯最富盛名的顶级赌场,而本质上,它是融合博彩、酒店、秀场、高端购物于一体的现代综合商业体。其内部的 Forum Shops 虽然规模较小,却是当地乃至全球最高档的购物中心,具备现代 MALL 的普遍特征,而其用室内空间模拟室外环境的空间形式也是在其他研究对象中少见的。因此,尽管拉斯维加斯的 Forum Shops 并不完全符合我们设定的比较对象的甄选对象,但也把它罗列在对象中,作为比较研究的补充。

第二,同时选择上海本地商业 MALL 共计 5 家。

(1)上海正大广场(Super Brand MALL)

位于上海浦东陆家嘴中心区域,是上海市的新商业中心。正大广场是上海运营得较为成功的新型商业中心的代表。

(2)上海港汇恒隆广场(Grand Gateway)

港汇恒隆广场,位于上海市级副中心徐家汇的中心区域,这一区域也是上海传统的商圈,零售业发达。港汇恒隆广场是徐家汇最有代表性的高档商业 MALL。

(3)上海国际金融中心(IFC MALL SH)

IFC MALL SH,同 IFC MALL HK 是同一家开发商开发和经营的,加上上海同香港的类似城市地位,有很好的比较研究价值。上海国金中心同时也是陆家嘴金融中心最具代表性的新型商业中心,毗邻正大广场,与正大广场一起,构成了陆家嘴商圈最为重要的零售业中心。

(4)上海长风景畔广场(Parkside Plaza)

位于上海普陀区长风生态商务区的新型商业群,毗邻长风公园和长风海洋中心,不论是本土人流还是外来游客都很多,其主题性明显的商业形式是值得研究的对象。

(5)五角场万达广场(Wanda Plaza)

五角场位于上海东北区域,不是传统的城市中心区,但近年发展迅速,逐渐成为上海市级的副中心。同时,全新的五角场零售业商圈也在形成,五角场万达广场则正是五角场最为核心的商业 MALL。

6.3 对象的比较研究

6.3.1 MALL 所在城市及人文背景的比较

我们对系统中目标消费人群的对比研究,更多的是结合 MALL 所在城市的经济人文环境背景,以便获取目标人群的深层次因素。我们通过调研比较,对目标 MALL 所在的城市及人文背景做以下总结:

第一,研究对象所在城市的人口规模普遍较大,这同选择设定时定位于综合性的国际化大都市有关。人口最多的城市是上海,但其人口密度同伦敦、东京、拉斯维加斯相当;人流密度最大的城市是香港,而唯独迪拜的人口密度明显低于其他研究对象城市。

第二,研究对象所在城市的人口老龄化问题普遍严重。

在调研中,我们发现很多城市出现人口老龄化的趋势。这个问题在东京和上海尤为严重。

人口老龄化是指总人口中因年轻人口数量减少、年长人口数量增加而导致的老年人口比例相应增长的动态。国际上通常把 60 岁以上的人口占总人口比例达到 10%,或 65 岁以上人口占总人口的比重达到 7% 作为国家或地区进入老龄化社会的标准。两个含义:一是指老年人口相对增多,在总人口中所占比例不断上升的过程;二是指社会人口结构呈现老年状态,进入老龄化社会。国际上通常的看法是,当一个国家或地区 60 岁以上老年人口占人口总数的 10%,或 65 岁以上老年人口占人口总数的 7%,即意味着这个国家或地区处于老龄化社会。

2010 年,日本就正式宣布进入老龄化社会。全日本 65 岁以上的女性老年人占女性总数的 25.4%,而 65 岁以上的男性老年人占男性总数的 19.9%。这个数据比常规的老龄化社会标准高很多。而在东京,常住人口比例要比外来游客高很多,也就是说,在六本木新城的游客中,大部分还是日本本土人群。因此,不可回避的事实是,六本木新城将会面临非常高比例的老年消费者。

据《2008年上海市老年人口和老龄事业监测统计信息》公布,截至2008年12月31日,全市60岁及以上老年人口占总人口的21.6%;65岁及以上老年人口占总人口的15.4%;70岁及以上老年人口占总人口的11.5%;80岁及以上高龄老年人口占60岁及以上老年人口的17.8%,占总人口的3.8%;100岁及以上老人836人。按照"65岁以上人口占总人口的比重达到7%"这一老龄化社会的国际判断标准,上海早已远远超过这一标准,且分别超过测算比例的11.6%和8.4%,上海的老龄人口已经是其总人口的1/5,上海市城市发展已进入真正的人口老龄化时代。

而且,东京出现的人口老龄化,是严重的"少子老龄化",也就是生育率低下。其实上海本身而言,也出现了严重的少子老龄化,只是涌入上海的新移民和流动人口将这一趋势弱化了。

其他调研对象,英国和美国经济发展时久,但社会保障和人口政策发展成熟。尽管英国在1930年、美国在1940年就都已经宣布进入老龄化社会,但是其后人口结构开始趋于稳定,老龄化问题没有进一步恶化。伦敦的老龄化程度不如东京和上海,但也是老龄化社会。

而迪拜和拉斯维加斯,本土常住人口远少于流动人口,本土人口规模都较小,暂时没有城市人口老龄化问题。

老年人口有着不同的消费需求和行为特征,MALL及其公共环境设施系统需要为这个人群及趋势进行特别的设计和设置。

第三,目标对象所在城市旅游业或会展业都发达,国际或城际间交流频繁,城市流动人口众多,流动人口占比最高的是迪拜,其次是拉斯维加斯。尽管迪拜和拉斯维加斯的流动人口比例明显高于其他比较城市,但其他比较城市的流动人口比例已经是相当高了。因此,在对MALL空间的目标消费群体进行研究时,我们会发现其人口构成普遍很复杂。

流动人口比例高的话,导致的直接问题就是流动人口对当地交通以及MALL内部交通不熟悉。因此MALL的经营需要有方便的交通线路;同时,MALL空间应该提供高密度且便于辨别的指示系统,方便陌生人快速熟悉MALL的内部交通,提高消费体验的质量。

6.3.2 MALL公共环境设施系统的比较研究

6.3.2.1 各大MALL公共环境设施系统的罗列比较,详见下面图表(见表6-1~表6-13)。

表6-1 信息资讯与服务中心的调研

①伦敦韦斯特菲尔德购物中心 Westfield London	②东京六本木新城 Roppongi Hills Town	③上海国际金融中心 IFC MALL（SH）	④香港国际金融中心 IFC MALL(HK)
⑤上海正大广场 Super Brand Mall	⑥上海港汇恒隆广场 Grand Gateway	⑦迪拜购物中心 Dubai MALL	⑧上海长风景畔广场 Parkside Plaza
⑨拉斯维加斯的恺撒皇宫购物中心 Caesars Palace Forum Shops		⑩上海五角场万达广场 Wanda Plaza	

表6-2 公共指示设施的调研

①伦敦韦斯特菲尔德购物中心 Westfield London

②东京六本木新城 Roppongi Hills Town

③上海国际金融中心 IFC MALL（SH）	④香港国际金融中心 IFC MALL（HK）	⑤上海正大广场 Super Brand Mall	⑥上海港汇恒隆广场 Grand Gateway

续表

⑦迪拜购物中心 Dubai MALL	⑧上海长风景畔广场 Parkside Plaza	⑨拉斯维加斯恺撒皇宫的购物中心 Caesars Palace Forum Shops	⑩上海五角场万达广场 Wanda Plaza

表 6 – 3　公共休息座椅的调研

①伦敦韦斯特菲尔德购物中心 Westfield London

②东京六本木新城 Roppongi Hills Town

③上海国际金融中心 IFC MALL（SH）	④香港国际金融中心 IFC MALL（HK）

⑤上海正大广场 Super Brand Mall	⑥上海港汇恒隆广场 Grand Gateway

续表

| ⑦迪拜购物中心 Dubai MALL | ⑧上海长风景畔广场 Parkside Plaza | ⑨拉斯维加斯恺撒宫购物中心 Caesars Palace Forum Shops | ⑩上海五角场万达广场 Wanda Plaza |

表6-4 广告设施的调研

| ①伦敦韦斯特菲尔德购物中心 Westfield London | ②东京六本木新城 Roppongi Hills Town |
| ③上海国际金融中心 IFC MALL (SH) | ④香港国际金融中心 IFC MALL (HK) |

⑤上海正大广场 Super Brand Mall	⑥上海港汇恒隆广场 Grand Gateway
⑦迪拜购物中心 DUBAI MALL	⑧上海长风景畔广场 Parkside Plaza

续表

⑨拉斯维加斯的恺撒皇宫购物中心 Caesars Palace Forum Shops	⑩上海五角场万达广场 Wanda Plaza

表 6-5　垃圾桶的调研

①伦敦韦斯特菲尔德购物中心 Westfield London	②拉斯维加斯的恺撒皇宫购物中心 Caesars Palace Forum Shops

③东京六本木新城 Roppongi Hills Town

④上海国际金融中心 IFC MALL（SH）	⑤香港国际金融中心 IFC MALL（HK）	⑥上海正大广场 Super Brand Mall	⑦上海港汇恒隆广场 Grand Gateway

⑧迪拜购物中心 Dubai MALL	⑨上海长风景畔广场 Parkside Plaza	⑩上海五角场万达广场 Wada Plaza

表6－6　自助服务设施的调研

①伦敦韦斯特菲尔德购物中心 Westfield London

②东京六本木新城 Roppongi Hills Town

③上海国际金融中心 IFC MALL（SH）	④香港国际金融中心 IFC MALL（HK）	⑤上海正大广场 Super Brand Mall

续表

⑥上海港汇恒隆广场 Grand Gateway	⑦上海长风景畔广场 Parkside Plaza
⑧拉斯维加斯的 恺撒皇宫购物中心 Caesars Palace Forum Shops	⑨迪拜购物中心 Dubai MALL
⑩上海五角场万达广场 Wanda Plaza	

表6-7 景观小品的调研

①伦敦韦斯特菲尔德购物中心 Westfield London

②东京六本木新城 Roppongi Hills Town

③上海国际金融中心 IFC MALL（SH）	④香港国际金融中心 IFC MALL（HK）

⑤上海正大广场 Super Brand Mall

⑥上海港汇恒隆广场 Grand Gateway

⑦迪拜购物中心 Dubai MALL

⑧上海长风景畔广场 Parkside Plaza

⑨拉斯维加斯恺撒皇宫购物中心 Caesars Palace Forum Shops

续表

⑩上海五角场万达广场 Wanda Plaza

表 6 – 8 卫生设施及母婴室的调研

①日本东京六本木新城 Roppongi Hills Town

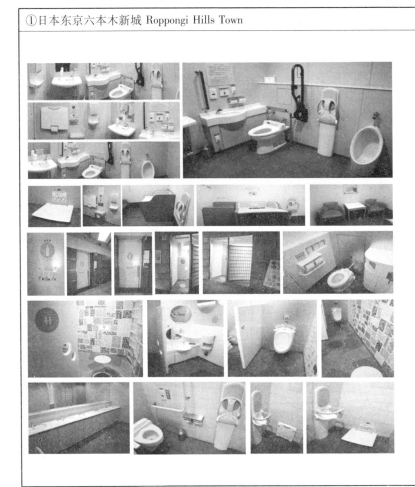

表 6-9 护栏隔离设施的调研

①英国伦敦韦斯特菲尔德购物中心 Westfield London

②日本东京六本木新城 Roppongi Hills Town

③美国拉斯维加斯的恺撒皇宫购物中心 Caesars Palace Forum Shops

④香港国际金融中心 IFC MALL（HK）

⑤上海长风景畔广场 Parkside Plaza

表6-10 家庭休闲和儿童娱乐设施的调研

①上海五角场万达广场 Wanda Plaza

②日本东京六本木新城 Roppongi Hills Town

③上海长风景畔广场 Parkside Plaza

④阿联酋迪拜购物中心 Dubai MALL

表 6-11 售货亭的调研

①英国伦敦韦斯特菲尔德购物中心 Westfield London	②日本东京六本木新城 Roppongi Hills Town
③上海正大广场 Super Brand Mall	④上海港汇恒隆广场 Grand Gateway

续表

⑤阿联酋迪拜购物中心 Dubai MALL	⑥拉斯维加斯的恺撒皇宫购物中心 Caesars Palace Forum Shops

⑦上海五角场万达广场 Wanda Plaza	

表 6 – 12　用户界面的调研

①英国伦敦韦斯特菲尔德购物中心 Westfield London

②日本东京六本木新城 Roppongi Hills Town

③香港国际金融中心 IFC MALL（HK）	④上海国际金融中心 IFC MALL（SH）	

⑤上海正大广场 Super Brand Mall	⑥上海港汇恒隆广场 Grand Gateway	⑦上海五角场万达广场 Wanda Plaza

⑧阿联酋迪拜购物中心 Dubai MALL	⑨上海长风景畔广场 Parkside Plaza	

⑩拉斯维加斯的恺撒皇宫罗马集市购物中心 Caesars Palace Forum Shops		

表6－13　特色环境设施的调研

①英国伦敦韦斯特菲尔德购物中心 Westfield London

②日本东京六本木新城 Roppongi Hills Town

③上海国际金融中心 IFC MALL（SH）

④香港国际金融中心 IFC MALL（HK）

续表

⑤上海正大广场 Super Brand Mall

⑥上海港汇恒隆广场 Grand Gateway

⑦阿联酋迪拜购物中心 Dubai MALL

⑧上海长风景畔广场 Parkside Plaza

⑨美国拉斯维加斯恺撒皇宫罗马集市购物中心 Caesars Palace Forum Shops

续表

⑩上海五角场万达广场 Wanda Plaza

6.3.2.2　各大 MALL 公共环境设施系统突出特点提炼

通过上面的罗列对比,我们发现选择的各大商业 MALL 的公共环境设施系统各有特点,而特点最为鲜明突出的是伦敦 Westfield 购物中心、东京六本木新城、香港 IFC MALL、拉斯维加斯 Forum Shops,以及上海的几个代表性的 MALL。

(1)伦敦韦斯特菲尔德购物中心(Westfield London)的公共环境设施系统

第一,伦敦 Westfield 购物中心的空间很有特色,用时尚的白色基调和现代的形态语言,模拟树形的空间结构,大量折线、三角面、自由空间形态,不仅运用在室内,还配合悬挑天棚结构,营造了很多半室外空间,非常有特色和现代感觉。而 MALL 空间内外的公共环境设施,也大量地采用相同的形式语言,公共环境设施同环境空间形式有机地结合在一起,一体化程度非常高。在所有的比较研究对象中,只有拉斯维加斯的 Forum Shops 才有类似的操作。可以说,就公共环境空间及公共环境设施的形式主题而言,伦敦 Westfield(现代语言的自然空间)同拉斯维加斯 Forum Shops(模拟古罗马奢华生活)是做得非常出色的。

第二,伦敦 Westfield 购物中心的很多公共环境设施,如坐具、室内指示牌、自助信息终端、广告牌等,模拟自然石材造型,非常现代,即使作为独立的设计作品,也是专属 Westfield 的设计精品。从这一点上看,Westfield 是高于 Forum Shops 和其他比较研究对象的。

第三,伦敦 Westfield 是一个连锁性的大型商业 MALL,在全球多地有分店,这一点同 IFC MALL 类似(万达广场仅限于国内分布)。但 Westfield 所有分店共用一个 App 软件,非常统一;而 IFC MALL 则每一个分店都有自己独立的 App 软件,且内容和界面风格并不统一。Westfield App 软件功能强大,不但可以登录到各个区域的分店,还可以继续有效地定位和导航,使用 App 的消费者可以完全脱离实体的指示系统,依靠手机 App 提供的室内导航线路抵达自己要去的店铺。

第四,Westfield 实体自助式指示系统的界面现代,且操作方式同主流 App 软件的使用习惯一致,这在我们的比较调研对象中,是唯一的。在笔者调研到的所有对象中,只有香港太古广场的自助式指示系统界面能够如此紧跟潮流。

(2)东京六本木新城(Roppongi Hills Town)公共环境设施系统

第一,六本木新城各种类型公共设施的密度明显高于我们调研中的其他商业MALL,已经到了随处可见的地步。这很大程度上与日本现代设计对目标人群及其需求的关怀有关,而不仅仅源于人口老龄化。

第二,六本木新城对同一类型公共环境设施的分类极为细致,而且消费者也愿意接受这种精细分类的公共设施的服务。比如公共厕所,除了常见的男厕、女厕、母婴室之外,六本木新城还单独设立了残疾人厕所、家庭厕所、幼儿厕所、哺乳室等多种分类,来将笼统的个人卫生需求进行精细区分,从而对不同的细分需求进行周到而精确到位的服务,取得更好的服务效果。这种区分在这些公共厕所内部的空间装饰、用品用具设计上体现得更加突出,类似的还有垃圾分类系统。

第三,六本木新城公共空间中出现了个人紧急医疗设施,这在其他商业MALL中是没有的。比如前面资料中的紧急心脏起搏器,就是针对日本老龄化社会中,心脏病发病比例较高的情况设置的。在六本木新城的地图和部分指示系统中,也可以看到对这类紧急医疗设施的详细指示,使这类设施确实能为需要的人群发挥作用。

第四,六本木新城的指示系统密集,信息指示设施不但数量大、种类众多,还几乎分布在所有可能视线触及的地方,比如墙面、立柱、顶棚、路面等。而且六本木新城的信息指示系统,并不只指示方向和方位,还经常出现具体的距离信息,方便游客判断自己同目标明确的距离。每一个指示牌的知识内容信息量相对较大,但对这些信息进行了分类,用图形或者用颜色区分,这既是对老龄化人群的关怀,也是对游客需求极为细致的服务。

第五,六本木的广告传播设施并不只为销售的商品或者服务进行宣传。在六本木新城,我们可以看到大量为进行中的展示所做的宣传,或者是大量的公益广告。这让整个MALL空间具备了更多的人文气息和公益元素,使整个MALL更加生活化。而六本木新城的宣传品也很有特色,是经过详细分类的印刷品,适合不同人的需求。

第六,六本木的绿化景观设施多以同环境空间相结合的方式出现,而比较少地出现独立的景观容器,主体也以真实的绿化植物或者景观为主。其他大量MALL空间,如Dubai MALL中的绿化景观容器也不多,但是有很多的环境绿化景观,是人工处理过的或者完全是设计的模拟的"雕塑",与六本木新城相比,追求的是完全不同的两种意味。

第七,六本木新城中大量出现自助性质的各种公共设施,如辅助销售类的各种自助售卖机,还有自助信息查询系统、自助寄存处等。这样不仅节约了人力资源,还可以让消费者自行解决需求,是对消费者需求心理的深切关怀。

第八,六本木新城 Wi-Fi 以及其他无线服务并不是完全无限制地随处供应,这也是不同于绝大多数商业 MALL 的;原因很简单:关注公众健康,避免无线信号对身体虚弱的人群或者是医疗器具起到负面影响。

第九,六本木新城中,消防水龙随处可见,且都在容易触及的地方,这是日本对公共安全关注的体现。日本是火山、地震高发国度,因此日本非常注意在突发环境灾害方面的防护,消防水龙就是其中很重要的一项。

(3)迪拜购物中心(Dubai MALL)公共环境设施系统

第一,Dubai MALL 规模庞大,是由多个不同特色的高档商业 MALL 和商业娱乐设施组合而成的。也正因此,部分 MALL 空间之间的设计风格有一定差异;但是在主空间,基本还是遵照一种现代而奢华的视觉语言设计的,而其民族风格的元素则以布局肌理或者表面处理的方式出现,既不破坏整体的现代感,也保存了民族风。

当进入部分特定的 MALL 空间时,就会迅速切换到与之相应的形式主题中,而公共环境设施的设计和选择,也完全按照这种变换规则。比如黄金集市的装饰风格有很明显的阿拉伯奢华风味,公共设施立即转换为大量黄金质感的表面处理,表现的是沙漠夜空的场景。将这些不同的主题和形式联系在一起的是"高档与奢华"。Dubai 在众多的比较调研对象中是唯一具备多种室内和设施的不同风格,并能稳固联系在一起的范例。

第二,在 Dubai MALL,常规的公共环境设施的出现频率并不高,在我们的比较调研对象中,甚至要归到靠后的位置,但是其环境景观设施以及同室内装饰结合的景观雕塑出现的频率非常高,而且相当精彩。

(4)香港国际金融中心(IFC MALL HK)公共环境设施系统

第一,香港 IFC MALL 的公共环境设施的外观用材主要是拉丝不锈钢和玻璃,追求时尚现代。相比统一开发商开发的上海 IFC MALL,则更多使用高档建材,常采用石材、金色金属作为表面处理。香港 IFC MALL 公共环境设施表面处理细节丰富,多装饰,比如垃圾桶的表面。

第二,香港 IFC MALL 指示系统非常发达,设置分布密集。各种形式的信息指示设施从各个角度给予消费者充足的信息,天花板、墙面、门、落地窗、信息中心等,其密度是仅次于东京六本木新城指示系统的。但可以分析,这两者的设计原因是不同的。六本木新城高密度地设置指示设施,主要是考虑其本土人群的老龄化,以及日本设计师对消费人群需求的关怀;而香港 IFC MALL 则是更多地考虑到借道通行的人群。

第三,在香港 IFC MALL,便于自助查询的电子式指示牌、指示牌阵列指示牌频繁出现,指示内容除了 MALL 内部提供的商业服务外,还提供飞机时刻表的查询,这在其他 MALL 也很少见,这也是体现了此处交通枢纽的功能以及相关人群的特殊需求。

第四,比较传统信息指示设施的细节,可以发现,在指示牌上的指示文字和图形方面,香港 IFC MALL 处理得比较大,而且更符号化,非常便于辨别。更多形象的图形化的形式,也为不同地域聚集的人群提供了方便。这些文字和图形的差异可以看作香港中环交通枢纽功能的一种体现,更多地体现着香港的国际化地位,在服务方面做得要比同源的上海 IFC MALL 更加细致。

第五,香港 IFC MALL 的指示系统中,互动查询的方式非常发达,触摸式界面使用方式,以及细节的使用习惯,都符合现在流行的电子界面操作习惯,甚至以电子指示阵列的方式来满足多人同时的需求。商场支持的专属 ios 软件,可以为需要的人群提供完善的信息查询服务。相比之下,国内 MALL 的电子指示牌在实际使用时,操作界面普遍比较生硬,查询信息量很有限,ios 软件业流于形式,多是介绍 MALL 的功能,缺乏实际的功能。

第六,出于交通运输的需要,香港 IFC MALL 多处设立带扶手的坡道,方便带行李的消费者通行。

第七,香港 IFC MALL 独立广告设施很少,大多是以内嵌在墙面上的电子广告、巨幅电子显示屏的方式,信息变化快速,不占道路空间,方便通行。

(5)拉斯维加斯恺撒皇宫罗马市集购物中心(Caesars Palace Forum Shops)公共环境设施系统

第一,Forum Shops 中公共环境设施同 MALL 空间突出的主题元素结合得非常明显,几乎所有的公共环境设施都使用了复古的形式,而且做工精细,这相比主题明确的上海长风景畔广场更加突出。

第二,Forum Shops 虽然是复古经典的形式主题,却紧跟最新的时代发展节奏,在信息化方面做了多种努力,比如:

置于 MALL 空间内重要景点的自助摄像设施,同时具备上网发送 Facebook 信息的功能,将美国当地最常见的公众互联网平台移植到具体的景观中,将常规传统的经典摄影同最时尚的信息共享结合起来。这台设施的形式主题,在整个 Forum Shops 中,是绝无仅有的使用不同于商业主题的设计形式,这是因为 Facebook 太流行,因此在设计时更多地考虑尊重消费者对此流行的熟悉程度。

位于主步行道的公共信息查询设施,为需要的消费者提供了舒适的坐下来使用的方式,还配备了鼠标键盘,也可以看作传统经典的方式同时尚的信息互联的结果。

Forum Shops/Caesars Palace 独有的 App 软件,同消费者的各种智能移动终端平台结合,非常方便直观。有了这种方式,常见的智能查询终端和传统的信息指示完全可以减少甚至取消。这一点在对实际的 Forum Shops 中指示系统和信息终端的数量和种类调查中可以看到,相比其他比较对象要先进。

Forums Shops 为消费者提供了更多更密集的座椅,而事实上 Forum Shops 在众多的 MALL 比较中可以被看作非常小规模的,消费者可以轻松地逛完全程,或者说即使逛完全程也未必需要如此多的休息设施。但详细调研后,我们发现大量的消费者使用这些休息设施并不纯粹地为休息,而是坐下来上网冲浪,享受边购物娱乐边信息共享的现代数字生活。这既可以被看作 Forum Shops 对公共设施信息化做的努力,也可以看到 MALL 对消费者实际需求的关注。

第三,关注行动不便人群的行走方便。我们可以看到,在调研对象中,空间最小的 Forum Shops 中多处出现无障碍通道,不论是坡道、保护用的隔离设施、引导指示设施的设计都非常到位。即使在最繁华的主干道,这些无障碍设施依然会出现在最重要的区域,为有特殊需求的消费者创造方便。

(6)上海正大广场(Super Brand Mall)公共环境设施系统

第一,上海正大广场是我们比较调研对象中,营业楼层最多的 MALL;尽管正大广场本身占地面积不算大,但整体的可供出租营业面积还是不小的。也正因为较高的楼层空间,很多高空悬挂式的广告和巨幅的翻牌式广告看板才可以使用。

第二,因为楼层较多,店铺分布复杂,因此在正大广场的指示牌,用于楼层功能指示的数量较多。

第三,正大广场将商业主题定义为"现代家庭娱乐及购物中心",而在实际的商业运作及室内空间设计中,也确实是按照这个角度来操作的。

首先,是开场空间大,整个 MALL 空间虽然呈线性,但是从人群在中高楼层实际的行动线路来看,是呈首尾相连的环形;而中央的广大区域都成了宽敞的步行空间(从 2 楼一直到 3 楼),非常适合举家出行游览。这个开敞空间也常作为主体展示的场所;而到 3 楼后,直接衔接的就是玩具反斗城、汤姆熊以及其他很多儿童用品店铺。到 4 楼以上,中央的中庭架起了数条"廊",中间的商铺全都是服务于儿童的,比如摄影店、手工教室等;而再往上则是美食和电影院,完全是按照全家老小来此休闲的行动路线进行设计的。可以说,在这一点上,正大广场考虑得非常周到。

其次,在正大广场的开敞步行空间,较少出现公共环境设施,是为公众行动的便利;相应的休息设施,出现在两端的中庭节点,且是成组出现的,适合相对较多人使用。扶手电梯、步行楼梯和直达电梯都设置在靠近两端的位置,两端节点还密布着规模较大和档次较高的饭店。从这一设置可以看出,MALL的经营者希望全家出行的人群在主步行道顺利通行,而把休息和餐饮消费集中在步行空间的两端。

再次,在步行空间的两端,出现较多的公共设施是临时性的售卖厅或者售卖区域,类型统一是冷饮、鲜榨饮料之类的售卖点,形式上虽然不统一,但商业目标很明确,基本也是为步行到此准备休息的举家出行人群服务的。同步配套的还有提款机、网络信息终端等设施。

(7)上海港汇恒隆广场(Grand Gateway)公共环境设施系统

第一,上海港汇恒隆广场的空间形式组织有其特殊性。它用一条室外开敞式的美食街将港汇一期、二期和服务式公寓(含电影院和餐饮)联系起来。港汇地处闹市区中心,而美食街则在三栋建筑的包围下成为一个开敞而又相对独立的空间,闹中取静,非常优雅;港汇一期和二期则用一个完全透光的玻璃穹窿结构联系在一起;美食街完全是串联了三个购物空间,但是内外间相对独立,没有空间穿插。室内外的公共环境设施使用的是两套系统,并不一致。

第二,港汇恒隆广场的公共环境设施非常强调外观品质。这里的公共环境设施的外观硬朗,收边和棱角分明、坚挺,在所有比较调研对象中,是最为简洁硬朗的。材料多采用拉丝不锈钢和烤漆玻璃,也体现了现代而冷酷的感觉。

第三,港汇恒隆广场公共环境设施的设计和设置都很严谨,很少有随意的成分。大到步行空间中央的售货亭,小到坐具和垃圾桶,都是经过统一设计的,形式统一,分布排列整齐规则。这种感觉在我们比较调研的对象中是绝无仅有的,因为MALL本身就是现代轻松休闲生活的一种体现。这种情况同港汇恒隆广场强调其商业的高端属性是有关的。

(8)上海国际金融中心(IFC MALL SH)公共环境设施系统

第一,上海IFC MALL室内空间形式高档,多用石材和金色抛光镜面装饰,而且形态和表面处理细节丰富,多装饰。同样的质感也体现在公共环境设施系统、提供的各种商业服务和商品品牌档次上。

第二,上海IFC MALL的服务非常到位。最明显的是,在每个楼层都设置了独立信息中心,功能丰富,包含信息查询、停车、售后服务、商场活动等功能,这在我们所有的调研比较对象中是最为丰富的。一般来说,这种多层的中庭式MALL结构,都会在一楼的交通关键位置设立信息查询处,例如Dubai MALL的信息查询初占地面积也很大,Forum Shops的信息中心还提供各种全拉斯维加斯Show的售票服务;但是在每一个营业楼层都设立规模庞大的信息服务中心且功能全面的,只有上海 IFC MALL。相比之下,同一开发商运作的香港 IFC MALL 的信息中心占地面积就要小很多,这同其节约公共空间,确保交通流畅有关。

第三,上海 IFC MALL 的自助电子指示牌属于传统的形式,实际使用时,操作界面比较生硬,查询信息量很有限;主要提供信息,而不提供导航、预约等服务。而个人智能终端上的 ios 软件也流于形式,多是介绍 MALL 的功能,缺乏实际的功能。总的来说,在细节和真正的信息化程度方面,尽管香港 IFC MALL 建设比上海早,却比上海 IFC MALL 先进。上海 IFC MALL 的这种问题也普遍存在于我们调研的其他上海 MALL 中,说明上海商业 MALL 在进行信息化建设中,还是更多地流于形式,缺乏深入的为需求服务。

第四,上海 IFC MALL 的中庭空间虽然在众多的比较对象中不算宽阔,但是有固定的钢琴演奏区域和展示区域。每逢佳节和活动日、纪念日,都会有大规模的文化艺术主题展示,成了临时性的环境景观设施,这在上海的调研对象中,是做得最有特色和优秀的。

(9)上海长风景畔广场(Parkside Plaza)公共环境设施系统

第一,长风景畔广场是上海西区新型的商业 MALL,毗邻长风公园和长风海洋中心。因此,长风景畔广场商业主题也是定位于全家出游的,特别是去海洋中心游玩的少年儿童对象。按照先去长风公园游玩的顺序,在长风景畔广场设立了餐饮区域,供游玩的家庭用餐,而商铺也有相当数量是为少儿准备的。公共空间的坐具普遍较大,成组出现,适合多人同时使用,这同正大广场有一定的相似性。

第二,长风景畔广场公共环境设施很有特色,户外部分多用木材,体现了环保生态的理念;而室内的各种公共环境设施,除了依然出现木材这一视觉元素外,还大量使用鲜艳的颜色和生动的造型,非常适合小朋友们的喜好。

第三,长风景畔广场在中央开敞区域设立了一个相当宽敞的区域,配置了全套的儿童娱乐设施,甚至用一些绳梯、空间攀爬组建,供来此游玩的少儿使用,这也成了这个 MALL 空间最为庞大的公共设施群和标志物,非常有特色。

第四,长风景畔广场大量利用墙面装饰,鲜艳饰面同木材元素搭配,加上卡通形象贴纸,同其商业主题定位非常一致。

第五,长风景畔广场有免费的 Wi-fi,却没有供公众使用的智能终端 App 软件,甚至没有独立的官方网站,信息化建设程度在所有比较调研对象中是最落后的。

(10)五角场万达广场(Wanda Plaza)公共环境设施系统

第一,五角场万达广场在商业运行方式上同以上对象有不同。万达广场的本质更接近地产项目,开发商将多个成熟的商业机构引入开发的地产项目中,集中在一起运行,而不是仅仅倒入品牌和店铺。整个五角场万达广场的地上空间,被沃尔玛、巴黎春天百货、HOLA 家居、万达国际影城、新华书城、黄金珠宝城、第一食品广场、宝大祥青少年儿童购物中心、大歌星 KTV 等相对独立的商业形式分驻,尽管有开敞的步行空间,但店铺的运行是独立的,并不受 MALL 统一管理;其中的公共环境设施系统也是单独规划的,与室外和地下的 MALL 不统一。

第二,五角场万达广场的地下部分构成了万达城中城大型室内步行街,这里的商业形式更接近我们熟悉的 MALL 形式,其间的公共环境设施系统也是统一的。步行街的商业以快速餐饮和年轻化的消费商铺为主,这与五角场靠近大学城形成的年轻化的人员结构有关系。

第三,五角场万达广场的地下地上部分空间同五角场密集的交通结合紧密,因此 MALL 空间存在大量出入空间,方便交通;而其指示系统中,有大量指向公共交通的信息。

6.3.3　商业 MALL 空间公共环境设施系统趋势发展现状总结

从对以上十个有代表性的现代城市商业 MALL 空间及其公共环境设施系统的比较研究,以及对各个 MALL 空间公共环境设施系统的代表性特征分析,我们可以得出类似上海这样的大都市城市商业 MALL 空间的公共环境设施系统的发展现状总结(见表6-14)。

表6-14　类似上海这样的大城市商业 MALL 空间的公共环境设施系统发展现状总结

发展趋势	系统化	信息化	社会公平			关注社会责任					其他
现象特点总结	系统化	信息化	关注老龄化	关注少儿/家庭出行	关注特殊需求	公益性展示和宣传	提倡自助节约资源	关注公共卫生	保护环境	关注公共安全	其他
以提炼的基础代表性特征(可重复交叉)	① ② ⑩ ⑭ ⑯ ㉓ ㉞ ㉟ ㊱ ㊲ ㊳ ㊵ ㊶ ㊷ ㊸ ㊹	③ ④ ⑳ ㉔ ㉕ ㉖ ㉗ ㊴ ㊹ ㊼	⑤ ⑧ ⑲ ㉑ ㉘	⑥ ㉛ ㉜ ⑱ ㊵ ㊶ ㊷ ㊸ ㊹	⑤ ⑥ ⑧ ⑰ ⑱ ⑲ ⑳ ㉑ ㉖ ㉗ ㉘ ㉚ ㉛ ㉜ ㉝ ㊳ ㊽	⑨	⑨ ⑪	⑥ ⑦ ⑫	⑩ ㊷	⑦ ⑫ ⑬	⑮ ㉙
负面特征	㊻	⑫ ㊺									

6.3.3.1 MALL 空间及环境设施体系的信息化

MALL 空间的公共信息共享服务的建设,加强虚拟空间的 MALL 空间以及商业服务的建设,是现代 MALL 及公共环境设施发展的重要趋势,甚至可能成为广大消费者进行游览和消费引导的决定性革命方式。商业 MALL 的 App 软件系统也正逐渐成为一种"虚拟公共设施",其重要性甚至高于现有的公共环境设施,还可能在未来取代现有实体设施(如信息指示系统和广告系统)。

(1)几乎所有的商业 MALL 都设立供公众使用的 Wi－Fi 网络。

(2)MALL 都有独立的 App 软件,配合覆盖整个商区的 Wi－Fi 网络,方便消费者下载和进行完全自助式的信息查询和互动。这种信息化的趋势,更能符合现在智能个人终端的发展趋势,更符合现代人的使用习惯。

(3)MALL 的 App 软件更可能逐步提供小空间内的导航、广告甚至消费服务,将消费者的活动空间从有限的 MALL 空间推广到更大的范围。App 软件还可以根据特定的需要提供超出 MALL 本身的服务。比如在香港 IFC MALL,根据实际交通功能而设置的多重信息查询和时刻表查询等功能,也说明了 MALL 不仅仅为消费者解决在商场内的需求,也完全可以对消费者的一系列行为提供有力的支持。这本身也体现了服务的公益性。

(4)MALL 也有官方网站,配合 App 软件,则几乎覆盖了消费者所有的智能终端,完成了实体空间、随身智能终端、固定智能终端三位一体,更好地为各种状态下的消费者提供服务。

(5)诸如拉斯维加斯 Forum Shops 中出现的 Facebook 摄影设备在内的各种新型网络服务设施正在出现;还有如国内常见的"维络城"之类签到积分优惠设施,意味着虚拟的设施正在实体化,这是虚拟的公共设施被广泛接受的标志。

(6)从部分指示系统记录消费者接入位置来看,物联网的技术也将很快出现在商业 MALL 空间,这也将从软件的角度促进硬件设施重大变革。

(7)Facebook 本身的"云"属性,使 Facebook 设施体现出了 MALL 空间的公共设施已经在尝试"云技术"了,云技术后续在 MALL 空间的运用范围很广泛。

(8)设置足够的硬件条件(如座椅和休息区域),甚至改变空间布局,来满足消费者在 MALL 空间上网的需求。

6.3.3.2　关注老龄化需求

虽然现在全世界进入老龄化的地区还很有限,但随着世界的长期和平发展和医疗技术进步,人口老龄化是必然的趋势。而上海这方面的问题已经很严重,因此对老龄化的关注必然需要体现到公共环境设施设计的趋势中。这一点在日本六本木新城的公共环境设施系统中体现得非常突出。对老龄化的关注本质上也是对社会公益的关注。

(1)设置充足的休息设施、休息空间,甚至活动空间,让老年人可以根据需要,随时进行休息。

(2)设置充足的指示系统,优化信息分类,让老年人可以随时找到自己的目标,并对目标距离进行判断,以便安排自己的行动。

(3)设置较大的用户界面字体,方便老年人阅读。

(4)设置独立的老年人公共厕所、充足的无障碍设施,以便老年人使用。

(5)设置紧急医疗设施,为老年人可能出现的紧急健康需求做准备。

(6)弱化无线网络设置,提倡公共无线网络的固定区域化,避免无线信号对老年人的心脏起搏器、助听器等个人医疗设备产生影响,甚至是直接对老年人的健康产生影响。

(7)设置足够的扶手、坡道等,注意行动不便的老年人的安全。

6.3.3.3 关注少年儿童和家庭活动的需要

"举家出行"本来就是 MALL 生活方式的重要趋势。而作为极为重要的消费力量,少年儿童已享受到商家的关注,越来越多的少年儿童主题商业进入人们的视野。但作为公共场所,未成年人本来就不应独自进入,而是在成年人的带领下进入。因此对于少年儿童消费行为的关注同对于家庭活动的关注在很大程度上是一致的。我们在国内外的 MALL 空间调研时,发现 MALL 普遍出现了类似的趋势。

(1)设立吸引少年儿童需要的商业设施,如水族馆、娱乐活动空间和设施;设立足够的供少年儿童消费的商业。

(2)为举家出行的消费人群设置优化的线路,考虑到人群中老少体力的限制,既满足了休闲消费的需要,也不影响特殊人群实际情况。

(3)设立适合少年儿童需要的餐饮、饮料、热水提供设施和商业。

(4)设立独立的母婴室、儿童厕所等公共设施,其设定的密度和位置同成年人也有不同,以适应幼儿随时的需要。

(5)设立一定规模的休息区域和足够多人同时聚集休息的坐具,方便全家休息。

(6)注意对于公共环境空间和公共环境设施的形式和表面处理,特别在少年儿童独立的空间,使用鲜艳的颜色、独特的造型等适合少儿需要的元素,避免可能发生危险的形态。

(7)如六本木新城,在对功能空间和环境设施进行设定时,注意对少年儿童的教育和引导,更多地增加公益性的展示设施比例。

6.3.3.4 提倡自助行为,节约资源

现代发达社会,人力资源逐渐成为稀缺资源,提倡节约资源是非常重要的。因

此各种自助商业模式和自助公共设施就经常出现,这在六本木新城表现最为突出。

(1)各种自助售卖设施密集出现,常规的饮料、儿童玩具、食品甚至电子产品都可以用自动售卖的方式,节约资源。

(2)不使用或者很少使用自助查询终端,减少有人运作的信息中心;取而代之的是经过详细精确设计的各种宣传册,集中设置在指示系统周边,能够让消费者快速分辨出自己需要哪一种资料,自行取阅。这样不仅可以节约人力,还可以节约能源和空间,而纸质宣传品则可以回收再利用。

(3)对于上文(2)中描述的六本木新城的这种做法,其他大多数 MALL 都采用了相反的做法:推广使用 APP 软件,实现信息获得和服务的自助化。本质上同(2)并不矛盾。

(4)设置足量的自助服务设施,比如投币读卡式公共电话、投币式寄包柜、ATM 等设备。

6.3.3.5 关注公共卫生和环境保护

日本消费者对于公共卫生和环境保护格外关切,这也是社会发展进步的必然趋势,这种趋势同样地体现在公共环境设施的设计上。除了六本木新城的 MALL 空间,也都关注公共卫生和环境保护,但系统性都不如六本木新城。

(1)充足设置卫生设施,比如垃圾桶。通过垃圾桶对垃圾进行详细的分类,并确保消费者自觉执行。不仅对公共卫生有保护,还能够优化垃圾处理,真正保护环境。

(2)用天然植物做绿化,既可以装点空间,又可以净化空气。

(3)使用便于重复利用的低成本材料来制造公共环境设施,也包括公共卫生设施,如垃圾桶;不单纯追求外观奢华,节约材料成本,节约资源。

(4)避免人群大量聚集,对于过境人群应让其快速通行,加强通风和空气消毒,避免流行传染病的传播。

6.3.3.6 关注公共安全

在六本木新城,对公众安全的关注也明显高于其他各地商业 MALL。

(1)密集设置消防栓,便于应对可能发生的各种火灾,包括地质灾害甚至是人为灾害。

(2)不设置 Wi-fi,不提倡使用无线设备,避免影响他人的健康。

(3)设置足够的行道扶手和地面防滑条;在公共厕所等易滑地区设置扶手,避免滑倒。

(4)关注公共卫生,避免影响健康的传染病的传播。

第7章

结论与展望

7.1　主要结论

天有时,地有气,材有美,工有巧,合此四者,然后可以为良。材美工巧,然而不良,则不时,不得地气也。

我们在研究的最后,重新拾起前人朴素辩证而又富含哲理的论述。不难注意到,前人在进行器物营造的总结时,非常郑重地强调,材料精美、做工精巧并不是很难做到,但依然很难做到极致完美的作品,原因往往是"不时,不得地气"。按照笔者的理解,就是没有同需求吻合,没有同所处的环境相匹配。

就像不胜枚举的各种针对公共设施的研究,对各种形式、功能和工艺的分析观点层出不穷,但是根本上却往往忽视一个问题——公共环境设施的概念太宽泛了! 就像我们在研究中不停提的,在步行街道上的公共座椅和在机场候机区的公共座椅,尽管共享着一样的称呼,但完全是两种不同的设施,有着完全不同的需求定义和使用环境。因此,如果不区分需求和环境来进行公共环境设施的研究,而简单地进行形式和工艺的研究比较,则无异于管中窥豹、缘木求鱼。

在对公共环境设施的研究中,选择有价值的公共空间非常重要。本书的研究正是基于对商业 MALL 这一具有时代代表性的复杂空间对象进行调研分析,从而获得对这一研究对象内公共环境设施系统的系统性结论。同时,也通过对这一代表性系统的分析,获得针对特定空间类型对象的系统研究方法。

因此,本书的结论将分为两个方面:

宏观上,对城市 MALL 商业空间公共环境设施系统研究模型的总结,以及应用此模型进行不同类型空间公共环境设施系统研究的方法。

具体层面上,城市 MALL 商业空间公共环境设施系统的发展趋势。

7.1.1　类型公共空间的公共环境设施系统研究模型总结

7.1.1.1　城市 MALL 商业空间的公共环境设施系统的结构框架

通过全文的研究和比较,我们逐步推导出了 MALL 商业空间的公共环境设施系统的核心结构框架。

(1)城市 MALL 商业空间的独特经营模式产生了集中的线性需求链,这是相应的公共设施系统设计和规划的基础。

(2)线性需求链的每个环节的需求都是多层面的,因此也需要多种公共环境设施来满足,形成了立体的公共设施体系。

(3)公共环境设施体系同 MALL 商业、建筑空间和消费者共同构成了 MALL 商业空间的稳定体系。

7.1.1.2　类型公共空间的公共环境设施系统研究模型

(1)类型公共空间应满足的条件:

第一,服务于公众的大型空间。

第二,有相对固定的空间功能。

第三,公众在空间内可以进行相对自由的活动。

(2)对类型公共空间公共环境设施系统的研究方法与程序:

总结本篇研究的过程,我们可以尝试对符合条件的研究对象,归纳出通用的研究方法和程序,简单整理如下:

图 7 - 1　对类型公共空间公共环境设施系统的研究方法与程序

(图片来源:作者绘制)

7.1.2　城市 MALL 商业空间中公共环境设施系统的发展趋势

7.1.2.1　系统化建设趋势

宏观看,随着 MALL 商业系统的发展和成熟,公共环境设施设计和规划将越来越系统化。按照精准的商业定位,以目标人群的实际需求为出发点,进行统一的规划和设计,包括形式的统一、功能的优化与整合以及同 MALL 商业模式相同的不断发展改善的能力,都将是 MALL 商业空间公共环境设施系统建设的重要趋势。

(1)以需求链为基础的整体规划设计

根据 MALL 商业空间线性需求链/线性需求群链理论,消费者在 MALL 商业空间会有一系列的主观需求群,这些需求的层级高低不同;而从客观视角看,这些需求也包括商业需求和社会需求。这些大量的需求就是 MALL 商业空间存在和发展的核心动力。为了满足这一系列的需求,MALL 空间的商业和空间功能的规划和设计都会以这些需求为出发点;但光靠这些还远远不能满足庞大的需求链,还需要系统完善的公共环境设施体系来配合。

不管什么类型的公共设施,都是整体公共环境设施体系的组成部分,也是满足 MALL 空间线性需求链的重要环节。公共环境设施系统规划和设计的水准直接关系到 MALL 商业空间消费者的行为体验结果。

MALL 商业空间的特殊定位会给 MALL 商业空间带来特别的消费人群和机会,比如同公共交通枢纽结合的商业 MALL,或者同公共娱乐场所结合的商业 MALL 等。但这些额外的需求也会对公共设施系统的定义和开发产生关键的影响。比如前面讨论过的,具备交通枢纽功能的 MALL 对交通功能的需求,导致对公共休息设施的弱化。对于这些需求的定义,也要作为整体需求的一部分统一规划。

(2)公共设施的形式主题化、统一化

MALL 商业空间对公共环境设施系统形式的统一,本质上也是 MALL 商业空间公共环境设施系统整体规划的结果。而部分商业 MALL 对于公共设施主题化的设计,则更多体现的是商业主题化的趋势。

并不是所有的 MALL 商业都设定明确的主题,但是一般都有明确的商业定位。公共环境设施在形式上,必须体现这种商业定位,这也是对公共环境设施统一化形式的需求来源;而主题化的形式在一定程度上可以看作形式统一化的一种特殊表现。

具体来说,统一的形式常常体现在公共环境设施的形态、用材、交互界面等;也包括文字、图形等细节处理。但并不是所有的统一性都能体现出同一性的,甚至在很多主题性的公共环境设施上,也不一定体现出同一性。比如我们讨论过的 Forum Shops 以奢华的古罗马生活场景为主题的公共环境设施体系,则是把古罗马的生活场景优化后,完全"搬"到了现实的 MALL 空间中;这种统一性靠的是同一概念主题来维护,而不是单纯的同一性。

(3)设施功能的整合与优化

设施功能的整合与优化,本质上也是公共设施整体规划设计的结果。

这种整合性首先体现在同一类型的公共设施的整合上。举例来说,原先不规范的指示系统,包括指示牌、信息中心、自助查询终端,甚至墙面信息等,但常常会出现杂乱甚至是太过重复的情况。但通过统一规划的信息指示系统，则可以在核心的入口或者交通汇集处设置信息中心，有专人负责面对面查询；同时搭配信息宣传品发放架和自助查询终端，形成宣传品、自助、人工三重整合的信息中心，既不浪费资源，也最大限度地满足了需求。

其次，设施功能的整合与优化还体现在多种功能的不同公共设施之间。比如最常见的广告设施就常常有同其他设施组合出现的情况，但原先的组合只是为了最大限度地增加有效的广告曝光面积，而整合化的规划则会更多地考虑消费者的实际需求，将广告设施有机地同公共环境或者是公共设施进行结合。在很多高档MALL空间，已经很少见到密集的广告内容了，但它们并没有减少，相反，在智能自助查询终端、在个人智能终端，它们以更加人性化、更加整合的方式出现。这样的公共设施体系更加有效和优化，不再密集地占用公共空间，对消费者更加有效地进行消费休闲行为是有益的。其他类似的优化还比如将指示牌置于墙面，将灯具同广告、指示设置结合，等等。

总的来说，通过对公共设施的整合与优化，公共设施的绝对数量呈减少的趋势，但是服务范围和密度却更高，效率也更高。

(4)公共环境设施系统与MALL的同步改善与发展

在对MALL商业模式的研究中，我们可以发现，可持续发展和进化是MALL商业模式的重要特征，也是现代MALL拥有持久生命力的核心因素。

而MALL空间中的公共环境设施系统，也同步地需要与MALL空间一起改善与发展。比如现在各MALL空间逐渐出现的以信息化为特征的新型公共设施，不论是Facebook摄影设施、智能信息终端等硬件设施，还是App软件、物联网等软件设施，都是MALL不断进化发展的体现。这种同步的改善与发展，在本质上，体现的是对目标消费群体最新需求的关注。

7.1.2.2 信息化建设趋势

随着互联网技术的飞速发展，信息化已经成为贯穿人们日常生活消费每个细节不可或缺的部分。当今最火热的互联网概念如"物联网"和"云技术"，已经让现在的互联网服务和技术出现了全新的趋势，而MALL作为一种不断跟随社会发展者的商业模式，不论是消费者的购物习惯还是公共设施的服务方式，都无可避免地体现出信息化的趋势。具体地看，MALL商业空间信息化建设的趋势体现在以下几个方面：

(1)高速无线网络全面覆盖支持

无线网络覆盖的支持，是现代信息化建设的基础。如果说座椅、指示系统、广告系统等设施是最常规的公共环境设施，也是能够摸得到看得见的公共设施，那么，无线网络就是一种看不见摸不着的公共设施。这种设施如此重要,在信息化尚未完善的今天,其建设程度甚至会成为不少目标人群选择消费场所的重要因素。

现代无线网络服务的提供方一般是电信运营商或者是商业 MALL 的运营者。而随着技术的发展更新,电信运营方将会是未来的主要服务商,这也体现了互联网没有边界的服务本质。而无线网络技术的升级,最直接的体现就是网络速度,这也直接体现着消费者的需求。更高层面上,更高的网速,才可能支持各种互联网服务。

终端方面,可能出现在 MALL 商业空间的终端设备,随着智能个人终端的发展,有比如笔记本、智能手机、平板电脑等;但远不止这些,还有如指示信息系统、广告设施、售卖机等公共环境设施,这就是下面要提到的物联网。

无线网络及其硬件设施是新型的公共设施。而随着技术的发展进步,无线网络所提供的也不只是数据信息,像无线充电、远程控制等技术也逐渐扩展到常规的无线公用领域,韩国、日本已经在部分公共空间尝试运用这些技术。举例来说,现在火热的无线存储技术,就是在公共空间制造充电磁场,是消费者在其有效空间范围内,不必再担忧无线设备的能源供应,放心地进行网上冲浪。

(2)物联网的普及和应用

互联网信息技术的发展中,除了代表消费者的个人终端被接入网络之外,也包括商家、商品、各种设施等,形成了真正一体化的系统。这样的过程正在快速发展,这就是物联网的普及。

如果简单地描述与 MALL 商业空间相关的物联网体系,比如消费者可以在自己的智能终端获得所要的商品或者服务的介绍,从而根据定位系统来到 MALL 空间,可以通过二维码扫描获得每一个相关商铺或者商品的信息,然后进行比较,进行消费;同时可以通过终端查询每一个需要服务的设施的位置和信息,获得需要的服务;另一方面,经营者也可以通过物联网来获得所需要管理的商铺、商品和设施的信息,进行有效的管理……所有的人、商业、商品、服务、设施都被网络联系成为系统结构,使消费者的行为活动更加顺畅高效。

物联网间个体间的作用过程,可以简单分解为"识别—读取—处理"的流程。接入物联网的个体,可以使用有线或者无线网络;而消费者作为使用终端,一般采用无线接入的方式,以便于自由行动。

物联网的技术基础是无线网络,但需要所有相关的设施可以支持物联网络。这一需求需要对现有的公共设施进行大量的升级。比如,如果在垃圾桶植入芯片,可以使管理者随时知道废弃物的充满程度,以便处理……这个升级过程是物联网普及的重要过程。

而在这个过程中,也会诞生很多新的设施,比如在前文调研过程中出现的 Facebook 拍照发布的设施,还有很多自助信息终端。设施的升级以及新设施的出现,体现的也是新的消费习惯和商业模式。

物联网本身是一种虚拟的存在,但这种存在确是把所有公共设施真正连入MALL 商业系统的一种切实有效的方式。物联网的存在,使 MALL 空间独特的线性需求链获得了更加便捷的解决方案。

(3)云技术的普及和应用

云技术/云计算是现在最火热的网络应用趋势之一。广义云计算,指服务的交付和使用模式,指通过网络以按需、易扩展的方式获得所需服务。这种服务可以是 IT 和软件、互联网相关,也可是其他服务。它意味着计算能力也可作为一种商品通过互联网进行流通。如云计算、云阅读、云搜索、云引擎、云服务、云网站、云盘(网盘)等。

我们经常称呼的“云”,其实指的是后端(服务器端),平时我们很少能够看到的那一端,正因为平时难得看到,所以有一种虚无缥缈的感觉,因此才被称为“云”吧。我们平时能够看到一般是“客户端”,比如电脑、手机、平板电脑等。

云技术的出现,引领了一种全新的消费和应用模式,对后端而言,意味着将计算能力在互联网进行流动甚至是出售;而对于客户端,则意味着一种全新的、高性价比的线上服务。

现在的移动音乐技术、即时信息存储和获得技术等,充斥在年轻消费群体每一分钟的网上冲浪行为中。这个消费群体在公共或者私人空间中的每一分钟都在使用云技术;而且这个消费群体已经几乎覆盖到所有消费阶层。因此,对于现代的公共环境设施系统和公共服务体系,必须要跟上这种技术,并仔细研究技术对于各种空间平台的影响。

对于 MALL 商业模式而言,这种将消费者消费、休闲生活集于一体的消费模式,必然无可避免地会成为云技术广泛应用的重要领域。消费者在 MALL 商业空间获得信息,通过云技术存储到云端服务器,在需要的时候随时取用云端的信息;这种信息可以是广告、促销优惠、商品信息、服务自愿选择(比如饭店的座位信息、满员状况等),甚至是可以直接将网络资源服务放在云端供消费者获得,比如音乐、视频、文字数据等。

MALL 商业空间的公共信息系统、广告传播设施都需要同云技术接轨,而各个商铺、提供服务的机构也应该开始支持云技术。

(4)软件发展与多平台支持

App 软件可以使每位消费者的智能终端成为消费者随身携带的信息指示系统、广告设施甚至销售平台。

　　尽管现代互联网购物发展迅速,大有取代传统商业之势,但同现代 MALL 商业比较,则不在同一概念平面上。互联网购物无法取代 MALL 商业提供的服务、购物比较、休闲生活等整体消费流程。因此,MALL 商业的 App 软件本质上依然是在 MALL 商业空间为消费者服务的软件,尽管软件并不一定需要在 MALL 空间使用。

　　但现在的 App 软件离发展到功能完善还有不少距离,除了 App 软件本身,在多平台方面也还有很多发展空间。App 的多平台主要体现在两个方面:

　　第一,多种软件形成的软件系统。比如 MALL 商业 App 软件本身、导航软件、销售软件、信息分享关键等。光靠 MALL 自行开发的软件获得广泛知名度和流量是不容易的,而软件本身也很难提供完善的服务。软件之间互相分享和支持才能获得更好的效果,MALL 软件可以有接口进入其他专业软件,而专业软件同样为 MALL 提供独立的接口。

　　第二,消费者终端 App 软件需要多平台的支持,比如 ios/Android/windows 等,以支持多种硬件终端;同时也需要做好不同平台间的兼容。

　　App 的多平台发展,客观上体现了物联网技术的发展。App 软件本身也可以被看作一种特殊的公共设施,公共设施的范围因为信息化的趋势,也正在发生质的变革。

　　(5)信息化趋势的配套商业和公共设施变化

　　信息化的趋势带来了商业和公共设施的巨大变化;从另一个角度讲,商业和公共环境设施必须应信息化趋势而进行变革,否则将很难适应全新的需求。

　　第一,商业相关的变化趋势。比如方便消费者联网休息的咖啡厅、茶餐厅会大量出现,商铺和商品需要具备二维码查询功能等,这样才能支持物联网(见图7-2)。

图7-2　香港 IFC MALL 电梯入口墙面的二维码指示、App 软件提示,
显示了现代商业 MALL 对信息化的探索
(图片来源:作者自摄)

　　第二,公共环境设施的变化趋势。比如方便消费者随时停下休息的座椅、饮料售卖机会出现更多;而公共设施本身要逐步具备连入物联网的功能。而上面提到的很多新型的公共环境设施的出现,也是公共环境设施的重要信息化变化趋势。

（6）信息化趋势的负面作用研究与应用

从对日本六本木新城的研究中，我们可以看到当地设计师和规划人员对新技术负面作用的关注。无线技术给现代人的生活带来了巨大的便利，甚至引起了现代新技术革命；但是无线技术是否会对人类的健康带来影响，这个问题一直是争论不休的话题。尽管现代研究机构一般都会给出结论，称 Wi-Fi 的无线信号远低于国际规定的安全辐射量标准，但是质疑声音仍然不断，因为毕竟 Wi-Fi 至今还没有经过长时间的人体病理研究。

对于无线技术是否应该因噎废食，日本政府的做法给我们指明了很好的方向。

第一，首先应该联合各方相关资源，尽快开展无线网络对人体实际影响的深入研究，明确无线技术的适用范围和技术标准。

第二，将空间进行性能划分，有些空间容易造成无线信号衰减，比如地铁、地下交通线等，因为对无线信号有遮挡，会导致信号的发射端和接收端（如手机）主动提高射频强度，从而使本来较低的辐射级数升高。因此，在这些区域应该通过技术处理使信号更通畅，避免主动增强辐射。

第三，对于无线充电、云技术等新型无线技术，应该及时研究、制定标准，避免新问题的发生。

第四，设定有利于消费者休息娱乐的热点，便于引导消费者到固定的热点进行无线消费行为，避免影响不需要的人群。

7.1.2.3 关注公平的趋势

原则上，并不是所有的需求都属于 MALL 商业必须提供的服务范畴。消费者在 MALL 空间进行的行为活动时间久，行为种类丰富；而消费者本身的复杂程度也极大，因此势必会产生各种各样的需求。在不影响商业经营的前提下，MALL 的经营者会尽可能的去满足这些需求，甚至把这些需求变为 MALL 商业经营的一部分。

按照马克思主义社会公平理论，消费者在 MALL 空间应该尽可能获得相同的资源和同级别的服务，不论消费者是弱势人群还是正常人。按照这种理论，MALL 空间的经营者应该为弱势人群提供更加优化的服务。

MALL 的开发设立，在商业上，都会定义目标消费人群。换一个角度说，以消费休闲为行为目的，并能自由行为的人群才是 MALL 商业的最主要的目标人群。但是，并不完全满足条件的人群依然会出现在 MALL 空间中，MALL 商业空间必须为这些人群提供他们所需求的服务。

还有一种情况，就是上面的特殊人群和特殊需求，在一定程度上发展成为一种趋势。如果说对于某些特殊需求，无法完善地服务到位还情有可原，但如果对于一种普遍的趋势,MALL 商业却不关注,服务不到位,则意味着 MALL 商业跟不上最主流的需求,比如人口老龄化问题。

(1)关注特殊人群和特殊需求

不完全满足 MALL 商业目标人群定位的人群主要可以分为以下四大类:

第一,有完全独立自主的消费目的,但行为受限的人群。从消费层面上看,这些人确实是 MALL 目标人群,但是有可能是老弱病残孕,或者携带大件行李、推婴儿车等原因导致行动不便的人群。对于这个人群,不论是商业上还是公益上,MALL 的经营者都有义务通过特殊的安排来满足他们的需求。

第二,对于这个人群,最大的困难就是行为不便,因此,常规的做法是方便他们的行动,但也能确保同常规消费者一样的消费行为。与此相关的公共设施一般是座椅、坡道、扶手等,以及相应的卫生、信息设施,还有如升降电梯、服务中心等。

第三,跟随目标消费人群,作为消费人群的部分,却不直接消费的人群,比如幼儿、老人等。这个人群具有相当于目标消费人群的价值,但往往他们的消费行为并不直接主动决定。MALL 空间需要为这些人群配备如母婴室、休息室以及同上面的方便行为的设施。

第四,不以消费休闲为主要目的的人群,比如过境通行人群。MALL 空间有其公益属性,但即使从商业的角度看,只有让这些人群更高效地通行,才能保证目标人群的行为顺畅;而将这些人群转化为有消费目标的人群,也是目的之一。对于这些人群,快速通行是重要的目标,因此,对处于交通枢纽或者有重要交通线通过的 MALL 商业空间,完善高效的指示系统和方便通行的设施就非常重要。

这些特殊人群和需求并不会随着社会和技术的进步减少,相反可能会更多,因为更多深层次的特殊需求会被提出,这本质上是社会进步和人群自我实现的体现。而 MALL 商业空间和公共环境设施系统也需要同步地改善这方面的设计,以更好地满足这些需求或者是新出现的需求,这样才能真正提高消费人群的体验评价,真正提高 MALL 商业的服务水平,达到商业目的。

(2)关注特殊趋势

随着经济的稳定和发展,世界主流社会普遍出现老龄化趋势,比如日本和中国。

在 MALL 商业中,原本就有针对老年人的服务,比如方便行走的升降电梯、轮椅坡道、休息室等。这些看上去是针对老年人的服务,但如果全社会出现了老龄化的趋势,则意味着 MALL 的目标人群中老年人的比例很高,原先作为“特殊人群和特殊需求”规划的公共设施和商业服务的数量就无法满足实际的需求。当这种特殊需求出现的时候,MALL 空间对于商业设施和公共环境设施的设计和设置,就进入了一种完全不同的状态。

围绕老龄化的趋势,诞生了一系列完全不同于常规的需求,比如方便老年人行为的需求、关注老年人健康的需求、关注老年人随时休息的需求等。MALL 的规划者需要为这种特殊的趋势进行全新的、完整的规划。不论是公共设施的种类、功能、数量还是分布位置,甚至在商业和空间布局上都需要有特殊的安排。

从前面的范例中,我们看到日本六本木新城,或者说整个日本对人口老龄化在商业空间中所进行的尝试和设计非常体贴到位。而上海,作为中国甚至是世界上老龄化最严重的城市,对于人口老龄化的研究和设计还非常有限。在这一点上,上海的各大商业 MALL 还有很多的研究要做。

同样的趋势还不只是老龄化,部分地域存在男性化、女性化、幼儿化等趋势,有些趋势是社会问题造成的,比如部分国家或者地区的性别比例失衡,也有些是商业定位造成的,比如针对女性或者儿童的 MALL 等,都需要设计师根据实际的情况和趋势,进行优化设计。

7.1.2.4 关注社会责任的趋势

社会责任是指一个组织对社会应负的责任。一个组织应以一种有利于社会的方式进行经营和管理。社会责任通常是指组织承担的高于组织自己目标的社会义务。企业也属于"组织"的范畴,商业 MALL 不仅承担着法律上和经济上对社会、对企业自身的义务,还承担着"追求对社会有利的长期目标"的义务,这就是企业应该承担的社会责任。这其中有两层含义:

首先,这是对于社会公众的责任,而不只是针对特定的人群;

其次,这是长远有利的目标,而不仅仅局限于眼前利益,甚至在必要时可以牺牲眼前利益。

我们在讨论商业 MALL 及其公共环境设施系统的开发和设计,应关注社会责任时,也是从这两个角度考虑的。上面讨论的对公平的关注,其实也是对社会的责任。

(1)节约资源,保护环境

节约资源、保护环境,几乎是现在社会谈论最多的话题,很多机构和团体也开始了尝试。商业 MALL 是现代流行的商业模式,规模庞大,格调高雅,每时每刻的物资、能源消耗都很大;同时作为公共空间,其建设用的材料以及每天的废水废气排放,也都是对环境有影响的。因此,从节约资源和保护环境的角度看,MALL 和公共环境设施系统也是重要的对象。

我们调研比较的很多对象都以规模庞大、商业高档作为宣传热点,但在其背后不可避免的是很多的浪费。当然,我们也可以看到部分现有的目光长远的商业MALL,比如东京的六本木新城,在这方面的努力。

A. 采用环保的、可循环的材料作为建筑装饰和制造公共环境设施的材料。

B. 采用真实的景观绿化,既美观,又可以净化环境,减少了制造浪费。

C. 更多地采用自助式的设施,减少人力资源的浪费。

D. 减少纸质宣传品或者纸质用品的使用,更多地使用电子指示;或者有针对性地为不同的需求准备独立精简的宣传品,避免浪费。

E. 对垃圾实行科学的分类,通过视觉的指示引导消费者主动地进行垃圾分类,使部分垃圾得以循环再利用,部分有毒垃圾可以有针对性地迅速处理。

F. 对于 MALL 公共空间,更深层次的节能环保措施在于对 MALL 的整体规划中,直接考虑到节约能源,甚至是利用资源。比如:

第一,减少真正的开敞或者半开敞空间,或者通过更加合理的建筑空间设计,避免空调电力资源的巨大浪费。

第二,通过自然采光来避免白天的照明设施对电能的浪费,但同时也要避免室内空间空调电能的增加。

如英国和美国的科学家分别发明了可以依靠人类步行踩踏给地面充电系统充电的设施①,这样就会把人群行动的部分动能直接转化成为商场或者人流密集区域所需要的电能,实现了能量的循环利用。

G. 利用太阳能板或者类似的能源收集利用材料,作为建筑表面或者顶棚的装饰材料,直接利用自然能源,实现能源的自给自足。

如上述 F、G 点描述的节能环保措施是更加主动的行为,同时也开拓了全新的公共环境设施的类型概念。

(2)关注公共卫生

随着近年来全球 SARS、禽流感、新冠肺炎等现代流行疾病的频发,公共卫生和公众健康越来越作为重要的标准来衡量公共空间。现代商业 MALL 是典型的公共空间,人流聚集,且本土人流和外来人流(游客)都很多,是现代流行病易发区域。因此,关注公共卫生对 MALL 商业而言非常重要,而关注公共卫生也可以看作是关注公共安全的一部分,这都是对社会责任的关注。

对公共卫生的关注也体现在对于一些紧急健康卫生情况的处理,因为公共卫生问题并不一定是传染性疾病。对这一问题的关注本身体现的是对于公众人群

---

① 这种特殊的"能量收集瓷砖"由总部设在英国伦敦的 Pavegen Systems 公司发明。这是劳伦斯卡布尔库克(Laurence Kemball - Cook)的奇思妙想,他在 2009 年提出"踏发电系统"(Pavegen),并使其商业化。踏发电系统得到的能量可用作运行低电压设备,如街灯、自动售货机。

个体问题的关注,也就是公平性的一种体现。

MALL对公共卫生的关注和提升,第一,体现在对空间空调换气设施的设计和设置,也体现在对必须的公共卫生系统的设置,如洗手间、公共饮水器、垃圾桶等。

第二,体现在对现有公共环境设施系统的管理。定期的清洁、消毒和更新都很必要,而公共空间的定期清洁和消毒也是必需的。

第三,公共设施和商业的设置,尽量避免大量人群的聚集;对于以通行为目的的人群,应该创造条件确保人流尽快通行,确保空气流通健康。

第四,向东京六本木新城学习,设立针对心脏病、哮喘、急性出血等可能发生的卫生健康问题的应急设施;也应该在大型的商业MALL,设立独立的医疗机构,来满足紧急情况的需要。

(3)关注公共安全

对公众安全的关注其实已经体现在上述的各个细节中了,比如公众卫生,比如对老年人可能的行动危险的关注等。总的来说,对公共安全,可以分为以下措施:

首先,设置必要的防火、排水设施,比如消防栓、烟感喷淋;设置足够的安全通道和应急指示。

其次,应该在关键区域设立监督设施,既可以监督可能发生的人为或者自然灾害,也可以监督可能发生的刑事案件。

再次,设置紧急报警、通知广播等灾害资信快速传达设施,以快速应对灾害。

最后,加强对消费人群长期和短期的教育,甚至可以在宣传品或者自主查询终端上进行临时的公共安全教育。

7.2 主要创新点

创新点一:在城市MALL这一特定商业空间中,用系统论的观点,结合社会学理论(马克思主义社会公平理论)、心理学理论(马斯洛需求层级理论),思辨地分析公共环境设施体系及其所在的系统,避免脱离所在的环境系统对公共环境设施进行独立分析而产生的形而上学的局限。

创新点二:研究MALL空间消费者行为的特点,发展现有的马斯洛需求理论,提出线性需求群/需求群链的观点,进而提出"人—商业—空间—设施"的锥形研究模型,分析模型的特点,并结合调研论证模型的实际意义。

创新点三:进行大量的实地调研,按照提出的研究模型,对包含国际及上海在内的逾10个有代表性的样本对象,进行系统详细的横向对比研究,分析总结研究对象之间的优缺点,归纳总结成为本书的研究结论。

7.3　不足点与展望

7.3.1　研究的不足之处

不足之处的原因:鉴于研究时间、实际调研条件、研究规模和篇幅的限制,本书无法对不同类型的公共空间系统(如广场、机场、车站、地铁、街道、居民社区等)的公共环境设施系统进行更深入的跨类型对比分析,导致现有结论仅能局限于MALL商业空间,而无法对广义的公共环境设施提出更加综合性的研究结论。

而事实上,对于不同的功能空间的详细研究,可以更好地来评估原始需求的差异,从而评判不同的公共设施体系之间的差异。

另外,鉴于实际调研条件的限制,本书的研究中区域选择对象也较为有限,如果可以进行更多的代表性区域的MALL的研究比较,将可以获得更加广泛的代表性结论。

7.3.2　今后的工作展望

在本项研究中的不足,待后续进一步改善和提高。改进的方法和方式:需要组织大规模跨领域的调研分析,将多人、多领域的研究结论再进行横向比较,从而获得公共环境设施在不同类型的公共空间的规律性结论。

应该优先选择系统较为复杂的对象体系,这样更能看出对于复杂的需求体系,会形成怎样的对应的公共环境设施体系。其实这也是本书选择研究对象时,选择MALL而不选择百货商店或者其他公共空间的根本原因。尽管MALL应该是比百货商店更加有前景的商业模式,但正是因为MALL这种商业模式带来的消费者复杂而多重的需求,才是本书研究的重要意义。

类似的对象,还有如属于交通系统的街道、机场(候机楼)、火车站(候车楼)、地铁站、汽车站等,文化系统的展览馆、博物馆、图书馆等,公用系统的市民广场、养老院、福利院等。这些对象中,有的是服务于公众的,也有的是服务于公众中的特定群体的,但功能体系都比较复杂。而且由于不同的地域、人文、历史和政治条件差异,其差异也非常大,研究难度也很大。

因此,在后续研究中,应该有大量的研究,分别对这些对象进行独立的研究比较,对各种不同条件的相同功能对象进行比较整理,再将这些不同的结论进行横向比较,从而获得对公共环境设施更加深刻的结论。

附录

城市 MALL 商业空间公共环境设施系统综合评价调查表

调研 MALL 基本信息:(调研者填充)

MALL 的名称:_____   地址:_____   调研时间:_____

尊敬的朋友:您好!

我们是同济大学环境设计研究组,正在研究城市 MALL 商业空间的公共环境设施系统的综合情况。我们想了解您对经常去的 MALL 内环境设施的真实评价与感受,为我们今后为您提供更好的服务环境,并为后续改善 MALL 空间的公共环境设施提出宝贵的意见。谢谢您的合作与支持!

调查表采用不记名的方式,答案无所谓对错,您只需在所选择的评价等级(很、较、中、较、差)栏格子上打勾即可。再次感谢!

您的基本情况:

1. 性别: A. 男(   )   B. 女(   )

2. 民族:_____

3. 宗教信仰:_____(若无宗教信仰则空白)

4. 您的年龄:A. 18 岁以下(   ) B. 18—20 岁(   ) C. 20—25 岁(   )

     D. 25—30 岁(   ) E. 30—40 岁(   ) F. 40—50 岁(   )

     G. 50—60 岁(   ) H. 60 岁以上(   )

5. 文化程度:A. 大专及以下学历(   )

     B. 本科(   )

     C. 硕士及以上学历(   )

城市 MALL 商业空间公共环境设施系统综合评价调查表

考虑因素项目	具体评价项目	评价描述词（正向趋势）	很好	较好	一般	较差	很差	评价描述词（负向趋势）	其他意见
公共环境设施系统的完整性	环境设施提供的服务的充足性	充足的						不足的	
	环境设施提供的服务的连续性	连续的						有中断的	
	指示系统的完整性	易导向的						易迷路的	
	环境设施是否具有可发展、可拓展性	可发展的						不可发展的	
	公共设施适用于不同语言人群	普遍适用的						仅适用于本土人群	
	公共设施适用于各种群体	普遍适用的						不适于特殊维护需求人群	

如公共环境设施系统具有明显的不完整性，且不在上面范畴，则请简述：

	具体评价项目	评价描述词（正向趋势）	很好	较好	一般	较差	很差	评价描述词（负向趋势）	其他意见
环境设施与城市MALL商业空间的协调性	环境设施布局合理性	合理的						不合理的	
	公共设施主题同环境的匹配性	匹配的						不匹配的	
	环境设施与空间尺度关系	协调的						不协调的	
	环境设施对空间的引导性	具备引导性的						不具备引导性的	
	环境设施与周边环境的协调性	协调的						不协调的	

续表

考虑因素项目	具体评价项目	评价描述词（正向趋势）	评价等级					评价描述词（负向趋势）	其他意见
			很好	较好	一般	较差	很差		
环境设施的使用功能性	环境设施数量、间距合理性	合理的						不合理的	
	环境设施可达性	可达的						不可达的	
	环境设施安全性	安全的						危险的	
	环境设施耐用性	耐用的						不耐用的	
	环境设施舒适与便利性	舒适与便利的						不舒适与不便利的	
环境设施的设计艺术性	环境设施的形式定位	前卫的						保守的	
	环境设施材料与色彩	协调的						杂乱的	
	环境设施比例与人的习惯使用尺度	适合的						不适合的	
	环境设施概念新颖性	新颖的						乏味的	
环境设施的视觉协调性	环境设施轮廓线的节奏与序列性	丰富的						乏味的	
	环境设施照明质量	舒适的						不舒适的	
	环境设施整体与连续性	整体有序的						杂乱的	

续表

考虑因素项目	具体评价项目	评价描述词（正向趋势）	评价等级					评价描述词（负向趋势）	其他意见
			很好	较好	一般	较差	很差		
环境设施的社会文化	环境设施对文化历史的延续性	延续的						断裂的	
	公共环境设施系统的信息化建设趋势	高度信息化的						完全非信息化的	
	环境设施对残障人群需求的关注	充分的						不充分的	
	环境设施对社会活动的激发性	激发性的						非激发性的	
	环境设施材料可再生与无污染性	环保的						污染的	
	环境设施运作低能耗性	节约的						浪费的	
环境设施的管理与维护	公共环境设施是否易于维护和清洁	易维护和清洁的						不易维护和清洁的	
	环境设施正常使用与安全维护	经常性的						偶尔的	
	环境设施卫生维护	清洁的						脏乱的	
	环境设施的管理运作效率	高效的						低效的	

参考文献

【中文(译)专著】

[1] 李盈霖. MALL 实物[M]. 北京:清华大学出版社,2008.

[2] 于正伦. 城市环境艺术——景观与设施[M]. 天津:天津科学技术出版社,1990.

[3] 中共中央马克思恩格斯列宁斯大林著作编译局. 马克思哥达纲领批判[M]. 北京:人民出版社,1965.

[4] 〔美〕马斯洛. 动机与人格[M]. 许金声,译. 北京:中国人民大学出版社,2012.

[5] 美国城市土地利用学会. 购物中心开发设计手册(原第三版)[M]. 肖辉,译. 北京:知识产权出版社,2004.

[6] 柴彦威. 城市空间与消费者行为[M]. 南京:东南大学出版社,2010.

[7] 〔英〕马歇尔. 马歇尔经济学原理[M]. 宇琦,译. 长沙:湖南文艺出版社,2012.

[8] 许骏达. 马克思主义经典文本解读新编[M]. 合肥:安徽大学出版社,2007.

[9] 决策资源集团房地产研究中心. 商业地产实战手册[M]. 北京:中国建筑工业出版社,2007.

[10] 洪亮平. 城市设计的历程[M]. 北京:中国建筑工业出版社,2002.

[11] 韩喜平,庞雅莉,穆艳杰. 马克思主义经典著作精选导读[M]. 长春:吉林大学出版社,2007.

[12] 王昀,王菁菁. 城市环境设施设计[M]. 上海:上海人民美术出版社,2006.

[13] 杨子葆. 街道家具与城市美学[空间景观·公共艺术][M]. 台北:艺术家出版社,2005.

[14] 张海林,董雅. 城市空间元素——公共环境设施设计[M]. 北京:中国建筑工业出版社,2007.

[15] 安秀. 公共设施与环境艺术设计[M]. 北京:中国建筑工业出版社,2007.

[16] 鲍诗度. 城市家具系统设计[M]. 北京:中国建筑工业出版社,2007.

[17] 〔美〕BERRY B L,PPR J B. 商业中心与零售业布局[M]. 王德,译. 上海:同济大学出版社,2006.

[18] 〔美〕凯文·林奇. 城市意象[M]. 方益萍,何晓军,译. 北京:华夏出版社,2001.

[19] 考工记[M]. 闻人军,译注. 上海:上海古籍出版社,2008.

[20] 曹瑞忻. 城市公共环境设计[M]. 乌鲁木齐:新疆科学技术出版社,2004.

[21] 〔美〕霍依尔,麦克依尼斯. 消费者行为(第四版)[M]. 刘伟,译. 北京:中国市场出版社,2010.

[22] 杨公侠,徐雷青. 环境心理学[M]. 上海:同济大学出版社,2000.

[23] 林玉莲,胡正凡. 环境心理学[M]. 北京:中国建筑工业出版社,2002.

[24] 〔日〕土本学会. 道路景观设计[M]. 章俊华,陆伟,雷芸,译. 北京:中国建筑工业出版社,2003.

[25] 阮如舫. 商业地产新纪元——购物中心全盘解析[M]. 武汉:华中科技大学出版社,2011.

[26] 唐幼纯,范君晖. 系统工程——方法与应用[M]. 北京:清华大学出版社,2011.

[27] 〔加〕麦克沙恩,冯·格里诺. 组织行为学(第5版)[M]. 吴培冠,张璐斐,译. 北京:机械工业出版社,2012.

[28] 〔德〕鲁道夫·阿恩海姆. 艺术与视知觉[M]. 腾守尧,译. 北京:中国社会科学出版社,1984.

[29] 罗小未,蔡琬英. 外国建筑历史图说[M]. 上海:同济大学出版社,1986.

[30] 〔英〕克利夫·芒福丁. 街道与广场[M]. 张永刚,陈卫东,译. 北京:中国建筑工业出版社,2003.

[31] 〔日〕芦原义信. 外部空间设计[M]. 尹培桐,译. 北京:中国建筑工业出版社,1988.

[32] 李晓霞. 消费心理学[M]. 北京:清华大学出版社,2010.

［33］张庭伟,汪云,宋洁,等.现代购物中心——选址·规划·设计［M］.北京:中国建筑工业出版社,2007.

［34］〔美〕麦克哈格.设计结合自然［M］.黄经纬,译.北京:中国建筑工业出版社,1992.

［35］画报编辑部.日本景观设计系列——街道家具［M］.唐建,高莹,杨坤,译.沈阳:辽宁科学技术出版社,2003.

［36］〔美〕亚伯拉罕·马斯洛.动机与人格(第三版)［M］.许金声,等译.北京:中国人民大学出版社,2007.

［37］〔日〕丰田幸夫.风景建筑小品设计图集［M］.黎雪梅,译.北京:中国建筑工业出版社,1999.

［38］周进.城市公共空间建设的规划控制与引导——塑造高品质城市公共空间的研究［M］.北京:中国建筑工业出版社,2005.

［39］戴力农,林京升.环境设计［M］.北京:机械工业出版社,2003.

［40］〔美〕阿摩斯·拉普普特.建成环境的意义:非言语表达方法［M］.黄兰谷,等译.北京:中国建筑工业出版社,2003.

［41］杨公侠.视觉与视觉环境［M］.北京:中国建筑工业出版社,1984.

［42］〔美〕罗伯特·文丘里,丹尼斯·斯科特·布朗,史蒂文·艾泽努尔.向拉斯维加斯学习［M］.徐怡芳,王健,译.北京:中国水利水电出版社,2006.

［43］吴良镛.广义建筑学［M］.北京:清华大学出版社,1989.

［44］杨贵庆.城市社会心理学［M］.上海:同济大学出版社,2000.

［45］官政能.公共户外家具［M］.台北:艺术家出版社,1994.

［46］〔美〕盖尔·戴博勒·芬克.公共环境标识设计［M］.杨晓峰,张谦,译.合肥:安徽科学技术出版社,2001.

［47］王鹏.城市公共空间的系统化建设［M］.南京:东南大学出版社,2002.

［48］董景寰.广告学概论［M］.北京:中国建筑工业出版社,1998.

［49］朱小雷.建成环境主观评价方法研究［M］.南京:东南大学出版社,2005.

［50］常怀生.室内环境设计与心理学［M］.北京:中国建筑工业出版社,1999.

［51］于正伦.城市环境创造——景观与环境设施设计［M］.天津:天津大学出版社,2003.

［52］陈维信.环境设施设计方案［M］.南京:江苏美术出版社,1998.

［53］胡宝哲.东京的商业中心［M］.天津:天津大学出版社,2001.

［54］俞英,陈洁.中外环境设施［M］.北京:中国建筑工业出版社,2005.

［55］姜娓娓.建筑装饰与社会文化环境［M］.南京:东南大学出版社,2006.

［56］徐磊青,杨公侠.环境心理学——环境·知觉·行为［M］.上海:同济大学出版社,2002.

［57］李道增.环境行为学概论［M］.北京:清华大学出版社,1999.

［58］〔日〕芦原义信.街道的美学［M］.尹培桐,译.天津:百花文艺出版社,2008.

［59］〔美〕梅洛斯.二十世纪视觉传达设计史［M］.柴常佩,译.湖北:湖北美术书版社,1989.

［60］〔日〕菅原进一.环境·景观设计技术.［M］.金华,译.大连:大连理工大学出版社,2007.

［61］朱力.商业环境设计［M］.北京:高等教育出版社,2008.

［62］顾馥保.商业建筑设计(第二版)［M］.北京:中国建筑工业出版社,2003.

［63］闵学勤.感知与意向——城市理念与形象研究［M］.南京:东南大学出版社,2007.

［64］王中.公共艺术概论［M］.北京:北京大学出版社,2007.

［65］〔加〕简·雅各布斯.美国大城市的死与生(纪念版)［M］.金衡山,译.南京:凤凰出版传媒集团,2006.

［66］〔英〕罗杰·斯克鲁.建筑美学［M］.刘先觉,译.北京:中国建筑工业出版社,1992.

［67］〔英〕贡布里希.秩序感:装饰艺术的心理学研究［M］.范景中,等译.杭州:浙江摄影出版社,1987.

［68］〔美〕R.阿恩海姆.艺术与视知觉［M］.滕守尧,朱疆源,译.北京:中国社会科学出版社,1984.

［69］于正伦.城市环境艺术［M］.天津:天津科学技术出版社,1990.

［70］黄磊昌.环境系统与设施(下)［M］.北京:中国建筑工业出版社,2007.

［71］刘管平,宛索春.建筑小品实录3［M］.北京:中国建筑工业出版社,1997.

［72］刘国余.设计管理(第2版)［M］.上海:上海交通大学出版社,2007.

［73］〔美〕R.阿恩海姆.艺术心理学新论［M］.郭小平,翟灿,译.北京:商务印书馆,1999.

［74］王中.公共艺术概论［M］.北京:北京大学出版社,2007.

[75] 杨晓. 建筑化的当代公共艺术[M]. 北京:中国电力出版社,2008.

[76] 李飞. 零售业态问题研究[M]. 北京:社会科学文献出版社,2001.

[77] 吴怀东. 购物中心策划与管理[M]. 广州:广东经济出版社,2006.

[78] 董金社. 商业地产策划与投资运营[M]. 北京:商务印书馆,2006.

[79] 王中. 公共艺术概论[M]. 北京:北京大学出版社,2007.

[80] 杨晓军,蔡晓霞. 城市环境设施设计与运用[M]. 北京:中国建筑工业出版社,2005.

[81] 陈庆云. 公共政策概论[M]. 北京:中央广播电视大学出版社,2004.

[82] 吕文强. 城市形象设计[M]. 南京:东南大学出版社,2002.

[83] 上海市商务委员会. 上海商务发展研究报告[M]. 上海:上海科学技术文献出版社,2010.

[84] 彭军,张品. 欧洲·日本公共环境景观[M]. 北京:中国水利水电出版社,2005.

[85] 朱桦. 国家商业发展报告(2009—2010年)[M]. 上海:上海人民出版社,2011.

【学位论文】

[86] 杨建华. 城市步行空间街具设施的评价与规划建设研究——以上海为例[D]. 上海:同济大学,2011.

[87] 何建龙. 城市向导——城市公共空间静态视觉导向系统研究[D]. 上海:同济大学,2008.

[88] 邢伟伟. 室内商业步行街空间设计研究[D]. 济南:山东轻工业学院,2012.

[89] 徐磊青. 城市开敞空间的环境行为研究——以上海市中心区开敞空间为对象的分析与评价[D]. 上海:同济大学,2003.

[90] 戴晓玲. 城市设计领域的实地调查方法——环境行为学的视角[D]. 上海:同济大学,2010.

[91] 陈珊珊. 购物中心公共空间体验性设计研究[D]. 广州:华南理工大学,2012.

[92] 赵思嘉. 巴黎城市环境图像的规划与管理研究[D]. 上海:同济大学,2012.

[93] 赵明实. 城市公共环境设施的设计管理策略研究[D]. 哈尔滨:哈尔滨工业大学,2010.

［94］雷雨. 购物中心中庭空间设计研究［D］. 重庆:重庆大学,2010.

［95］张赢心. 上海购物中心发展研究［D］. 上海:华东师范大学,2006.

［96］于芳. 以消费者购买行为导向的大型购物中心的构筑及其发展［D］. 上海:上海交通大学,2006.

［97］胡寒梅. 公共空间环境设施人性化设计和评价研究［D］. 合肥:合肥工业大学,2008.

［98］徐洁. 我国公共基础设施维护研究［D］. 重庆:重庆大学,2008.

【网络来源】

［99］伦敦韦斯特菲尔德购物中心(Westfield London)网站:http://uk. westfield. com/london

［100］日本六本木新城(六本木ヒルズ)网站:http://www. roppongihills. com/

［101］迪拜购物中心(The Dubai MALL)网站:http://www. thedubaimall. com

［102］美国恺撒皇宫网站:http://www. caesarspalace. com/

［103］上海 IFC 商场网站:http://www. shanghaiifcmall. com. cn/

［104］香港 IFC MALL 网站:http://www. ifc. com. hk/en/mall/shopping. jsp

［105］上海港汇恒隆广场网站:http://www. grandgateway66. com

［106］上海正大广场网站:http://www. superbrandmall. com

［107］上海五角场万达广场网站:http://wjc. wanda. cn/

［108］奢侈购物网站:http://www. thelifeofluxury. com

［109］世界全景360Cities 摄影网站:http://www. 360cities. net

［110］上海市政府官网:http://www. shanghai. gov. cn

［111］上海市绿化与市容环境管理局网站:http://lhsr. sh. gov. cn/

［112］同济大学图书馆网站:http://www. lib. tongji. edu. cn/

［113］上海第二工业大学 VPA 资源远程访问:http://202. 121. 241. 158:8000/cas/login

［114］MBA 智库百科(经济管理领域):http://www. mbalib. com/

［115］上海研发公共服务平台:http://www. sgst. cn/